工业和信息化精品系列教材
网络技术

Network Technology

微课版

网络互联技术

项目教程

思科版

袁文 崔升广 李中跃 ◉ 主编
陶彦 卢珊 ◉ 副主编

人 民 邮 电 出 版 社
北 京

图书在版编目（CIP）数据

网络互联技术项目教程 ： 思科版 ： 微课版 / 衷文,
崔升广, 李中跃主编. -- 北京 ： 人民邮电出版社,
2025.1
工业和信息化精品系列教材. 网络技术
ISBN 978-7-115-64541-8

Ⅰ. ①网… Ⅱ. ①衷… ②崔… ③李… Ⅲ. ①互联网
络一教材 Ⅳ. ①TP393.4

中国国家版本馆CIP数据核字(2024)第110690号

内 容 提 要

本书使用思科网络设备搭建网络实训环境，以实际项目为导向，共 6 个项目，内容包括认识计算机网络及网络设备、构建办公局域网、局域网冗余备份技术、网络间路由互联、网络安全配置与管理，以及广域网接入配置。

本书是将理论与实践相结合的网络互联技术入门教材，注重实用性，着重讲解实践操作，以丰富的案例、大量的插图进行项目化、图形化教学，简单易学，初学者容易上手。本书从实用角度出发展开教学内容，旨在提高读者的实操能力，让读者在训练过程中巩固所学知识。

本书适合作为高校计算机网络技术专业及其他计算机相关专业的教材，也适合从事网络工程相关工作的技术人员参考使用。

◆ 主　　编　衷　文　崔升广　李中跃
　副 主 编　陶　彦　卢　珊
　责任编辑　郭　雯
　责任印制　王　郁　焦志炜
◆ 人民邮电出版社出版发行　　北京市丰台区成寿寺路 11 号
　邮编　100164　　电子邮件　315@ptpress.com.cn
　网址　https://www.ptpress.com.cn
　三河市君旺印务有限公司印刷
◆ 开本：787×1092　1/16
　印张：15.25　　　　2025 年 1 月第 1 版
　字数：461 千字　　　2025 年 1 月河北第 1 次印刷

定价：59.80 元

读者服务热线：(010)81055256　印装质量热线：(010)81055316
反盗版热线：(010)81055315
广告经营许可证：京东市监广登字 20170147 号

前 言

随着计算机网络技术的不断发展，计算机网络已经成为人们生活、工作的一个重要组成部分，以网络为核心的工作方式，必将成为未来的发展趋势。党的二十大报告指出：教育、科技、人才是全面建设社会主义现代化国家的基础性、战略性支撑。由于计算机网络的普遍应用，人们越来越重视计算机网络技术，越来越多的人从事与网络相关的工作。培养大批熟练掌握计算机网络技术的人才成为当前社会发展的迫切需求，各高校计算机相关专业也都开设了“网络互联技术”等课程。

“网络互联技术”是一门实践性很强的课程，读者需要具有一定的理论基础，并进行大量的实践与练习，才能真正掌握该课程的知识。本书作为一本重要的专业基础课程的教材，内容与时俱进，涵盖广阔的知识与技术范畴。本书可以让读者学到新的、前沿的和实用的技术，为以后参加工作储备知识。

本书使用思科网络设备搭建网络实训环境，在介绍相关理论与技术原理的同时，提供大量的网络项目配置案例，以达到理论与实践相结合的目的。本书在内容安排上力求做到深浅适度、详略得当，从计算机网络基础知识开始讲解，用大量的案例、插图讲解网络互联技术等相关知识。编者精心选取教材的内容，对教学方法与教学内容进行整体规划与设计，使得本书在叙述上简明扼要、通俗易懂，既方便教师讲授相关知识，又方便学生学习、理解与掌握。本书在向读者介绍计算机网络互联技术的同时，为读者讲解了获取新知识的方法和途径，以帮助读者通过对应的认证考试。

本书共 6 个项目，具体内容安排如下。

项目 1：认识计算机网络及网络设备。本项目主要讲解计算机网络基础知识、常用的网络命令、Cisco Packet Tracer 模拟器的安装及使用、认识交换机与路由器、交换机与路由器的管理方式、网络设备命令行视图及其使用方法等。

项目 2：构建办公局域网。本项目主要讲解 VLAN 通信、链路聚合配置、VTP 技术配置等。

项目 3：局域网冗余备份技术。本项目主要讲解 STP 配置、RSTP 配置、HSRP 配置等。

项目 4：网络间路由互联。本项目主要讲解配置静态路由及默认路由、配置 RIP 动态路由、配置 OSPF 动态路由等。

项目 5：网络安全配置与管理。本项目主要讲解交换机端口接入安全配置、配置标准 ACL 与扩展 ACL 等。

项目 6：广域网接入配置。本项目主要讲解广域网技术、NAT 技术、配置 IPv6、配置 DHCP 服务器等。

为方便读者使用，书中全部案例的源代码及电子教案均免费赠送给读者，读者可登录人邮教育社区（www.ryjiaoyu.com）进行下载。

本书由袁文、崔升广、李中跃任主编，陶彦、卢珊任副主编，崔升广负责统稿与定稿工作。由于编者水平有限，书中难免存在疏漏和不足之处，敬请广大读者批评指正，读者可加入人邮网络技术教师服务群（QQ群号为837556986）与编者进行联系。

编　者

2024年6月

目 录

项目 1

认识计算机网络及网络设备 ····· 1

项目 2

构建办公局域网 ······ 55

项目 3

项目 4

项目 5

项目 6

项目1
认识计算机网络及网络设备

知识目标

- 了解计算机网络的产生、发展及定义。
- 了解计算机网络的功能、计算机网络类别、网络拓扑结构及网络传输介质。
- 了解交换机的外形结构、组件以及工作原理和管理方式。
- 了解路由器的外形结构、组件以及工作原理和管理方式。

技能目标

- 掌握常用的网络命令。
- 学会使用 Cisco Packet Tracer 模拟器。
- 掌握网络设备基本配置命令及其使用方法。

素养目标

- 加强对学生的爱国主义教育，弘扬爱国精神与工匠精神。
- 培养学生自我学习的能力和习惯。

任务1.1 认识计算机网络

任务描述

某公司购置的思科交换机和路由器等网络设备已经到货，小李是该公司的网络工程师，他需要对网络设备进行初始化配置，实现对网络设备的远程管理与维护，同时需要对网络的总体规划进行设计与实施，那么小李需要掌握哪些关于计算机网络的基本知识呢？

知识准备

1.1.1 计算机网络概述

1．计算机网络的产生与发展

计算机网络诞生于 20 世纪 50 年代中期。20 世纪 60 年代，广域网从无到有并迅速发展；20 世纪 80 年代，局域网技术得到了充分的发展与广泛的应用，并日趋成熟；20 世纪 90 年代，计算机网络向综合化、高速化发展，局域网技术发展成熟，局域网与广域网的紧密结合使企业迅速发展，同时为 21 世纪网络信息化的发展奠定了基础。

随着计算机网络技术的发展，计算机网络技术的应用已经渗透到社会中的各个领域。计算机网络经历了从简单到复杂的过程。计算机网络的形成与发展可分为以下 4 个阶段。

第一阶段（网络雏形阶段，20 世纪 50 年代中期—20 世纪 60 年代中期）：以单台计算机为中心的远程联机系统，构成面向终端的计算机网络，这种网络被称为第一代计算机网络。

第二阶段（网络初级阶段，20 世纪 60 年代中期—20 世纪 70 年代中后期）：开始进行主机互联，多台独立的主机通过线路互联构成计算机网络，但没有形成网络操作系统，只形成了通信网；20 世纪 60 年代后期，阿帕网（Advanced Research Projects Agency Network，ARPANET）出现，被称为第二代计算机网络。

第三阶段（第三代计算机网络，20 世纪 70 年代后期—20 世纪 80 年代中期）：以太网诞生，国际标准化组织（International Organization for Standardization，ISO）制定了网络互联标准，即开放系统互连（Open System Interconnection，OSI），这是世界统一的网络体系结构，在这一阶段遵循国际标准化协议的计算机网络开始迅速发展。

第四阶段（第四代计算机网络，20 世纪 80 年代后期至今）：计算机网络向综合化、高速化发展，同时出现了多媒体智能化网络，局域网技术发展日益成熟，第四代计算机网络是以吉比特/秒（Gbit/s）传输速率为主的多媒体智能化网络。

2. 计算机网络的定义

计算机网络是计算机技术与通信技术相结合的产物，是信息技术进步的标志。近年来互联网（Internet）的迅速发展，证明了信息时代计算机网络的重要性。

那么什么是计算机网络？其结构是什么样的呢？

计算机网络是一个利用通信线路和设备将分散在不同地点、具有独立功能的多个计算机系统（这些计算机系统由网络操作系统管理，按网络协议互相通信）互联的，能够实现计算机系统相互通信和资源共享的系统。某公司的计算机网络拓扑图如图 1.1 所示。

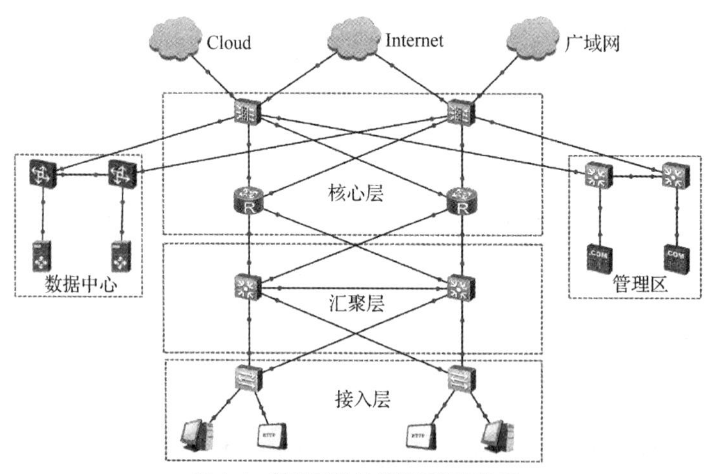

图 1.1　某公司的计算机网络拓扑图

该公司将网络在逻辑上分为不同的区域，这些区域包括接入层、汇聚层、核心层、数据中心、管理区。将网络分为 3 层架构（接入层、汇聚层和核心层）的方案有诸多优点：每一层都有各自独立且特定的功能；使用模块化的设计，便于定位错误，简化网络扩展和维护工作；可以隔离一个区域的网络拓扑变化，避免影响其他区域。此方案可以满足不同用户对网络可扩展性、可靠性、安全性和可管理性的需求。

3. 计算机网络的功能

计算机网络具有以下几方面的功能。

（1）数据通信

数据通信是计算机网络最基本的功能。计算机网络为分布在各地的用户提供了强有力的通信手段。用户可以通过计算机网络发送电子邮件、发布新闻消息和进行电子商务活动等。

（2）资源共享

资源共享是计算机网络最重要的功能。“资源”是指构成系统的所有要素，包括软件资源、硬件资源和数据资源，如计算处理能力、大容量磁盘、高速打印机、绘图仪、通信线路、数据库、文件和其他计算机上的有关信息。“共享”指的是网络中的用户能够使用部分或全部的这些资源。受经济和其他因素的制约，并不是（也不可能）所有用户都能独立拥有这些资源，所以网络上的计算机不仅可以使用自身的资源，还可以共享网络上的资源，这能够增强网络上计算机的处理能力，提高计算机软件、硬件的利用率。

（3）集中管理

计算机网络实现了数据通信与资源共享的功能，使得在一台或多台服务器上管理和使用网络中的资源成为可能。计算机网络实现了数据的统一集中管理，这一功能在企业中尤为重要。

（4）分布式处理

随着计算机网络技术的发展，分布式处理成为可能。分布式处理通过算法将大型的综合性问题交给不同的计算机同时进行处理，用户可以根据需要合理地选择网络资源，以实现问题的快速处理，大大提高了整个系统的性能。

4. 计算机网络类别

根据需要，可以将计算机网络分为不同类别。如果按照覆盖的地理范围进行分类，则可将计算机网络分为广域网、局域网、城域网等。

（1）广域网

广域网（Wide Area Network，WAN）覆盖的地理范围是半径为几十千米到几千千米的区域，广域网通常覆盖几个城市、几个国家、几个洲，甚至全球，从而形成国际性的远程网络。广域网拓扑图如图 1.2 所示。广域网将分布在不同地区的计算机系统互联起来，以达到资源共享的目的。

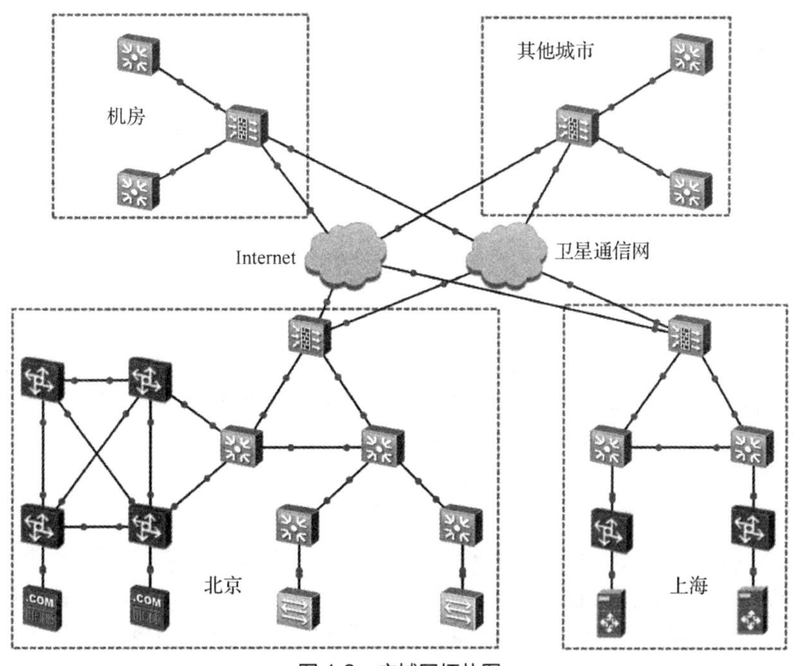

图 1.2　广域网拓扑图

广域网的主要特点如下。

① 广域网传输距离远，传输速率较慢，建设成本高。

② 广域网的通信子网主要使用了分组交换技术，可以利用公用分组交换网、卫星通信网和无线分组交换网。

③ 广域网需要适应规范化的网络协议和完善通信服务与网络管理的要求。

（2）局域网

局域网（Local Area Network，LAN）是一种私有封闭型网络，在一定程度上能够防止信息泄露和外部网络病毒的攻击，具有较高的安全性。局域网的连接范围有限（可大可小），大到一栋建筑与相邻建筑之间的连接，小到办公室之间的连接。某公司局域网拓扑图如图 1.3 所示。局域网将一定区域内的各种计算机、外部设备和数据库连接起来形成计算机通信网；通过专用数据线路与其他地方的局域网或数据库连接，形成更大范围的信息处理系统。局域网通过网络传输介质将网络服务器、网络工作站、打印机等网络设备连接起来，实现系统管理文件，共享应用软件、办公设备，发送工作日程安排等功能。

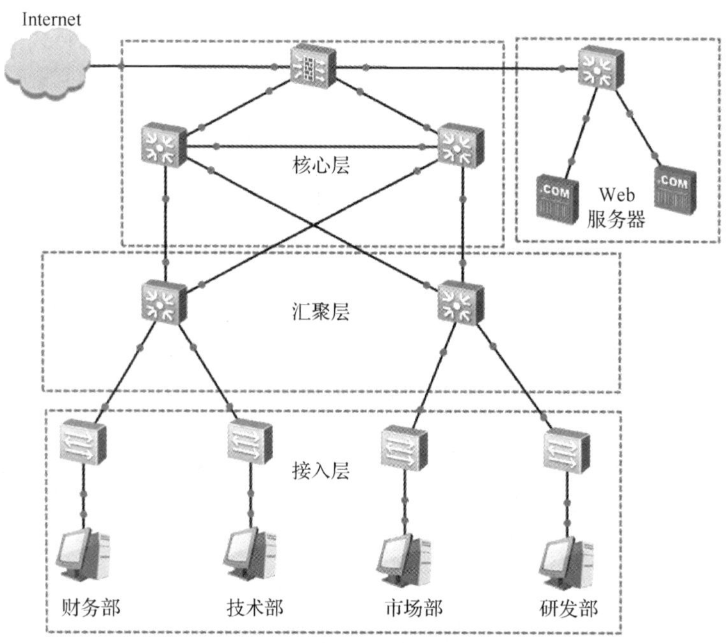

图 1.3　某公司局域网拓扑图

局域网的主要特点如下。

① 局域网组建简单、灵活，使用方便，传输速率快，一般为 100Mbit/s～1000Mbit/s，甚至可以达到 10Gbit/s。

② 局域网覆盖的地理范围有限，通常为半径不超出 1km 的区域，一般适用于一个公司。

③ 决定局域网特性的主要技术要素为网络拓扑和传输介质等。

（3）城域网

城域网（Metropolitan Area Network，MAN）是在一个城市范围内建立的计算机通信网络，使用广域网技术进行组网，它覆盖的地理范围介于局域网与广域网之间。城域网的一个重要用途是作为骨干网，将同一城市内不同地点的主机、数据库及局域网等连接起来，以实现大量用户之间的数据、语音、图形与视频等多种信息的传输，这与广域网的作用有相似之处。某市教育城域网拓扑图如图 1.4 所示。

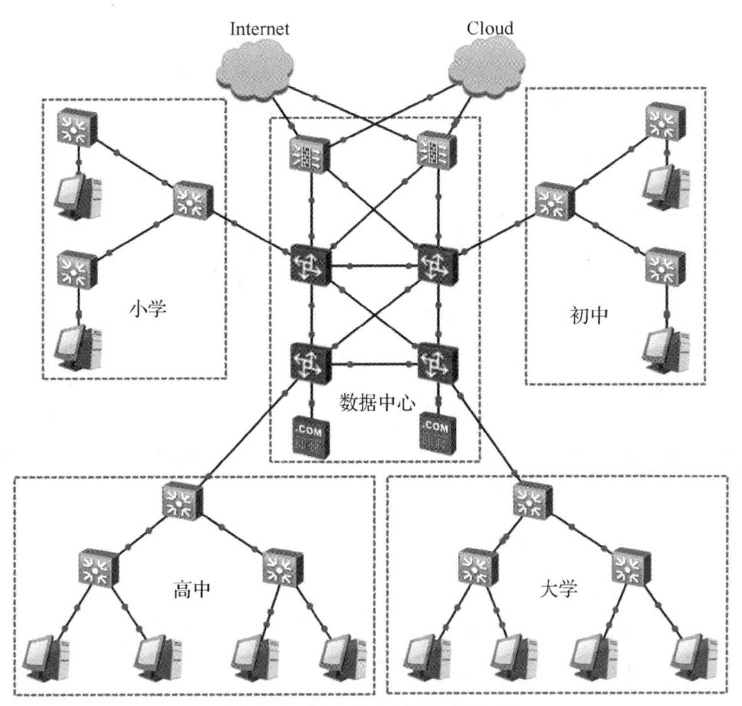

图 1.4　某市教育城域网拓扑图

城域网的主要特点如下。

① 城域网覆盖的地理范围是半径为几十千米到上百千米的区域，可覆盖一个城市或地区，是一种中型网络。

② 城域网是介于局域网与广域网之间的一种高速网络。

5. 网络拓扑结构

网络拓扑结构是指由网络节点设备和通信介质构成的网络结构图。网络拓扑定义了各种计算机、打印机和其他设备的连接方式，换句话说，网络拓扑描述了线缆和网络设备的布局，以及数据传输时采用的路径。网络拓扑会在很大程度上影响网络的工作方式。

网络拓扑包括物理拓扑和逻辑拓扑。其中，物理拓扑是指物理结构上各种设备和传输介质的布局，通常包括总线型、环形、星形、网状和树形等结构；逻辑拓扑描述的是设备之间是如何通过物理拓扑进行通信的。

（1）总线型拓扑结构

总线型拓扑结构是被普遍采用的一种结构，它将所有入网的计算机都接入同一条通信线路。为防止信号反射，一般在总线两端连接终结器以匹配线路阻抗。

总线型拓扑结构的优点是信道利用率较高，结构简单，价格相对便宜；其缺点是同一时刻只能有两个网络节点相互通信，网络延伸距离有限，网络容纳节点数有限。在总线上只要有一个节点出现连接问题，就会影响整个网络的正常运行。目前局域网中多采用此种结构。总线型拓扑结构如图 1.5 所示。

（2）环形拓扑结构

环形拓扑结构是一种点到点的环形结构。环形拓扑结构将各台联网的计算机用通信线路连接成一个闭合的环。每台设备都直接连接到环上，或通过一个端口设备和分支电缆连接到环上。在初始安装时，环形拓扑网络比较简单；但随着网络上节点的增加，重新配置环形拓扑网络的难度也会增加，因为它对环的最大长度和环上设备总数有限制。采用环形拓扑结构可以很容易地找到电缆的故障点，但受故障影响的设备范围大，因为在环上出现的任何错误，都会影响环上的所有设备。环形拓扑结构如图 1.6 所示。

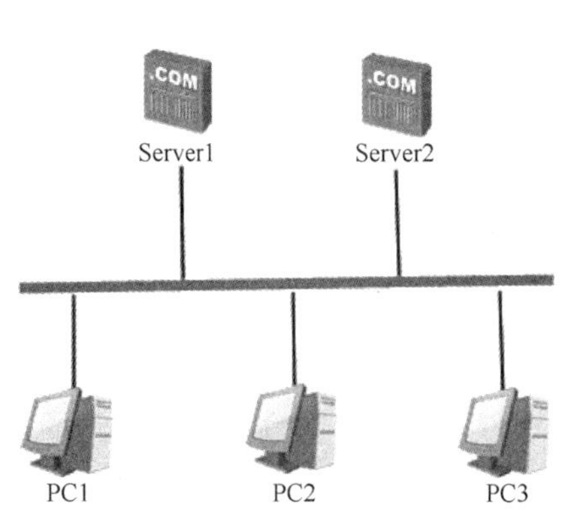

图 1.5　总线型拓扑结构

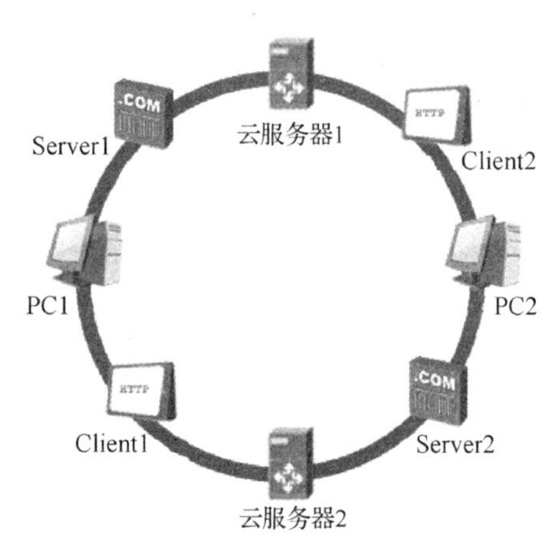

图 1.6　环形拓扑结构

（3）星形拓扑结构

星形拓扑结构是以一个节点为中心的处理系统，各种类型的入网设备均通过物理链路与该中心节点直接相连。

星形拓扑结构的优点是结构简单，建网容易，控制相对简单；其缺点是属于集中控制，中心节点负载过重，可靠性低，通信线路利用率低。星形拓扑结构如图 1.7 所示。

（4）网状拓扑结构

网状拓扑结构分为全连接网状拓扑结构和不完全连接网状拓扑结构两种形式。在全连接网状拓扑结构中，每一个节点和网络中其他节点均有链路连接；在不完全连接网状拓扑结构中，两个节点之间不一定有直接链路连接，它们之间的通信可以依靠其他节点转接。网状拓扑结构的优点是节点间路径多，碰撞和阻塞可大大减少，局部的故障不会影响整个网络的正常工作，可靠性高，网络扩充和主机入网比较灵活、简单；其缺点是关系复杂，不易建网，网络控制机制复杂。广域网中一般使用不完全连接网状拓扑结构。网状拓扑结构如图 1.8 所示。

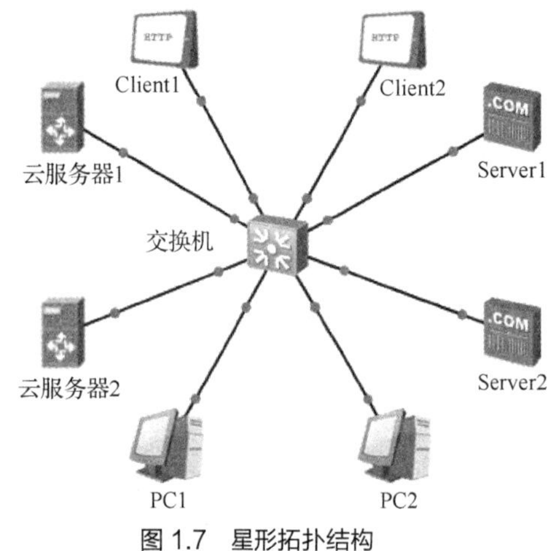

图 1.7　星形拓扑结构

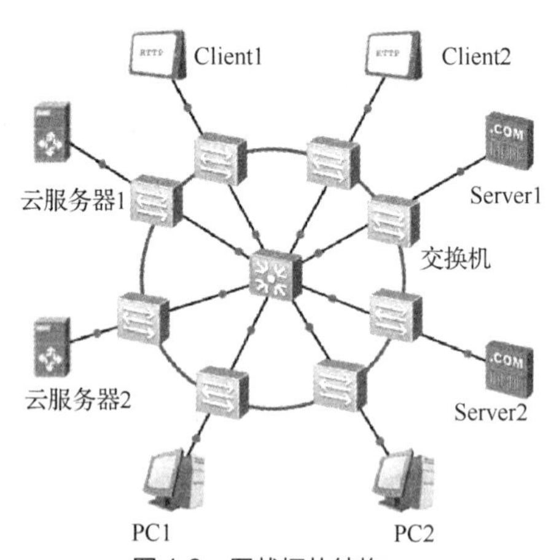

图 1.8　网状拓扑结构

（5）树形拓扑结构

树形拓扑结构由总线型拓扑结构演变而来，其形状像一棵倒置的树，顶端是树根，下面是树枝，每个分支可带子分支，树根接收各节点发送的数据，然后广播并发送到全网。此结构扩展性好，容易找到故障点，但对根节点要求较高。树形拓扑结构如图 1.9 所示。

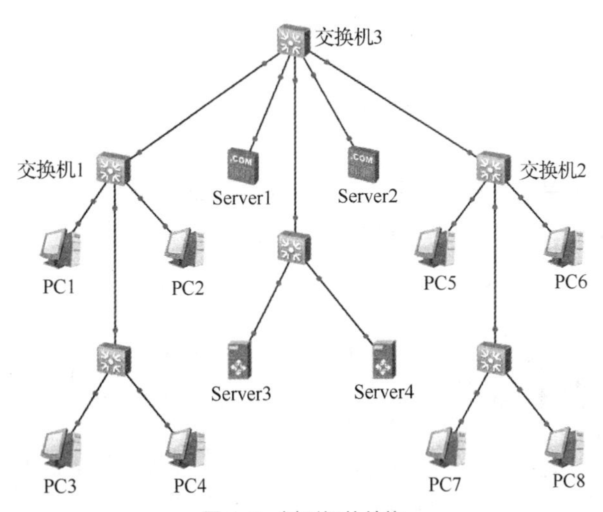

图 1.9　树形拓扑结构

6. 网络传输介质

网络传输介质可分为有线传输介质和无线传输介质两大类。网络传输介质是在网络中传输信息的载体，不同的传输介质的特性各不相同，而传输介质的特性对网络中的通信速度、通信质量有较大影响。

（1）有线传输介质

有线传输介质是指在两台通信设备之间实现信号传输的物理连接部分，它能将信号从一方传输到另一方。有线传输介质主要有双绞线、同轴电缆和光纤。双绞线和同轴电缆传输电信号，光纤传输光信号。

① 双绞线

双绞线（Twisted Pair，TP）是计算机网络中最常见的传输介质之一，由两条互相绝缘的铜线组成，通常其直径为 1mm。将两条铜线拧在一起可以减少邻近线对电信号的干扰。双绞线既能用于传输模拟信号，又能用于传输数字信号，其带宽取决于铜线的直径和传输距离。双绞线由于性能较好且价格便宜，得到了广泛应用。双绞线可以分为非屏蔽双绞线（Unshielded Twisted Pair，UTP）和屏蔽双绞线（Shielded Twisted Pair，STP）两种，如图 1.10 和图 1.11 所示。屏蔽双绞线的性能优于非屏蔽双绞线的性能。

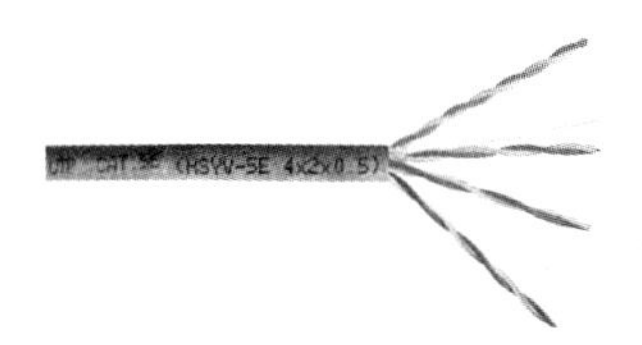

图 1.10　非屏蔽双绞线

图 1.11　屏蔽双绞线

EIA/TIA 布线标准中规定了两种双绞线的线序标准，即 T568A 与 T568B 线序标准，如图 1.12 所示。

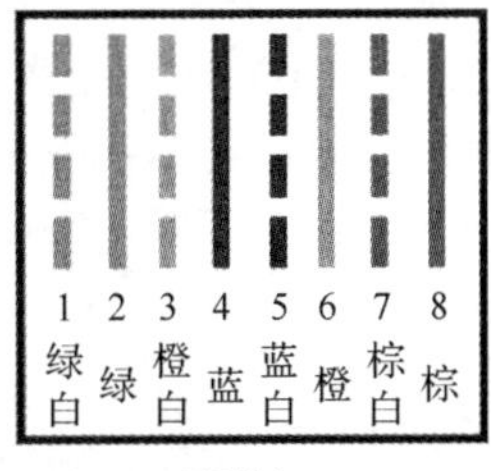

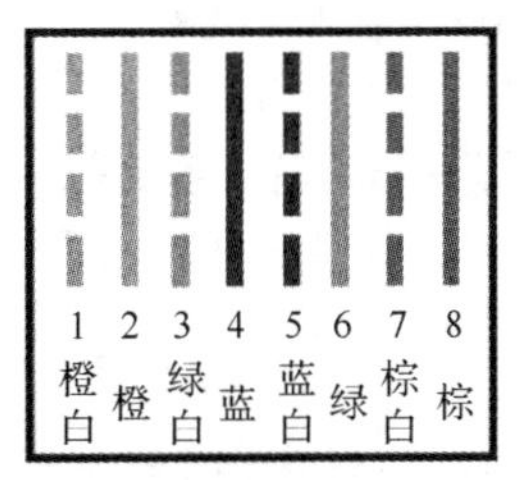

图 1.12　T568A 与 T568B 线序标准

T568A 线序标准：绿白对应 1，绿对应 2，橙白对应 3，蓝对应 4，蓝白对应 5，橙对应 6，棕白对应 7，棕对应 8。

T568B 线序标准：橙白对应 1，橙对应 2，绿白对应 3，蓝对应 4，蓝白对应 5，绿对应 6，棕白对应 7，棕对应 8。

两端接线方式相同，都采用 T568A 或 T568B 的双绞线叫作直接线；两端接线方式不相同，一端采用 T568A，另一端采用 T568B 的双绞线叫作交叉线，如图 1.13 所示。

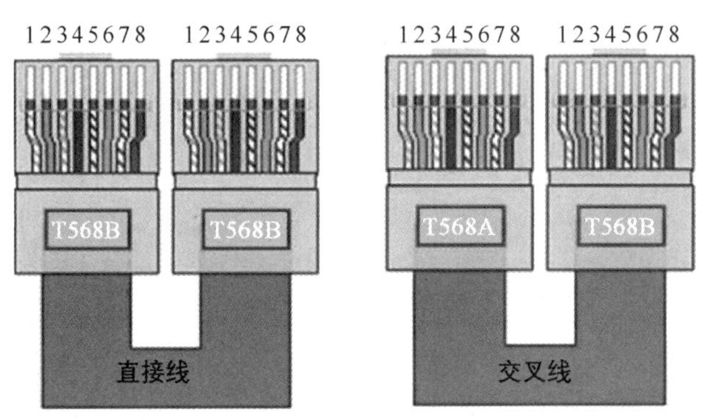

图 1.13　直接线与交叉线

② 同轴电缆

同轴电缆的屏蔽性比双绞线的屏蔽性更好，因此使用同轴电缆可以将电信号传输得更远。同轴电缆以硬铜线为芯（铜导体），外包一层绝缘材料（聚乙烯），这层绝缘材料被密织的网状导体（编织铜网）环绕实现屏蔽，其外又覆盖一层保护性材料（塑料护套）。同轴电缆的这种结构使得它具有更高的带宽和极好的噪声抑制特性。同轴电缆可分为细同轴电缆和粗同轴电缆，常用的有 75Ω 和 50Ω 的同轴电缆，75Ω 的同轴电缆用于有线电视（Cable Television，CATV）网，总线型拓扑结构的以太网用的是 50Ω 的同轴电缆。同轴电缆如图 1.14 所示。

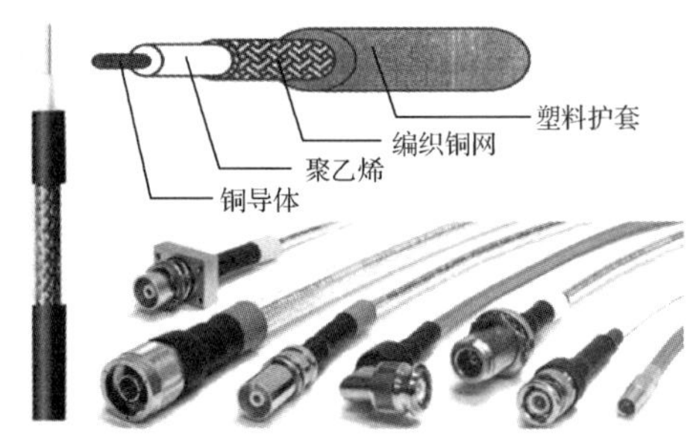

图 1.14　同轴电缆

③ 光纤

光纤广泛应用于计算机网络的主干网中，通常分为单模光纤和多模光纤，如图 1.15 和图 1.16 所示。单模光纤的纤芯通常非常细，为 8～10μm，外径则为 125μm。常用的多模光纤的规格是 62.5μm 芯/125μm 外壳和 50μm 芯/125μm 外壳。光纤的纤芯是由纯石英玻璃制成的，纤芯外面包裹着一层折射率比纤芯的折射率低的包层，包层外是一层塑料护套。光纤通常被扎成束，外面有外壳保护。光纤的传输速率可达 100Gbit/s。

（2）无线传输介质

利用无线电波在自由空间的传播可以实现多种无线通信。无线传输突破了有线网的限制，能够穿透墙体，布局机动性强，适用于在不宜布线的环境为网络用户提供移动通信。

无线传输介质有无线电波、红外线、微波和激光。在局域网中，通常只使用无线电波和红外线作为传输介质。无线传输介质通常用于广域网的广域链路的连接。无线传输的优点在于安装、移动和变更都比较容易，不会受到环境的限制；其缺点是信号在传输过程中容易受到干扰且易被窃取，并且初期的安装费用比较高。

图 1.15　单模光纤

图 1.16　多模光纤

1.1.2　常用的网络命令

在网络设备调试的过程中，经常会使用网络命令对网络进行测试，以查看网络的运行情况。下面介绍一下常用的网络命令。

1. ping 命令

ping 命令是用来探测本机与网络中另一主机或节点之间是否可达的命令，如果两台主机或两个节点之间 ping 不通，则表明这两台主机或两个节点之间未建立起连接。ping 命令是测试网络是否连通的一个重要命令，如图 1.17 所示。

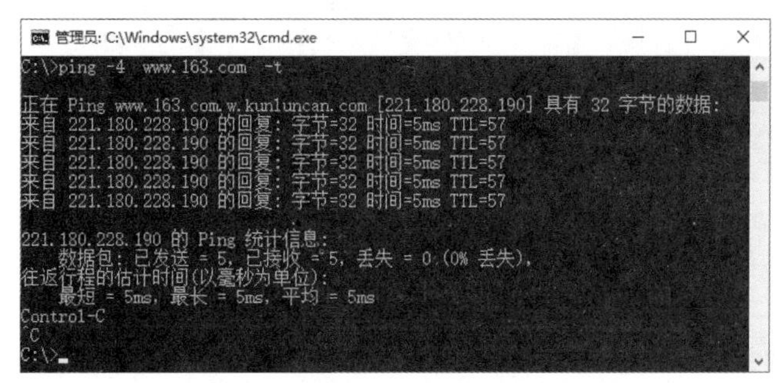

图 1.17　使用 ping 命令测试网络是否连通

用法：ping [-t] [-n *count*] [-l *size*] [-4] [-6] *target_name*

ping 命令各参数选项功能描述如表 1.1 所示。

表 1.1　ping 命令各参数选项功能描述

参数选项	功能描述
-t	ping 指定的主机，直到停止。若要查看统计信息并继续操作，则应按 Ctrl+PauseBreak 快捷键；若要停止操作，则应按 Ctrl+C 快捷键
-n *count*	指定要发送的回显请求数
-l *size*	发送缓冲区大小
-4	强制使用 IPv4
-6	强制使用 IPv6

2. tracert 命令

tracert（跟踪路由）命令用于确定互联网协议（Internet Protocol，IP）数据包访问目标时采取的路径。tracert 命令使用 IP 存活时间（Time To Live，TTL）字段和互联网控制报文协议（Internet Control

Message Protocol，ICMP）错误消息来确定从一台主机到网络上其他主机的路由，如图 1.18 所示。

图 1.18 使用 tracert 命令进行路由跟踪测试

用法：tracert [-d] [-h *maximum_hops*] [-j *host-list*] [-w *timeout*]
[-R] [-S *srcaddr*] [-4] [-6] *target_name*

tracert 命令各参数选项功能描述如表 1.2 所示。

表 1.2 tracert 命令各参数选项功能描述

选项	功能描述
-d	不将地址解析成主机名
-h *maximum_hops*	跟踪目标的最大跃点数
-j *host-list*	与主机列表一起的松散源路由（仅适用于 IPv4）
-w *timeout*	等待每个回复的超时时间（以毫秒为单位）
-R	跟踪往返行程路径（仅适用于 IPv6）
-S *srcaddr*	指定要使用的源地址（仅适用于 IPv6）
-4	强制使用 IPv4
-6	强制使用 IPv6

3. nslookup 命令

nslookup（域名查询）命令用于指定查询的类型，可以查到域名系统（Domain Name System，DNS）记录的存活时间，还可以指定使用哪台 DNS 服务器进行解释。在已安装 TCP/IP 的计算机上均可使用这个命令。nslookup（该命令名称是 Name Server Lookup 的简写）命令是一种用于查询 Internet 域名信息（见图 1.19）、诊断 DNS 服务器问题的工具。

用法：nslookup [-opt ...] # 使用默认服务器的交互模式

nslookup 命令各参数选项功能描述如表 1.3 所示。

表 1.3 nslookup 命令各参数选项功能描述

选项	功能描述
nslookup [-opt ...] - *server*	使用 *server* 的交互模式
nslookup [-opt ...] *host*	仅查找使用默认服务器的 *host*
nslookup [-opt ...] *host server*	仅查找使用 *server* 的 *host*

4. netstat 命令

netstat 命令用于显示协议统计和当前 TCP/IP 网络连接（见图 1.20）、路由表、端口状态（Interface Statistics）、masquerade 连接、多播成员（Multicast Membership）等。

图 1.19 使用 nslookup 命令查询 Internet 域名信息

图 1.20 使用 netstat 命令显示协议统计和当前 TCP/IP 网络连接

用法：netstat [-a] [-e] [-f] [-n] [-o] [-p *proto*] [-r] [-s] [-t] [*interval*]

netstat 命令各参数选项功能描述如表 1.4 所示。

表 1.4 netstat 命令各参数选项功能描述

选项	功能描述
-a	显示所有连接和侦听端口
-e	显示以太网统计。此选项可以与-s 选项结合使用
-f	显示外部地址的全限定域名（Fully Qualified Domain Name，FQDN）
-n	以数字形式显示地址和端口号
-o	显示拥有的与每个连接关联的进程 ID
-p *proto*	显示 proto 指定的协议的连接，*proto* 可以是 TCP、UDP、TCPv6 或 UDPv6。如果用它与-s 选项一起来显示每种协议的统计，则 *proto* 可以是 IP、IPv6、ICMP、ICMPv6、TCP、TCPv6、UDP 或 UDPv6
-r	显示路由表
-s	显示每种协议的统计。默认情况下，显示 IP、IPv6、ICMP、ICMPv6、TCP、TCPv6、UDP 和 UDPv6 的统计
-t	显示当前连接的卸载状态
interval	重新显示选定的统计，以及各个显示间的间隔秒数。按 Ctrl+C 快捷键，可以停止并重新显示选定的统计。如果省略该选项，则 netstat 将输出当前的配置信息

5. ipconfig 命令

（1）ipconfig。当使用不带任何参数选项的 ipconfig 命令时，将显示每个已经配置了的端口的 IP 地址、子网掩码和默认网关值。

（2）ipconfig /all。当使用 all 选项时，ipconfig 命令能为 DNS 和 Windows Internet 名称服务（Windows Internet Name Service，WINS）服务器显示它已配置且要使用的附加信息（如 IP 地址等），还能显示内置于本地网卡的物理地址——媒体访问控制（Media Access Control，MAC）地址，如图 1.21 所示。如果 IP 地址是从动态主机配置协议（Dynamic Host Configuration Protocol，DHCP）服务器租用的，那么 ipconfig 命令将显示 DHCP 服务器的 IP 地址和租用地址预计失效的日期（DHCP 服务器的相关内容详见其他有关 NT 服务器的图书）。

图 1.21　使用 ipconfig /all 命令获取本地网卡的所有配置信息

（3）ipconfig /release 和 ipconfig /renew。release 和 renew 是附加选项，只能在向 DHCP 服务器租用其 IP 地址的计算机上起作用。如果用户输入“ipconfig /release”并按 Enter 键，那么所有端口的租用 IP 地址便会重新交付给 DHCP 服务器（归还 IP 地址）。如果用户输入“ipconfig /renew”并按 Enter 键，那么本地计算机便会设法与 DHCP 服务器取得联系，并租用一个 IP 地址。请注意，大多数情况下网卡将被赋予的 IP 地址和以前的已被赋予的 IP 地址相同。

```
用法:
ipconfig [/allcompartments] [/? | /all |
                             /renew [adapter] | /release [adapter] |
                             /renew6 [adapter] | /release6 [adapter] |
                             /flushdns | /displaydns | /registerdns |
                             /showclassid [adapter] |
                             /setclassid adapter [classid] |
                             /showclassid6 [adapter] |
                             /setclassid6 adapter [classid] ]
```

ipconfig 命令各参数选项功能描述如表 1.5 所示。

表 1.5　ipconfig 命令各参数选项功能描述

选项	功能描述
/?	显示帮助信息
/all	显示完整配置信息
/renew	更新指定适配器的 IPv4 地址
/renew6	更新指定适配器的 IPv6 地址
/release	释放指定适配器的 IPv4 地址
/release6	释放指定适配器的 IPv6 地址
/flushdns	清除 DNS 解析程序的缓存
/displaydns	显示 DNS 解析程序缓存的内容
/registerdns	刷新所有 DHCP 租约并重新注册 DNS 名称
/showclassid	显示适配器允许的所有 DHCP 类 ID

续表

选项	功能描述
/setclassid	修改 DHCP 类 ID
/showclassid6	显示适配器允许的所有 IPv6 DHCP 类 ID
/setclassid6	修改 IPv6 DHCP 类 ID

默认情况下，使用 ipconfig 命令仅显示绑定到 TCP/IP 的适配器的 IP 地址、子网掩码和默认网关。

对于 release 和 renew，如果未指定适配器名称，则会释放或更新所有绑定到 TCP/IP 的适配器的 IP 地址租约。对于 setclassid 和 setclassid6，如果未指定 DHCP 类 ID，则会删除当前 DHCP 类 ID。

6. arp 命令

arp 命令用于显示和修改地址解析协议（Address Resolution Protocol，ARP）缓存中的项目。ARP 缓存中包含一个或多个表，这些表用于存储 IP 地址及其经过解析后的以太网或令牌环网络物理地址。计算机上安装的每一个以太网或令牌环网络适配器都有自己单独的表。如果在没有参数的情况下执行 arp 命令，则将显示帮助信息。使用 arp -a 命令可以显示 ARP 缓存中的表，如图 1.22 所示。

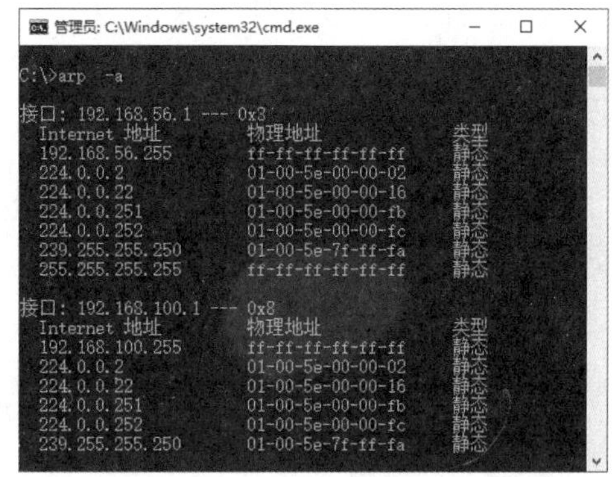

图 1.22　使用 arp -a 命令显示 ARP 缓存中的表

```
用法：显示和修改 ARP 使用的 IP 地址到物理地址转换表。
arp -s inet_addr eth_addr [if_addr]
arp -d inet_addr [if_addr]
arp -a [inet_addr] [-N if_addr] [-v]
```

arp 命令各参数选项功能描述如表 1.6 所示。

表 1.6　arp 命令各参数选项功能描述

选项	功能描述
-a	通过询问当前协议数据，显示当前 ARP 项。如果指定 *inet_addr*，则只显示指定计算机的 IP 地址和物理地址。如果不止一个网络端口使用 ARP，则显示每个 ARP 缓存中的表项
-g	与-a 选项相同
-v	在详细模式下显示当前 ARP 项。所有无效项和环回端口上的项都将显示出来
inet_addr	指定 IP 地址
-N *if_addr*	显示 *if_addr* 指定的网络端口的 ARP 项
-d	删除 *inet_addr* 指定的主机。*inet_addr* 可以使用通配符*替代，表示删除所有主机
-s	添加主机并将 IP 地址与物理地址相关联。物理地址是用连字符分隔的 6 个十六进制字节。此项是永久的
eth_addr	指定物理地址
if_addr	如果此项存在，则此项用于指定地址转换表中应修改的端口的 IP 地址。如果此项不存在，则使用第一个适用的端口的 IP 地址

任务实施

1.1.3　Cisco Packet Tracer 模拟器的安装

Cisco Packet Tracer 模拟器是由思科（Cisco）公司发布的一种辅助学习工具，为思科网络设备的初学者设计和配置网络、排除网络故障提供了网络模拟环境。用户可在软件的图形用户界面中使用拖曳的方法建立网络拓扑，观察数据包在网络中的传输过程，了解网络实时运行情况，还可以学习交互式操作系统（Interactive Operating System，IOS）的配置，提高故障排查能力。

Cisco Packet Tracer 是一款功能强大的网络仿真程序，包括仿真、可视化、编辑、评估和协作等功能，有利于教师教学和学生对复杂的技术概念的学习。Cisco Packet Tracer 补充了课堂上无法使用的物理设备和几乎可以无限创建的网络，鼓励学生自主搭建网络，发现和排除故障。Cisco Packet Tracer 基于仿真的学习环境能够帮助学生掌握决策技能，培养创新思维和批判性思维，并解决问题。

V1-1 Cisco Packet Tracer 模拟器的安装

（1）对下载好的 Cisco Packet Tracer 8.0 模拟器的安装文件及汉化包文件进行解压，双击下载的文件 PacketTracer800_Build212_64bit_setup-signed.exe，弹出“安装许可协议”界面，选中“I accept the agreement”单选按钮，如图 1.23 所示。

（2）在“安装许可协议”界面中，单击“Next”按钮，弹出“选择安装路径”界面，如图 1.24 所示。

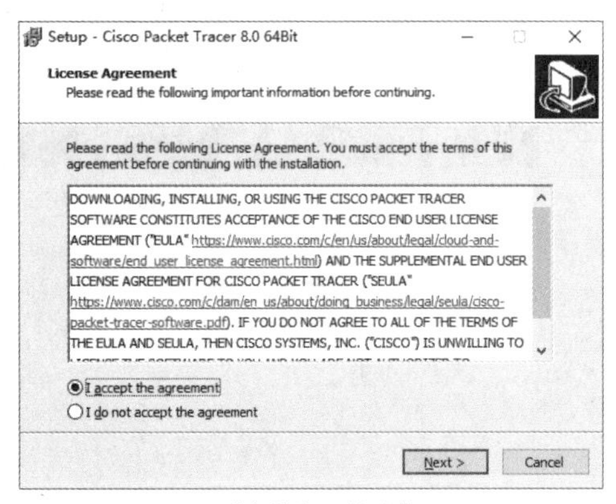

图 1.23 “安装许可协议”界面

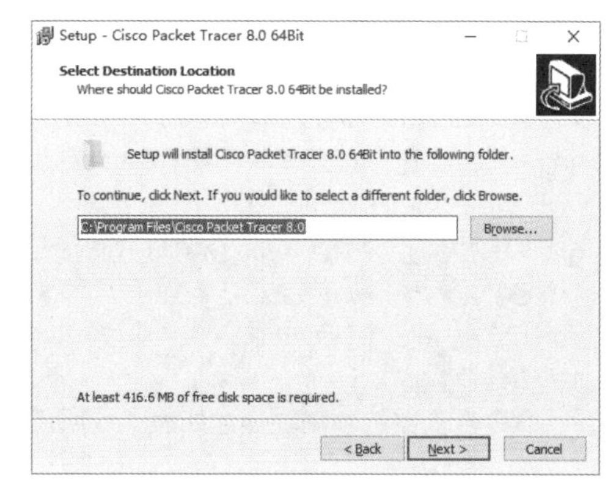

图 1.24 “选择安装路径”界面

（3）在“选择安装路径”界面中，单击“Next”按钮，弹出“选择启动菜单文件夹”界面，如图 1.25 所示。

（4）在“选择启动菜单文件夹”界面中，单击“Next”按钮，弹出“选择添加任务”界面，如图 1.26 所示。

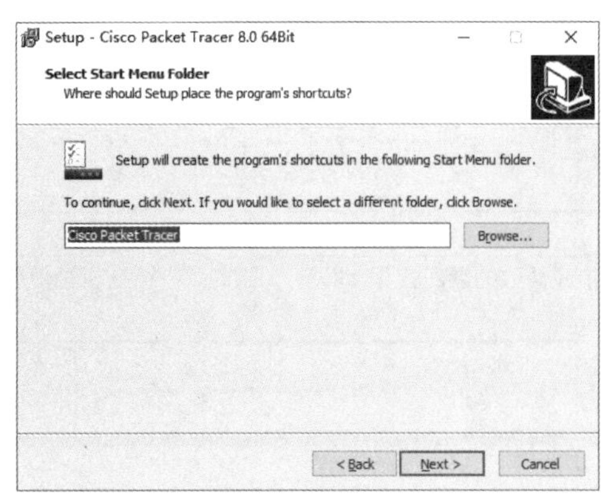

图 1.25 “选择启动菜单文件夹”界面

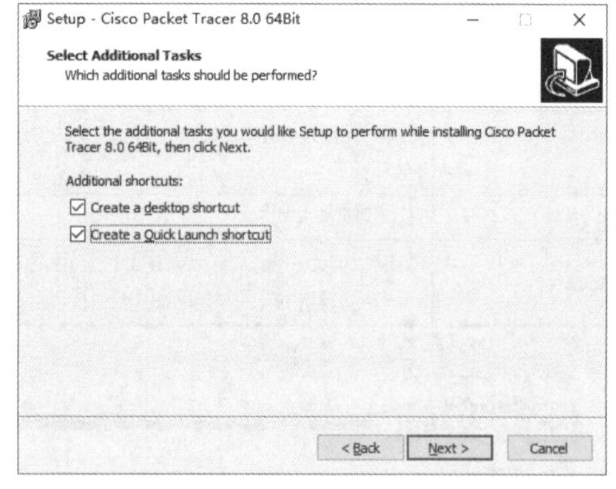

图 1.26 “选择添加任务”界面

（5）在“选择添加任务”界面中，单击“Next”按钮，弹出“准备安装”界面，如图 1.27 所示。

（6）在“准备安装”界面中，单击“Install”按钮，弹出“正在安装”界面，如图 1.28 所示。

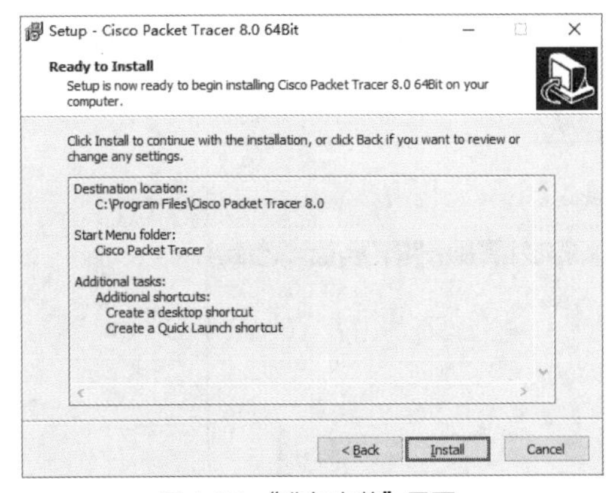

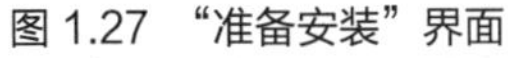
图 1.27 “准备安装”界面

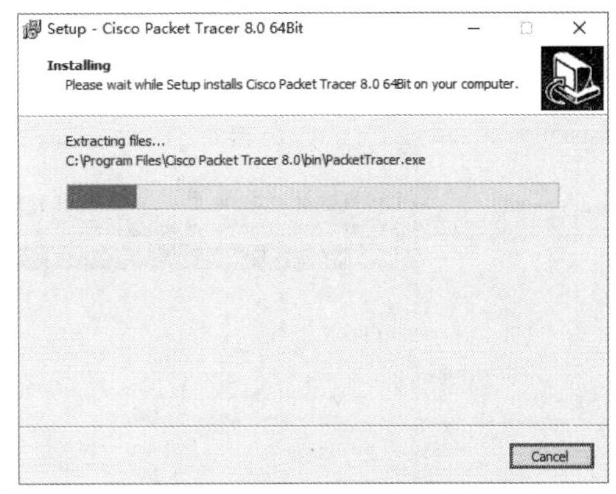

图 1.28 “正在安装”界面

（7）安装完成，弹出“安装完成”界面，如图 1.29 所示，单击“Finish”按钮，弹出“多用户启动”界面，如图 1.30 所示，单击“Yes”按钮，完成 Cisco Packet Tracer 8.0 模拟器的安装。

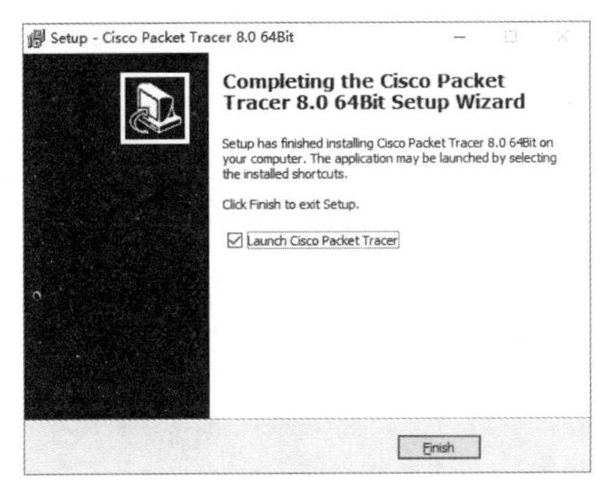

图 1.29 “安装完成”界面

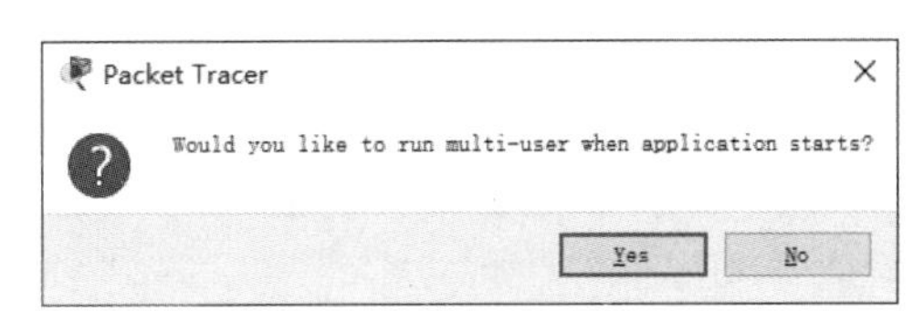

图 1.30 “多用户启动”界面

（8）Cisco Packet Tracer 8.0 模拟器安装完成后，其默认是英文操作界面。为了更好地掌握和学习该软件，可以对 Cisco Packet Tracer 8.0 模拟器进行汉化，在进行汉化前，需要将已经启动的 Cisco Packet Tracer 8.0 模拟器关闭。复制下载好的汉化包中的 Simplified Chinese.ptl 文件到 Cisco Packet Tracer 8.0 模拟器安装目录下的“languages”文件夹中，如图 1.31 所示。

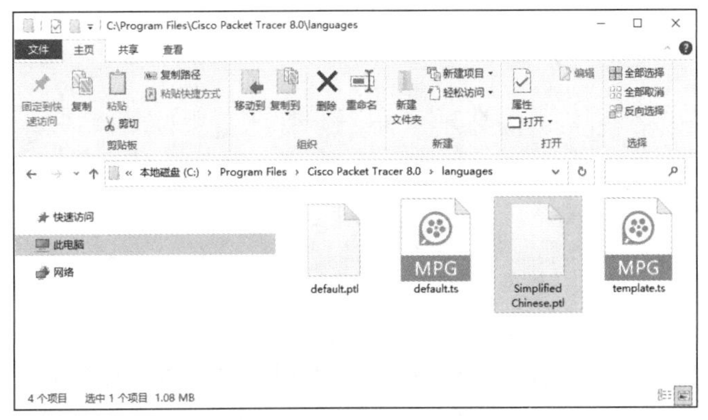

图 1.31 “languages”文件夹

（9）启动 Cisco Packet Tracer 8.0 模拟器，如图 1.32 所示。选择“Options”→“Preferences”命令，弹出“Preferences”对话框，如图 1.33 所示。在“Interface”选项卡中的“Select Language”

区域中，选择“Simplified Chinese.ptl”选项，单击“Change Language”按钮，设置完成后重启模拟器，完成对其的汉化设置。

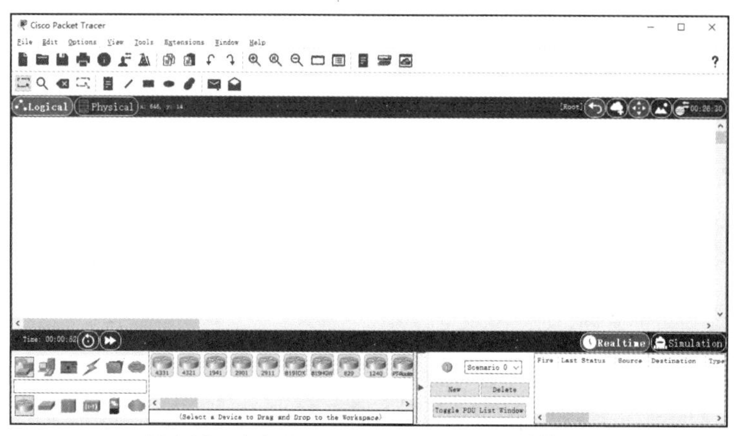

图 1.32　启动 Cisco Packet Tracer 8.0 模拟器

图 1.33　“Preferences”对话框

提 示　对 Cisco Packet Tracer 8.0 模拟器的汉化设置无法实现完全的汉化，其部分操作名称还是会以英文显示。

1.1.4 Cisco Packet Tracer 模拟器的使用

随着思科网络设备的普及，学习思科网络设备知识的人也越来越多。Cisco Packet Tracer 8.0 模拟器能很好地模拟交换机、路由器、防火墙以及无线设备等各种网络设备，从而得到了广泛应用，下面简单介绍一下 Cisco Packet Tracer 8.0 模拟器的使用方法。

V1-2 Cisco Packet Tracer 模拟器的使用

1. 使用 Cisco Packet Tracer 模拟器搭建网络

打开 Cisco Packet Tracer 8.0 模拟器，其主界面如图 1.34 所示，中间空白区域为工作区；工作区上方是菜单栏、工具栏和设备编辑工具箱，设备编辑工具箱中包括选择、查看、删除、更改布局、注释、画图等工具；工作区下方为设备类型选择区和设备型号选择区，设备类型包括网络设备、计算机、连接线缆等。

图 1.34 Cisco Packet Tracer 8.0 模拟器主界面

（1）添加不同类型的设备。在模拟器主界面的设备类型选择区中可以选择不同类型的网络设备，设备类型从左到右依次为网络设备、终端设备、组件、连接、杂项和多用户连接。选择不同类型的网络设备后，下方可以选择对应的不同的设备，如选择网络设备后，下方可以选择路由器、交换机、集线器、无线设备、安全和广域网仿真设备等，选择路由器设备后，在右侧的窗口中可以选择不同型号的路由器，如图 1.35 所示。

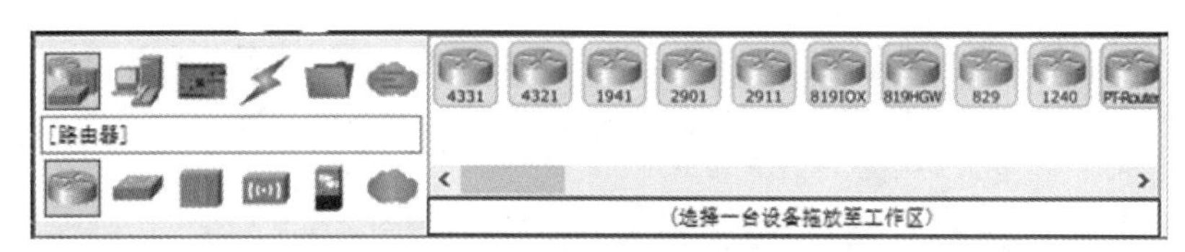

图 1.35 选择不同型号的路由器

（2）搭建网络实验环境并添加网络设备，使用线缆连接设备，同时更改设备标签名。其中的每个设备都是独立的，若想要进行网络配置，则需要进行设备之间的连线。在网络设备添加好之后，选择相应的线缆，在要进行连接的设备上单击以选择相应的端口进行连接。Cisco Packet Tracer 8.0 模拟器对设备的连线要求是非常严格的，不同的设备、不同的端口之间需要采用不同的线缆进行连接，否则无法进行通信。因此，在连接设备时需要特别注意。添加网络设备与连线的示例如图 1.36 所示。

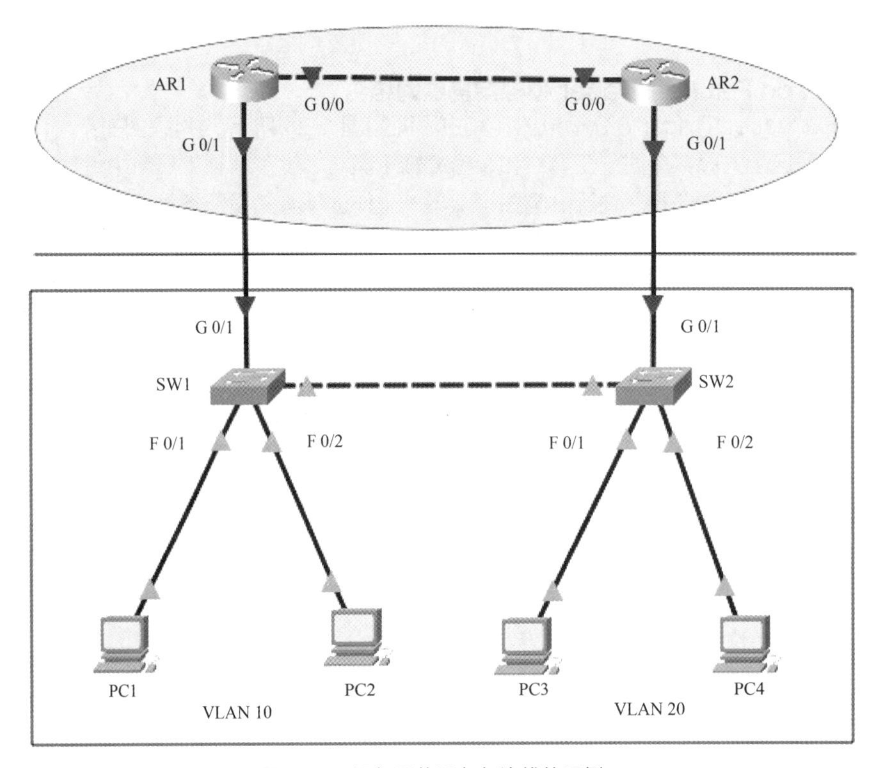

图 1.36　添加网络设备与连线的示例

2. 熟悉鼠标操作

鼠标操作分为单击、拖动和框选，对各种操作的说明如下。

（1）单击：单击任意一个设备，可以打开该设备的配置面板。

（2）拖动：拖动任意一个设备，可以调整该设备在界面中的位置。

（3）框选：可以选中多个设备，结合拖动操作可以同时移动选中的多个设备，从而调整多个设备的位置。

3. 设备编辑工具的使用

设备编辑工具箱如图 1.37 所示。使用设备编辑工具箱可以对设备进行编辑，设备编辑工具箱中的工具从左到右依次为选择、查看、删除、更改布局、注释、绘制直线、绘制矩形、绘制椭圆、绘制任意形状、增加简单协议数据单元、增加复杂协议数据单元，对各个工具的说明如下。

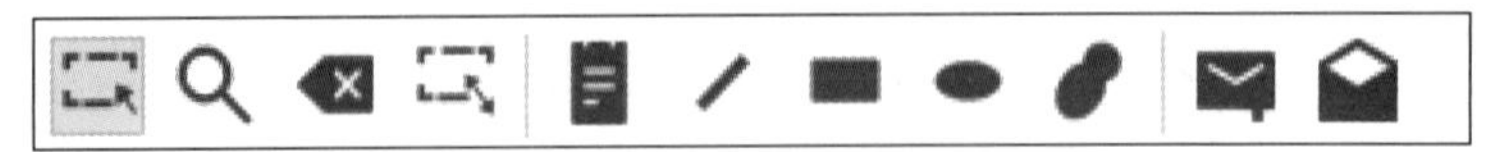

图 1.37　设备编辑工具箱

（1）选择：选中一个设备或一条线缆，可以移动设备或线缆的位置。

（2）查看：选中此工具后，可以在路由器、个人计算机（Personal Computer，PC）上看到各种表，如路由表等。

（3）删除：使用此工具可以删除一个或多个设备、线缆、注释等。

（4）更改布局：总体移动。当网络拓扑比较大时，可以使用此工具对其进行移动与查看。

（5）注释：用来添加注释，使用户看得更清楚、明白。

（6）绘制直线：选中此工具后，可以在工作区中绘制直线。

（7）绘制矩形：选中此工具后，可以在工作区中绘制矩形。

（8）绘制椭圆：选中此工具后，可以在工作区中绘制椭圆。

（9）绘制任意形状：选中此工具后，可以在工作区中绘制任意形状。

（10）增加简单协议数据单元：使用此工具可以测试网络的连通性。

（11）增加复杂协议数据单元：用户可以选择协议类型、源/目的 IP 地址、源/目的端口号、数据包大小、发送间隔等。

4. 认识网络连接的线缆

在设备类型选择区中选中连接，在下方选中线缆时，从右侧的设备型号选择区中可以看到许多不同的线缆类型，如图 1.38 所示。线缆类型从左到右依次为自动选择类型、配置线、直通线、交叉线、光纤、电话线、同轴电缆、串行 DCE 线和串行 DTE 线、Octal 线、IoT 自定义线缆、USB 线缆。

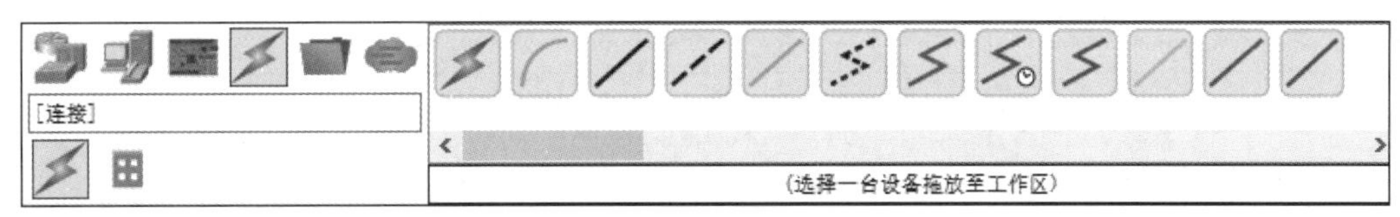

图 1.38　网络连接的线缆类型

（1）自动选择类型：自动连线，在设备间可以通用，但是一般不建议使用，除非真的不知道设备之间该使用什么类型的连线。

（2）配置线：用来连接计算机的 COM 端口和网络设备的 Console 端口。

（3）直通线：两端采用同一线序标准制作的网线，一般用来连接不同网络设备之间的以太网端口，如计算机与交换机、交换机与路由器之间的以太网端口。

（4）交叉线：两端采用不同线序标准制作的网线，一般用来连接相同或相似网络设备之间的以太网端口，如计算机与计算机、计算机与路由器、路由器与路由器之间的以太网端口。

（5）光纤：又称光导纤维，是利用内部全反射原理来传导光束的软而细的传输介质。光纤用来连接光纤设备，如交换机的光纤模块。

（6）电话线：用来连接 Modem（调制解调器）或路由器的提供基本电话连接服务的 RJ-11 端口。

（7）同轴电缆：现行以太网同轴电缆的接法有两种，一种是对于直径为 0.4cm 的 RG-11 粗缆，采用凿孔接头接法；另一种是对于直径为 0.2cm 的 RG-58 细缆，采用 T 形头接法。

（8）串行 DCE 线和串行 DTE 线：用来接入路由器广域网。在实际应用中，需要把串行数据电路端接设备（Data Circuit-terminating Equipment，DCE）线和一台路由器相连，把串行数据终端设备（Data Terminal Equipment，DTE）线和另一台设备相连。但是在 Cisco Packet Tracer 8.0 模拟器中，选择一条线即可。若选择了串行 DCE 线，则和这条线相连的路由器为 DCE 端，需要配置该路由器的时钟。

（9）Octal 线：俗称"八爪线"，用来连接多个设备。通过 CAB-OCTAL-ASYNC 电缆在一个异步端口上引出 8 条电缆连接到 8 个设备的 Console 端口。

（10）IoT 自定义线缆：主要用来连接物联网设备。

（11）USB 电缆：主要用来连接设备、组件、微控制器和单板计算机。

5. 显示网络拓扑图中设备的端口

在完成网络的搭建后，可能无法看到网络设备的端口，可以在模拟器主界面的菜单栏中选择

“Options”→“首选项”命令，如图 1.39 所示，弹出“Preferences”对话框，选中“在逻辑工作区始终显示端口标签”复选框，如图 1.40 所示。

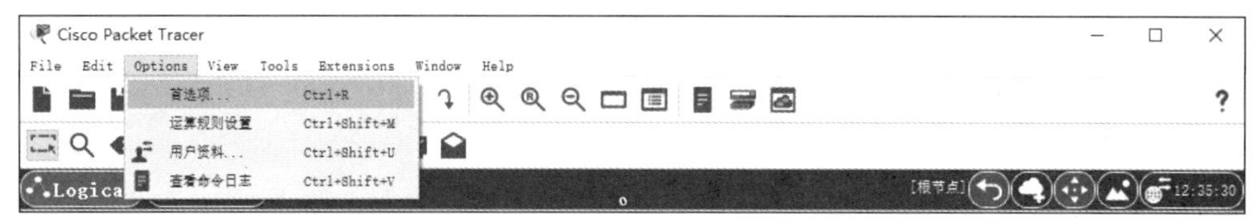

图 1.39 “首选项”命令

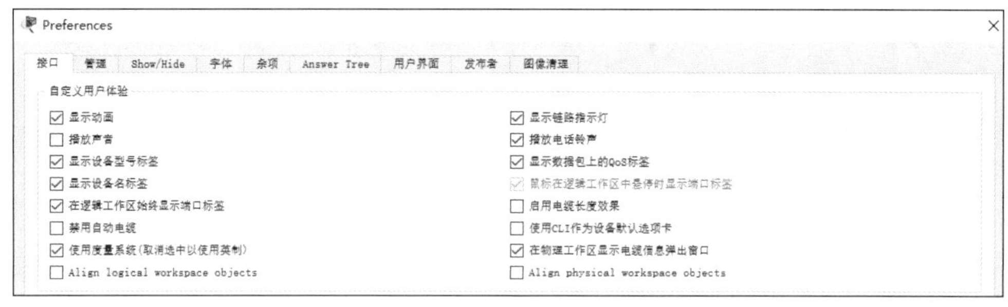

图 1.40 “Preferences”对话框

6. 网络设备管理

在 Cisco Packet Tracer 8.0 模拟器中，网络设备包括路由器、交换机、集线器、无线设备、安全、广域网仿真设备等，各设备都有相应的管理界面，下面以路由器管理为例进行讲解。

在工作区中添加一台型号为 4331 的路由器，单击工作区中的路由器图标，弹出路由器的管理界面，其“物理”选项卡如图 1.41 所示。可以为路由器添加许多模块，“物理”选项卡中有许多模块。该选项卡的左下方是对选中模块的文字描述，右下方是选中模块的实物图，中间是路由器的实物图，上面空的黑色区域为用于添加模块的插槽。例如，当想要添加 NIM-2T 模块时，选中该模块并按住鼠标左键不放，将模块拖动到插槽中即可。

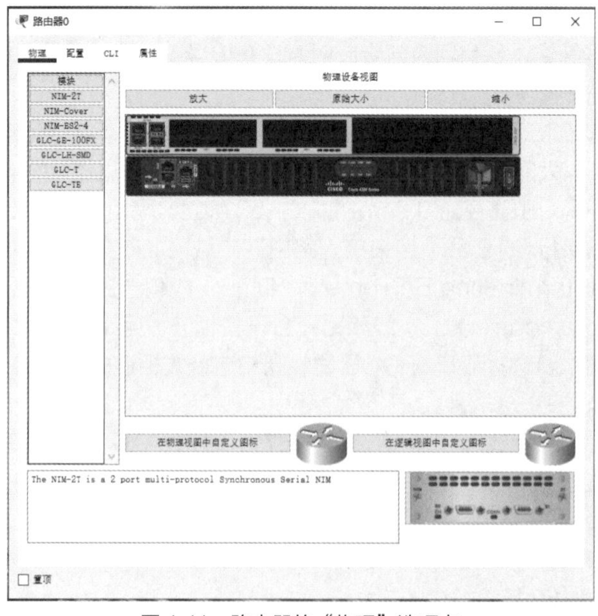

图 1.41 路由器的“物理”选项卡

在添加模块前一定要关闭电源，否则会弹出“无法添加模块”提示对话框，如图 1.42 所示。图 1.41 中，开关为绿色表示电源处于开启状态，单击绿点处即可关闭电源。在模块添加完成后需要重新打开电源。

图 1.42 “无法添加模块”提示对话框

卸载模块的方法与添加模块的方法类似，首先要关闭路由器的电源，然后把添加好的模块从插槽拖动到模块区域中即可。

在 Cisco Packet Tracer 8.0 模拟器中，还专门设置了路由器和交换机的“配置”与“CLI”选项卡。通过“配置”选项卡可以对全局、路由、静态、接口等进行相关配置，例如，当想要进行端口配置时，双击“GigabitEthernet0/0/0”端口，直接进入端口配置模式，如图 1.43 所示。通过“CLI”选项卡进行网络设备的配置与后面讲述的超级终端的管理方法的实现效果是一致的，都可以完成对交换机或路由器的相应配置。路由器的“CLI”选项卡如图 1.44 所示。

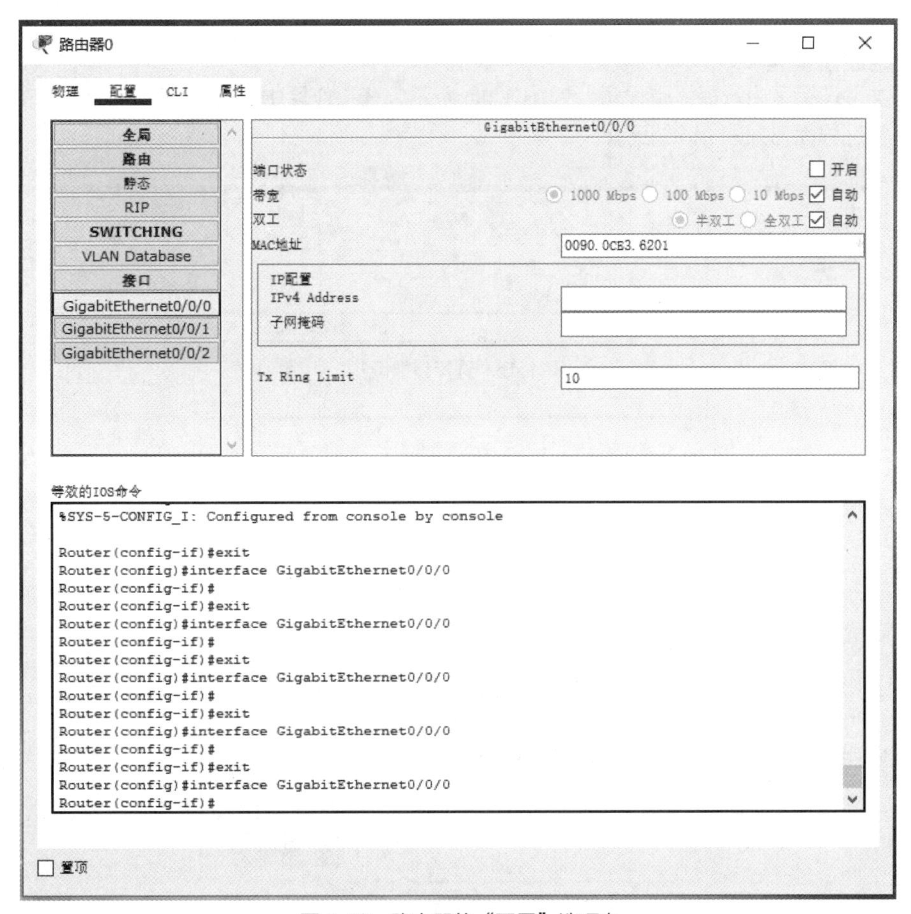

图 1.43 路由器的“配置”选项卡

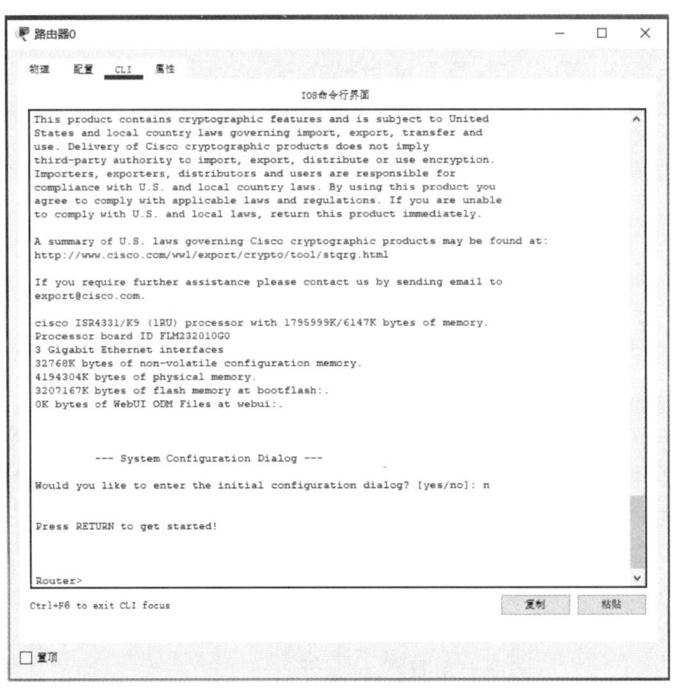

图 1.44　路由器的“CLI”选项卡

7．终端设备管理

在设备类型选择区内选择终端设备，如图 1.45 所示，在工作区中添加一台 PC，单击该 PC 图标，弹出 PC 的管理界面，如图 1.46 所示。

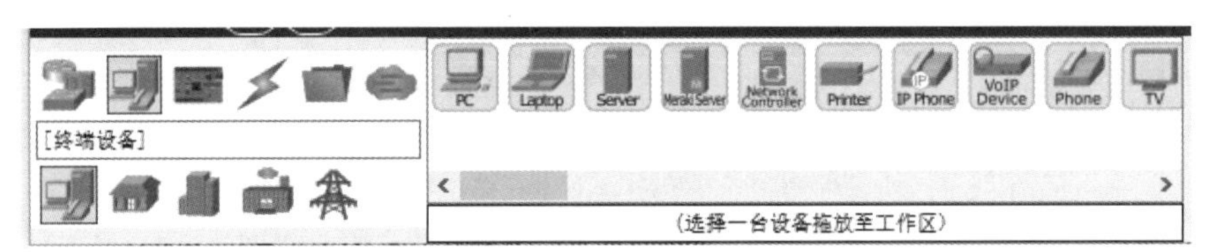

图 1.45　选择终端设备

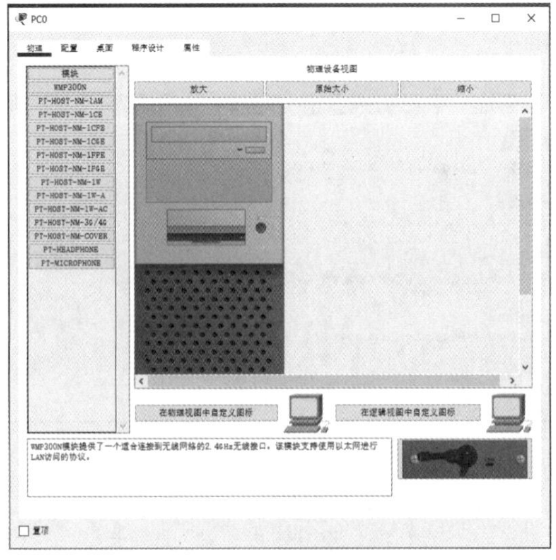

图 1.46　PC 的管理界面

选择“配置”选项卡，可以对显示名、IPv4/IPv6 地址、默认网关、DNS 服务器等进行设置，如图 1.47 所示。

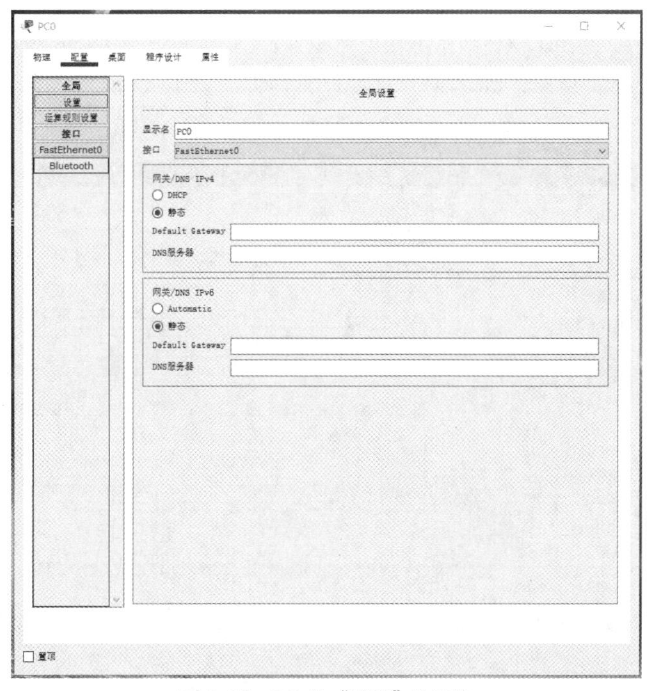

图 1.47　PC 的“配置”选项卡

选择“桌面”选项卡，可以对 IP 配置、拨号、终端、命令提示符、Web 浏览器、PC 无线、虚拟专用网络（Virtual Private Network，VPN）、流量生成器等功能进行配置，如图 1.48 所示。

图 1.48　PC 的“桌面”选项卡

选择“IP 配置”选项，将以模拟窗口的形式显示当前主机的 IP 配置信息，并可进行配置，“IP 配置”界面如图 1.49 所示；选择“拨号”选项，可以实现拨号连接；选择“终端”选项，可以打开虚拟超级终端；选择“命令提示符”选项，可以进入 MS-DOS 命令环境，在该环境中可以执行 ping、ipconfig、arp、netstat、telnet 和 tracert 等网络调试和诊断命令，“命令提示符”界面如图 1.50 所示。

图 1.49 “IP 配置”界面

图 1.50 “命令提示符”界面

8. 为网络设备添加注释文字

选中设备编辑工具箱中的注释工具，在工作区单击后直接输入注释文字。例如，给计算机添加虚拟局域网（Virtual Local Area Network，VLAN）划分注释文字等，如图 1.51 所示。

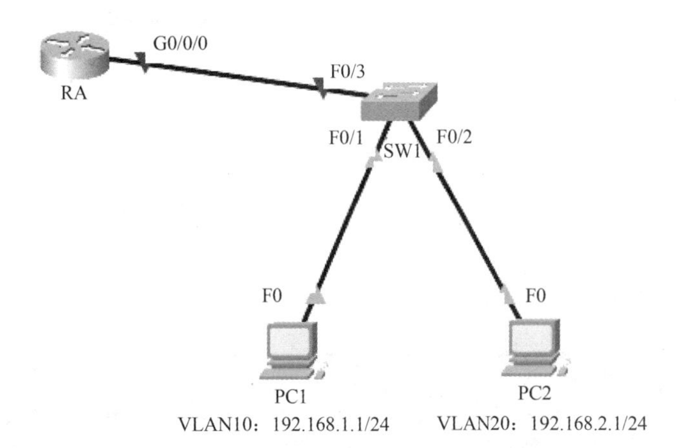

图 1.51 给计算机添加 VLAN 划分注释文字

9. 删除相关操作

使用设备编辑工具箱中的删除工具，可以删除已经添加的网络设备、线缆、注释等。删除操作非常简单，选中删除工具，直接单击想要删除的设备，在弹出的对话框中单击“Delete”按钮即可，如删除图 1.51 中的路由器 RA，弹出的对话框如图 1.52 所示；也可以先选中多个设备，再单击“删除”图标，在弹出的对话框中一次性删除多个设备。

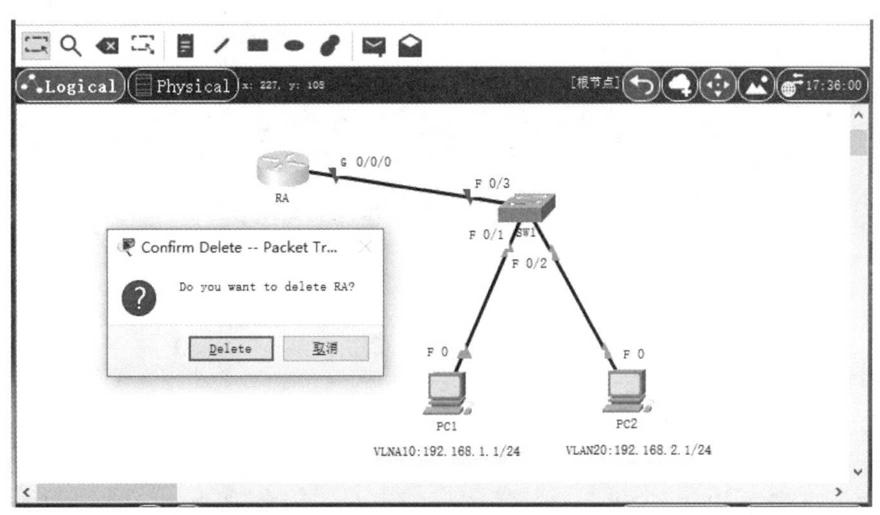

图 1.52 删除路由器 RA

任务 1.2 认识交换机

任务描述

某公司购置的思科交换机已经到货，小李是该公司的网络工程师，他需要对交换机进行加电测试，查看交换机软件、硬件信息，同时熟悉交换机的基本命令行操作，并进行初始化配置，以实现远程管理与维护交换机的操作。

知识准备

1.2.1 交换机外形结构

不同厂商、不同型号的交换机的外形结构不同，但它们的功能、端口类型几乎相同，具体可参考相应厂商的产品说明书。常用的交换机有两种类型：二层交换机及三层交换机。这里主要介绍思科 C2960 系列交换机产品。

（1）C2960 系列交换机前面板如图 1.53 所示。

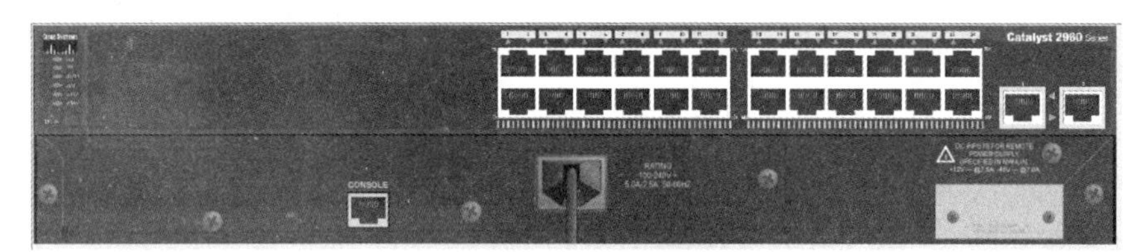

图 1.53 C2960 系列交换机前面板

（2）对应端口。

① RJ-45 端口：24 个 10/100/1000Base-TX。

② Console 端口：用于配置、管理交换机，使用反转线连接。

（3）计算机与交换机的接线如图 1.54 所示。

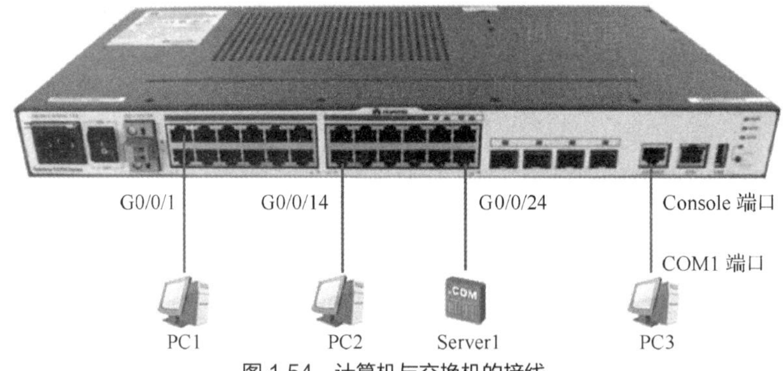

图 1.54 计算机与交换机的接线

1.2.2 认识交换机组件

交换机和计算机一样，由硬件和软件组成，虽然不同厂商的交换机产品由不同硬件构成，但交换机的基本硬件一般包括中央处理器（Central Processing Unit，CPU）、随机存储器（Random Access Memory，RAM）、只读存储器（Read-Only Memory，ROM）、可读写存储器（Flash）、端口（Interface）等组件。

1. CPU

交换机的 CPU 主要控制和管理所有网络通信的进行，它理论上可以执行任何网络操作，如执行 VLAN 协议、路由协议、ARP 解析等操作。但在交换机中，CPU 应用得通常不是很频繁，因为大部分帧的交换和解封装均由一种叫作专用集成电路的专用硬件来完成。

2. 专用集成电路芯片

交换机的专用集成电路（Application Specific Integrated Circuit，ASIC）芯片是连接 CPU 和前端端口的硬件集成电路，能并行转发数据，提供高性能的、基于硬件的帧交换功能，主要提供对端口上接收到的数据帧的解析、缓冲、拥塞避免、链路聚合、VLAN 标记、广播抑制等功能。

3. RAM

和计算机的 RAM 一样，交换机的 RAM 在交换机启动时按需随意存取，在断电时将丢失存储内容。RAM 主要用于存储交换机正在运行的程序。

4. Flash

Flash 是可读写存储器，在系统重启或关机之后仍能保存数据，一般用来保存交换机的操作系统文件和配置文件。

5. 交换机模块

交换机模块是在原有的板卡上预留出槽位，为方便用户未来进行设备业务扩展预备的端口。常见的物理模块有光模块（GBIC 模块，即千兆位接口转换器）、电口模块（见图 1.55）、光转电模块、电转光模块等。

光模块（SFP 模块，即小型可插拔光模块）为光模块（GBIC 模块）的升级版本，SFP 模块的体积是 GBIC 模块的 1/2，在相同面板上可以多出一倍以上的端口数量，SFP 模块的功能与 GBIC 模块的相同，有些交换机厂商称 SFP 模块为小型 GBIC 模块，如图 1.56 所示。

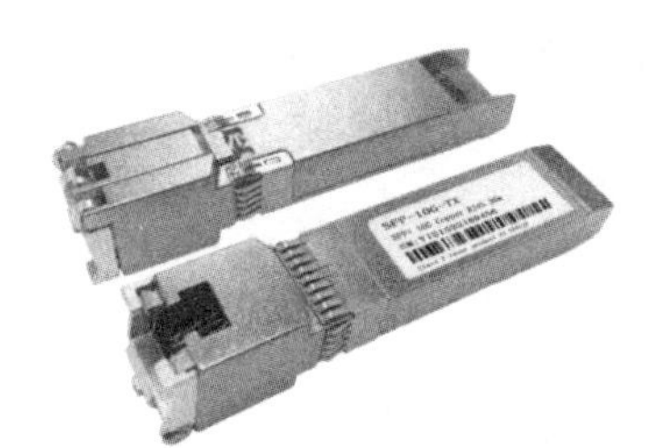

图 1.55　电口模块

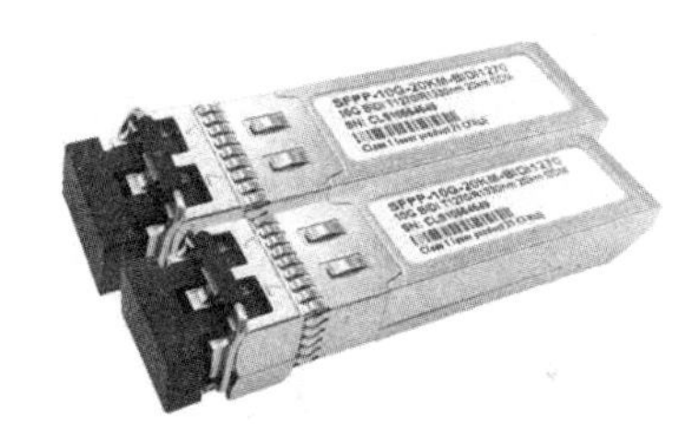

图 1.56　SFP 模块

1.2.3　交换机工作原理

交换机工作在数据链路层，拥有一条高带宽的背板总线和一个内部交换矩阵，交换机的端口都直接连接在这条背板总线上。前端 ASIC 芯片控制电路接收到数据帧以后，会查找内存中的 MAC 地址表，确定目的 MAC 地址连接在哪个端口上，之后通过内部交换矩阵，迅速将数据帧传送到目的端口；若目的 MAC 地址不存在，则将数据帧广播到其他所有的端口。

一般来说，交换机的每个端口都用来连接一个独立的网段，相应的网段上发生的冲突不会影响其他网段。通过增加网段数量，减少每个网段上的用户数量，可以减少网络内部冲突，从而优化网络的传输环境。二层交换机通过源 MAC 地址表来获悉与特定端口相连的设备的地址，并根据目的 MAC 地址来决定如何处理接收到的数据帧，但是有时为了提供更快的接入速率，可以把一些重要的计算机直接连接到交换机的端口上。这样，网络的关键服务器和重要用户就能拥有更快的接入速率，以及更大的信息流量。

1. 网络连接

像集线器一样，交换机提供了大量可供线缆连接的端口，可以采用星形拓扑结构进行连接。交换机在转发数据帧时，可能会产生一个不失真的方形电信号。由于交换机每个端口上都使用相同的转发或过滤逻辑，可以将局域网分为多个冲突域，每个冲突域都有独立的宽带，因此大大提高了局域网的带宽。除了具有网桥、集线器和中继器的功能以外，交换机还具有更先进的功能（如 VLAN）和更佳的性能。

2. 地址自主学习

交换机通过查看接收到的每个数据帧的源 MAC 地址，来学习每个端口连接设备的 MAC 地址，再建立地址表到端口的映射关系，将地址同相应的端口进行映射并存放在交换机缓存的 MAC 地址表中，从而学习到整个网络地址的情况。

3. 转发过滤

当一个数据帧的目的 MAC 地址在 MAC 地址表中有映射时，它将被转发到连接目的节点的端口，而不是所有端口。（如果该数据帧为广播帧或组播帧，则转发到所有端口。）

4. 消除回路

当交换机包括一个冗余回路时，交换机通过生成树协议避免回路的产生，同时允许存在后备路径。

交换机除了能够连接同种类型的网络之外，还可以在不同类型的网络（如以太网和快速以太网）之间起到互联作用，如今许多交换机能够提供支持快速以太网或光纤分布式数据接口（Fiber Distributed Data Interface，FDDI）等的高速连接端口，它们用于连接网络中的其他交换机，或者为带宽占用量大的关键服务器提供附加带宽。

5. 交换机地址学习和转发过滤

（1）地址学习

由于交换机的 MAC 地址表存放在 RAM 中，在交换机刚通电启动（冷启动）时，MAC 地址表为空。在 MAC 地址表初始化之前，交换机不知道主机连接的是哪个端口，因此它在接收到数据帧后，将数据帧广播到除了发送端口之外的所有端口，此过程称为泛洪。MAC 地址表初始化如图 1.57 所示。

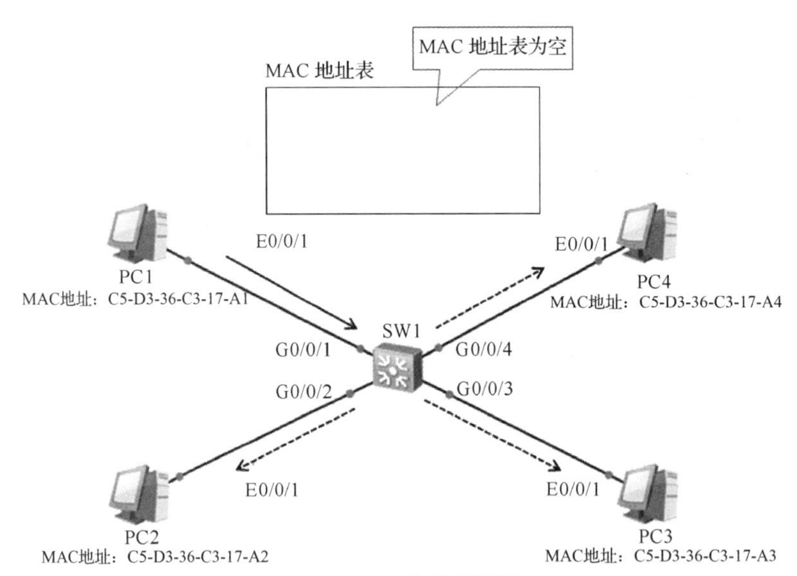

图 1.57　MAC 地址表初始化

当交换机从某端口接收到一个数据帧后，首先取出该数据帧中的源 MAC 地址，然后查看交换机的 MAC 地址表，判断 MAC 地址表中是否存在该 MAC 地址。如果 MAC 地址表中不存在该 MAC 地址，则将该 MAC 地址及连接交换机的端口号写入 MAC 地址表中，即交换机学习到一条 MAC 地址记录。通常将这一过程称为交换机的地址学习过程。

若主机 PC1 要给主机 PC3 发送数据帧，且数据帧的源 MAC 地址是主机 PC1 的 MAC 地址（C5-D3-36-C3-17-A1），目的 MAC 地址是主机 PC3 的 MAC 地址（C5-D3-36-C3-17-A3），因为 MAC 地址表为空，所以交换机把接收到的该数据帧通过广播方式泛洪到所有端口；同时交换机通过解析数据帧获得这个数据帧的源 MAC 地址，将该 MAC 地址和发送端口建立起映射关系，并记录在

MAC 地址表中，至此，交换机学习到主机 PC1 位于 G0/0/1 端口，如图 1.58 所示。

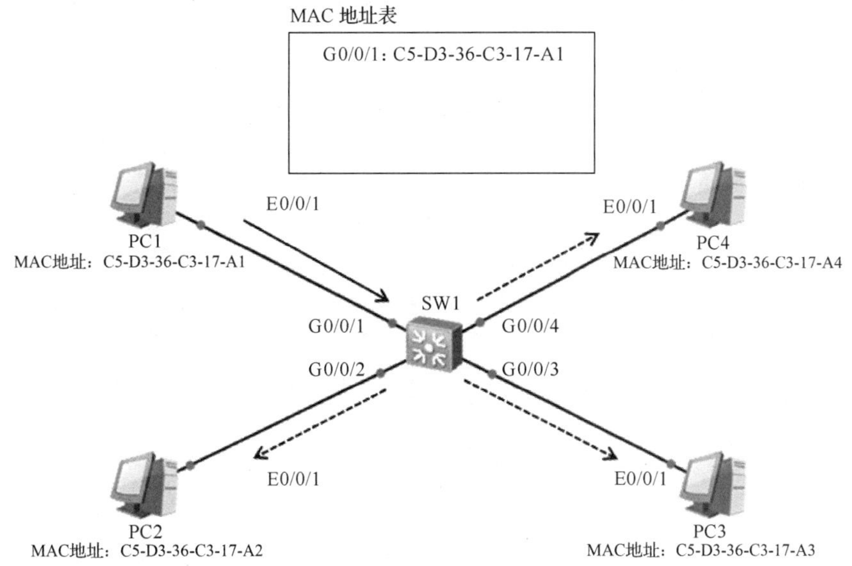

图 1.58　在 MAC 地址表中添加地址

网络中的其他主机通过广播也接收到这个帧，但会丢弃它，只有目的主机 PC3 才会响应这个帧，并按要求返回响应帧，该帧的目的 MAC 地址为主机 PC1 的 MAC 地址。返回的响应帧到达交换机后，由于该帧的目的 MAC 地址已经记录在 MAC 地址表中，交换机会按照表中记录将其由对应的 G0/0/1 端口转发出去；同时交换机通过解析响应帧，学习到帧的源 MAC 地址（主机 PC3 的 MAC 地址），将该 MAC 地址和 G0/0/3 端口建立起映射关系，并记录在 MAC 地址表中。

随着网络中的主机不断发送帧，交换机的地址学习过程将不断进行下去，最终交换机会得到整个网络的完整 MAC 地址表，如图 1.59 所示。

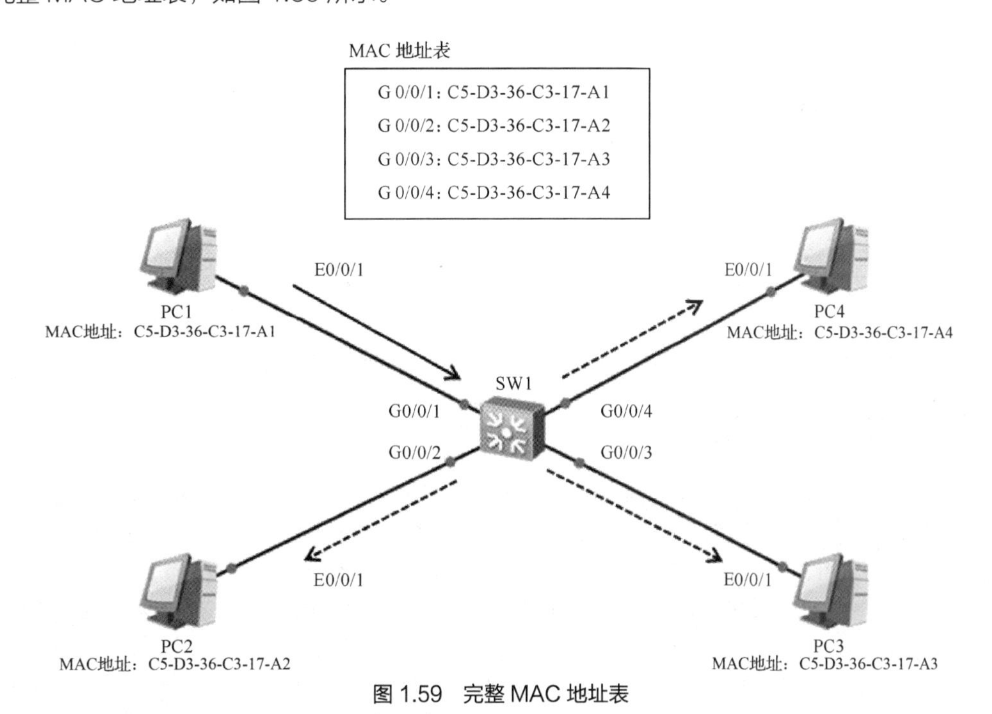

图 1.59　完整 MAC 地址表

需要注意的是，交换机通过 MAC 地址表决定如何处理数据帧。由于 MAC 地址表中的条目有生命周期，如果交换机长时间没有从端口接收到具有相同源 MAC 地址的帧，则交换机会刷新 MAC 地址表，即交换机会认为这个端口对应的主机已与这个端口断开连接，于是将这个条目从 MAC 地址表中删除。默认情况下，交换机的默认老化时间为 300s，超过这个时间交换机就会刷新 MAC 地址表。如果端口接收到的帧的源 MAC 地址发生改变，则交换机会用新的源 MAC 地址改写 MAC 地址表中该端口对应的 MAC 地址。交换机中的 MAC 地址表将一直保持最新的记录，以提供更准确的转发策略。

（2）转发过滤

交换机收到目的 MAC 地址后，将按照记录在 MAC 地址表中的映射关系，把接收到的帧从相应端口转发出去。当主机 PC1 再次将帧发送给主机 PC3 时，主机 PC1 的网卡会封装数据帧（帧头+MAC-PC3+MAC-PC1+Data+校验位）。当该帧传输到交换机上时，交换机的 ASIC 芯片会解析帧，由于目的 MAC 地址（主机 PC3 的 MAC 地址为 C5-D3-36-C3-17-A3）记录在交换机的 MAC 地址表中，因此交换机将按照查找到的 MAC 地址直接将帧从相应的端口转发出去，如图 1.60 所示。

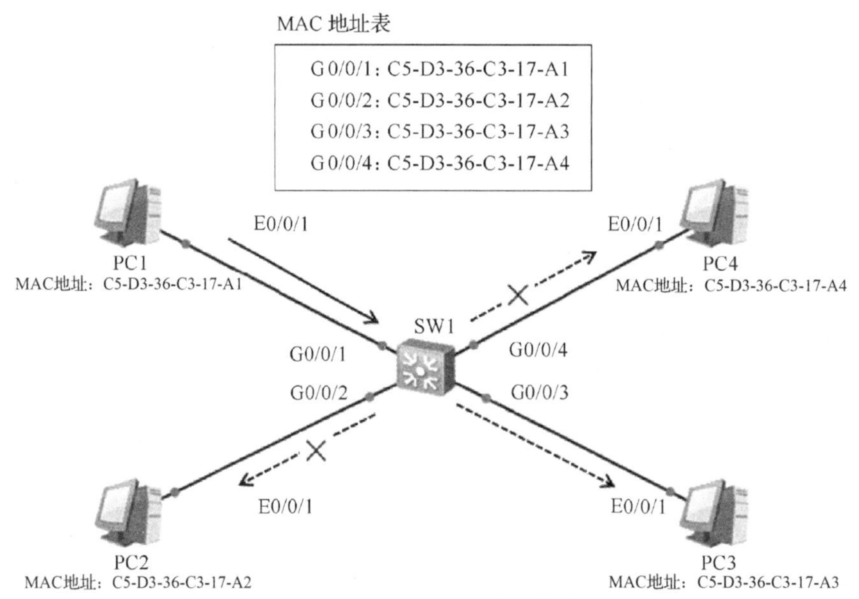

图 1.60　交换机按 MAC 地址表转发过滤

主机 PC1 向主机 PC3 发送帧的过程如下。

① 交换机将帧的目的 MAC 地址和 MAC 地址表中的条目进行比较。

② 交换机发现帧可以通过 G0/0/3 端口到达目的主机，便将帧从该端口转发出去。

③ 通过交换机 MAC 地址表的过滤，交换机不会再将该帧广播到 G0/0/2 和 G0/0/4 端口中，这样就减少了网络中的传输流量，优化了带宽，这种过滤操作被称为帧过滤。

1.2.4　交换机管理方式

通常情况下，交换机可以不经过任何配置，在加电后直接在局域网内使用，不过这种方式浪费了可管理型交换机提供的智能网络管理功能，其在局域网内传输效率的优化、安全性、网络稳定性与可靠性等也都不能实现。因此，需要对交换机进行一定的配置和管理。

交换机常用的管理方式有两种：一种是超级终端带外管理方式；另一种是 Telnet 远程或 SSH2 远程带内管理方式。

因为交换机刚出厂时没有配置任何 IP 地址，所以第一次配置交换机时，只能使用 Console 端口来配置交换机，这种管理方式使用专用的配置线缆连接交换机的 Console 端口，不占用网络带宽，因此被称为带外管理方式；其他方式会将网线与交换机端口相连，这种连接通过 IP 地址实现，因此被称为带内管理方式。交换机管理方式如图 1.61 所示。

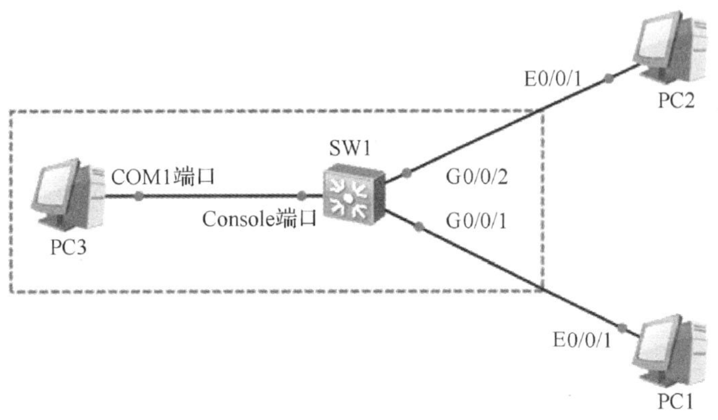

图 1.61　交换机管理方式

1. 使用带外管理方式管理交换机

带外管理方式是通过将计算机串口 COM 端口与交换机 Console 端口相连来管理交换机的，两个端口分别如图 1.62 和图 1.63 所示。不同类型的交换机的 Console 端口所处的位置不同，但交换机面板上的 Console 端口都有“CONSOLE”字样标识。利用交换机的 Console 线缆（见图 1.64），可将交换机的 Console 端口与计算机串口 COM 端口相连，以便进行管理。现在很多笔记本电脑没有串口 COM 端口，这时可以利用 USB 端口转 RS-232 端口线缆（见图 1.65）连接 Console 线缆进行配置和管理。

图 1.62　计算机串口 COM 端口

图 1.63　交换机 Console 端口

图 1.64　交换机的 Console 线缆

图 1.65　USB 端口转 RS-232 端口线缆

（1）进入超级终端程序。选择“开始”→“所有程序”→“附件”→“超级终端”选项，根据提示进行相关配置，设置 COM 属性，如图 1.66 所示。正确设置之后单击“确定”按钮，进入交换机用户模式，如图 1.67 所示。

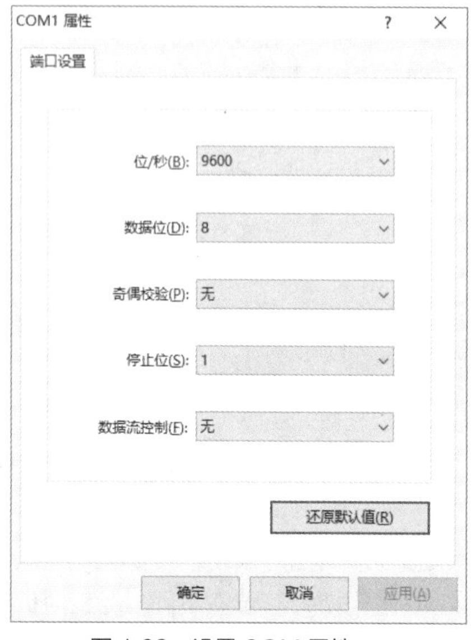

图 1.66　设置 COM 属性

图 1.67　进入交换机用户模式

（2）进入 SecureCRT 终端仿真程序。SecureCRT 是一款支持安全外壳（Secure Shell，SSH；包括 SSH1 和 SSH2）的终端仿真程序，打开 SecureCRT 终端仿真程序，其主界面如图 1.68 所示。可以单击“快速连接”按钮，弹出“快速连接”对话框，如图 1.69 所示。可以在“协议”下拉列表中选择相应协议进行连接，如 Serial、Telnet、SSH2 等，这里选择 Serial 协议，进行相应设置。

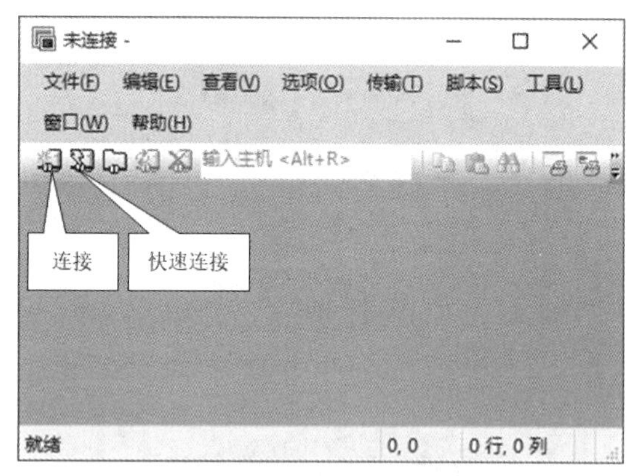

图 1.68　SecureCRT 终端仿真程序的主界面

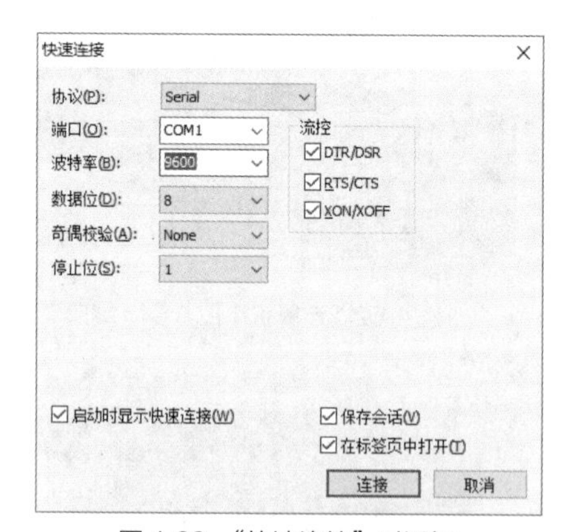

图 1.69　“快速连接”对话框

设置完成后单击“连接”按钮，弹出“连接”对话框，如图 1.70 所示，正确设置后便可以进入用户视图模式，如图 1.71 所示。

2. 使用带内管理方式管理交换机

带内管理方式先通过网线远程连接交换机，再通过 Telnet、SSH 等远程方式管理交换机。在通过 Console 端口对交换机进行初始化配置（如配置交换机管理 IP 地址、用户名、密码等）并启用 Telnet 服务后，就可以通过网络以 Telnet 远程方式登录交换机。

图 1.70 “连接”对话框

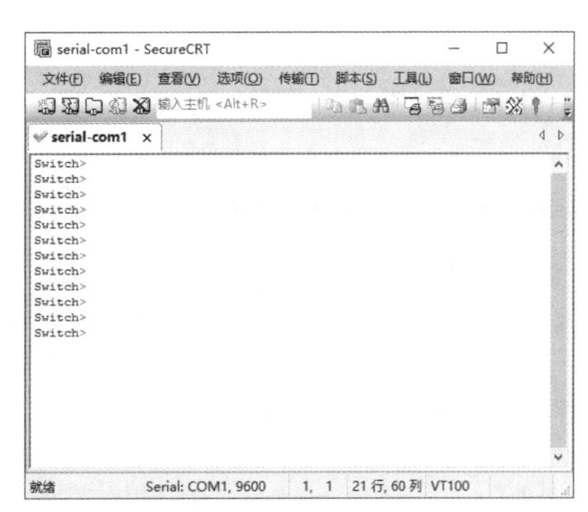

图 1.71 进入用户视图模式

Telnet 协议是一种远程访问协议，Windows 10 操作系统自带 Telnet 连接功能，但该功能需要用户自行启用：打开计算机的控制面板，选择“程序”选项和相关功能，选择“启用或关闭 Windows 功能”选项，选中“Telnet 客户端”复选框，如图 1.72 所示。按“Win+R”快捷键，弹出“运行”对话框，在“打开”文本框中输入“cmd”命令，如图 1.73 所示，单击“确定”按钮，弹出 DOS 命令提示符窗口。

图 1.72 选中“Telnet 客户端”复选框

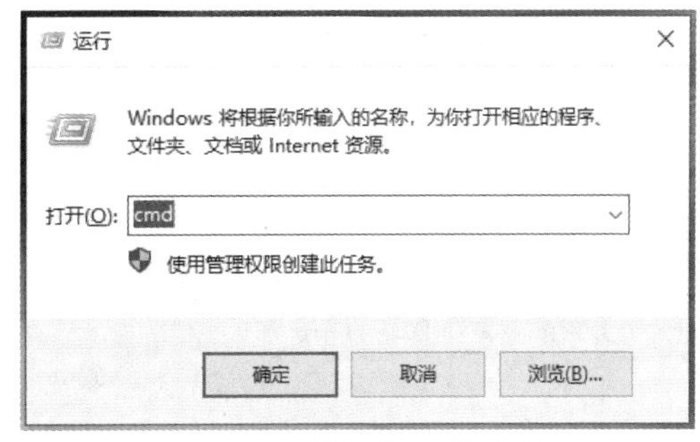

图 1.73 输入“cmd”命令

执行“telnet +IP 地址”命令，以 Telnet 远程方式登录交换机，如图 1.74 所示。在系统确认用户名、密码和登录权限后，即可利用命令提示符窗口配置、管理交换机，如图 1.75 所示。

图 1.74 以 Telnet 远程方式登录交换机

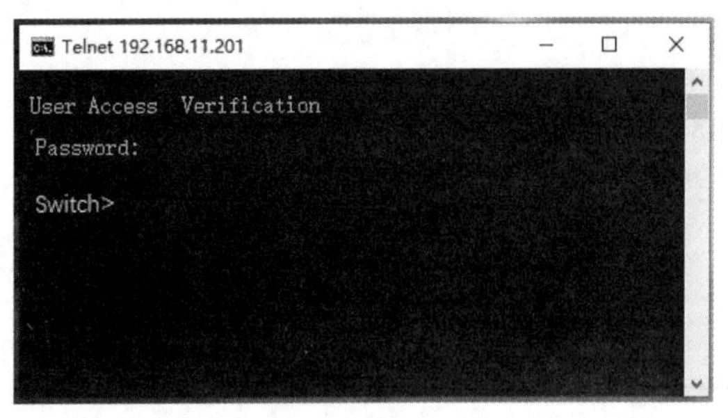

图 1.75 利用命令提示符窗口配置、管理交换机

任务实施

1.2.5 网络设备命令行视图及其使用方法

1. 命令行视图

交换机或路由器的配置管理界面有若干种模式，根据不同配置管理功能，不同模式定义了不同的命令行视图。命令只能在特定视图下执行，每条命令都注册在一个或多个命令行视图下，用户只有先进入命令所在的视图，才能执行相应的命令。进入系统的配置界面后，最先进入的视图是用户视图，相关实例代码如下。

```
Switch>                              //用户视图
Switch>enable
Switch#                              //特权视图
```

在用户视图下，用户可以查看设备的运行状态和版本信息等。若要修改系统参数，则用户必须进入全局配置视图。用户还可以通过用户视图进入其他的功能配置视图，如端口配置视图和协议视图，如图 1.76 所示。通过提示符可以判断当前所处的视图，如“>”表示用户视图，“#”表示特权视图。

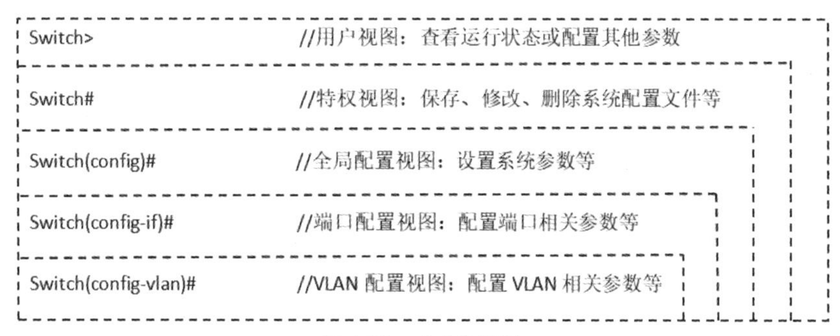

图 1.76 命令行视图

2. 命令行功能

为了简化操作，系统提供了快捷键，使用户能够快速执行操作，例如，按 Ctrl+Z 快捷键可以返回到特权视图，相关实例代码如下。

```
Switch>                                              //用户视图
Switch>enable                                        //进入特权视图
Switch#configure terminal
Enter configuration commands, one per line.   End with CNTL/Z.
Switch(config)#interface FastEthernet   0/1
Switch(config-if)#^Z                                 //按 Ctrl+Z 快捷键返回到特权视图
Switch#
%SYS-5-CONFIG_I: Configured from console by console
Switch#
```

常见快捷键及其对应功能如表 1.7 所示。

表 1.7 常见快捷键及其对应功能

快捷键	功能
Ctrl+A	将光标移动到当前命令行的最前端
Ctrl+B	将光标向左移动一个字符

续表

快捷键	功能
Ctrl+C	停止当前命令的执行
Ctrl+D	删除当前光标所在位置右侧的一个字符
Ctrl+E	将光标移动到当前命令行的末尾
Ctrl+F	将光标向右移动一个字符
Ctrl+H	删除当前光标所在位置左侧的一个字符
Ctrl+N	显示历史命令缓冲区中的后一条命令
Ctrl+P	显示历史命令缓冲区中的前一条命令
Ctrl+W	删除当前光标所在位置左侧的一个字符串
Ctrl+X	删除当前光标所在位置左侧的所有字符
Esc+B	将光标向左移动一个字符串
Esc+D	删除当前光标所在位置右侧的一个字符串
Esc+F	将光标向右移动一个字符串

还有一些快捷键可以用来执行类似的操作，例如，与 Ctrl+H 快捷键的功能一样，按退格键（Backspace）也可以删除当前光标所在位置左侧的一个字符；向左的方向键（←）可以用来执行与 Ctrl+B 快捷键相同的操作；向右的方向键（→）可以用来执行与 Ctrl+F 快捷键相同的操作；向下的方向键（↓）可以用来执行与 Ctrl+N 快捷键相同的操作；向上的方向键（↑）可以用来执行与 Ctrl+P 快捷键相同的操作。

此外，若命令的前几个字母是独一无二的，则系统可以在用户输入完该命令的前几个字母后自动将该命令补全。例如，用户只需输入“conf”并按 Tab 键，系统就会自动将命令补全为 configure，相关实例代码如下。

```
Switch>enable
Switch#conf                          //按 Tab 键补全命令
Switch#configure  terminal           //进入全局配置视图
Switch(config)#exit                  //返回到上一级命令行视图
Switch#
```

3. 命令简写

为了方便记忆和便于输入，命令行视图提供命令简写输入的功能，用户通常仅需输入配置命令的前几个字母即可执行操作。

（1）在用户视图下，使用 enable 命令的效果与使用 ena 命令的效果是相同的。

（2）在全局配置视图下，使用 configure terminal 命令的效果与使用 conf t 命令的效果是相同的。

（3）在命令行中，interface FastEthernet 0/1 命令可以简写为 int f 0/1 命令，它们的执行效果是相同的。

```
Switch>ena                                    //enable 命令的简写
Switch#conf  t                                //configure  terminal 命令的简写
Enter configuration commands, one per line.  End with CNTL/Z.
Switch(config)#int  f 0/1                     //interface FastEthernet 0/1 命令的简写
Switch(config-if)#end
Switch#
```

4. 命令在线帮助

命令行视图提供两种在线帮助功能，分别是部分帮助和完全帮助。

部分帮助指的是当用户输入命令时，如果只记得此命令的开头一个或几个字符，则可以使用命令行的部分帮助功能获取以该字符或字符串开头的所有关键字的提示。例如，在用户视图下输入“c?”，相关实例代码如下。

```
Switch#c?
clear   clock   configure   connect   copy
Switch#c
```

完全帮助指的是在任一命令行视图下，用户可以输入“?”来获取该命令行视图下所有的命令及其简单描述。输入一条命令的部分关键字，后接以空格分隔的“?”，如果“? ”所在位置为关键字，则列出全部关键字及其描述。例如，在用户视图下输入“copy ?”，相关实例代码如下。

```
Switch#copy  ?
  flash:           Copy from flash: file system
  ftp:             Copy from ftp: file system
  running-config   Copy from current system configuration
  scp:             Copy from scp: file system
  startup-config   Copy from startup configuration
  tftp:            Copy from tftp: file system
Switch#copy
```

1.2.6 网络设备基本配置命令

1. hostname 命令的使用

网络环境中设备众多，为了方便管理员管理，需要对这些设备进行统一配置。可以使用 hostname 命令修改设备名称，设备名称一旦设置，就会立刻生效，相关实例代码如下。

```
Switch>enable
Switch#configure  terminal
Enter configuration commands, one per line.  End with CNTL/Z.
Switch(config)#hostname  SW1                         //修改主机名称为 SW1
SW1(config)#
```

2. no 命令的使用

使用 no 命令可以进行命令的反向操作，例如，在系统视图下使用 no hostname 命令可将交换机名称恢复为默认值，相关实例代码如下。

```
SW1(config)#no  hostname                             //恢复交换机默认名称
Switch(config)#                                      //交换机默认名称为 Switch
Switch(config)#interface  FastEthernet  0/1          //进入端口配置视图
Switch(config-if)#shutdown                           //禁用端口
Switch(config-if)#no  shutdown                       //启用端口
Switch(config-if)#end
Switch#
```

3. 返回命令的使用

使用 exit 命令可以返回到上一级视图，而使用 end 命令可以返回到特权视图，相关实例代码如下。

```
Switch>enable
Switch#configure  terminal
Switch(config)#interface  FastEthernet  0/1
Switch(config-if)#exit                               //返回到上一级视图
Switch(config)#interface  FastEthernet  0/1
```

```
Switch(config-if)#end                               //返回到特权视图
Switch#
```

4. show 命令的使用

在不同视图下，可以使用 show 命令查看当前设备的相关信息，相关实例代码如下。

```
Switch>                                             //用户视图
Switch>show  mac-address-table                      //查看 MAC 地址表信息
          Mac Address Table
-------------------------------------------

Vlan    Mac Address       Type        Ports
----    -----------       --------    -----
   1    0006.2aa4.22dd    DYNAMIC     Fa0/2
   1    00d0.5865.638a    DYNAMIC     Fa0/1
Switch>
Switch>show  version                                //查看当前软件版本信息
Cisco IOS Software, C2960 Software (C2960-LANBASEK9-M), Version 15.0(2)SE4, RELEASE SOFTWARE (fc1)
Technical Support: http://www.cisco.com/techsupport
Copyright (c) 1986-2013 by Cisco Systems, Inc.
Compiled Wed 26-Jun-13 02:49 by mnguyen
ROM: Bootstrap program is C2960 boot loader
BOOTLDR: C2960 Boot Loader (C2960-HBOOT-M) Version 12.2(25r)FX, RELEASE SOFTWARE (fc4)
...
Switch>
Switch>enable                                       //进入特权视图
Switch#show  running-config                         //查看当前设备运行时的配置信息
Building configuration...
Current configuration : 1080 bytes
!
version 15.0
no service timestamps log datetime msec
no service timestamps debug datetime msec
no service password-encryption
!
hostname Switch
!
...
Switch#
Switch#show  startup-config                         //查看设备启动时的配置信息
Using 1080 bytes
!
version 15.0
no service timestamps log datetime msec
no service timestamps debug datetime msec
no service password-encryption
!
hostname Switch
```

```
!
...
Switch#
```

5. 终端信息显示的配置

在特权视图下，可以使用 terminal monitor 命令显示终端配置时的反馈信息（默认情况下显示反馈信息）；使用 terminal no monitor 命令关闭终端配置时的反馈信息，相关实例代码如下。

```
Switch# terminal   monitor                          //显示终端配置时的反馈信息
Switch#configure terminal
Enter configuration commands, one per line.   End with CNTL/Z.
Switch(config)#interface   FastEthernet   0/1
Switch(config-if)#shutdown                          //关闭端口
Switch(config-if)#
%LINK-5-CHANGED: Interface FastEthernet 0/1, changed state to administratively down
%LINEPROTO-5-UPDOWN: Line protocol on Interface FastEthernet 0/1, changed state to down
                                                    //显示相关的反馈信息
Switch(config-if)#exit
Switch(config)#exit
Switch#
%SYS-5-CONFIG_I: Configured from console by console
Switch#terminal   no    monitor                     //关闭终端配置时的反馈信息
Switch#configure   terminal
Enter configuration commands, one per line.   End with CNTL/Z.
Switch(config)#int    f 0/1                         // interface FastEthernet   0/1 命令的简写
Switch(config-if)#no   shutdown                     //启用端口，此时没有任何反馈信息
Switch(config-if)#end
Switch#
```

6. 保存当前的配置

设备配置完成后，需要将当前配置保存到启动配置文件或内存中，遇到设备断电或重启的时候，相关的配置内容都能保持不变，相关实例代码如下。

```
Switch# copy   running-config   startup-config      //将当前配置保存到启动配置文件中
Destination filename [startup-config]?              //直接按 Enter 键或输入要保存的文件的名称
Building configuration...
[OK]
Switch#
Switch#write   memory                               //将当前配置保存到内存中
Building configuration...
[OK]
Switch#wr                                           // write memory 命令的简写
Building configuration...
[OK]
Switch#
```

7. 清空设备配置（恢复设备出厂配置）

当需要清空设备配置，即恢复设备出厂配置时，可以在特权视图下执行以下命令，相关实例代码如下。

```
Switch>enable
Switch(config)#hostname   SW1                       //修改主机名称为 SW1
SW1#erase   startup-config                          //清空设备配置
```

```
Erasing the nvram filesystem will remove all configuration files! Continue? [confirm] //按 Enter 键确认
[OK]
Erase of nvram: complete
%SYS-7-NV_BLOCK_INIT: Initialized the geometry of nvram
SW1#reload                                                  //停止并执行冷重启
System configuration has been modified. Save? [yes/no]:no   //输入“no”后按 Enter 键
Proceed with reload? [confirm]                              //按 Enter 键确认
C2960 Boot Loader (C2960-HBOOT-M) Version 12.2(25r)FX, RELEASE SOFTWARE (fc4)
Cisco WS-C2960-24TT (RC32300) processor (revision C0) with 21039K bytes of memory.
2960-24TT starting...
......
Press RETURN to get started!
Switch>                                                     //主机名称恢复为出厂时的 Switch
```

8. 系统时钟的配置

系统时钟是设备上的系统时间戳，由于地域不同，用户可以根据当地规定设置系统时钟，用户必须正确设置系统时钟以确保设备与其他设备保持同步。

当交换机在网络中工作时，需要为其设置准确的系统时间，这样才能与其他设备保持同步。系统时间应在交换机的特权视图下进行设置。配置交换机的系统时间为 2024 年 8 月 7 日 10:00:00，相关实例代码如下。

```
Switch>enable
Switch#clock set ?
  hh:mm:ss   Current Time
Switch#clock   set   10:00:00    7   Aug    2024       //配置交换机的系统时间
Switch#show   clock
10:0:32.554 UTC Wed Aug 7 2024
Switch#
```

交换机的时间配置格式为 HH:MM:SS Day Month Year。其中，月份是采用英文方式输入的，1～12 月分别是 January、February、March、April、May、June、July、August、September、October、November、December，但是通常在配置时仅需要输入月份英文单词的前 3 个字母。交换机的星期是采用英文简写方式显示的，从星期一到星期日分别为 Mon、Tue、Wed、Thu、Fri、Sat、Sun。

通常情况下，一旦系统时钟设定，即使设备断电，设备的系统时钟仍会继续运行，除非需要修正设备时间，原则上不再修改系统时钟。

1.2.7 交换机管理配置

V1-3 交换机基本配置

某公司正在组建局域网，为了保障网络安全和网络速度，需要为交换机配置主机名称和密码，并对密码进行加密，同时对网络速度进行限制。

1. 交换机基本配置

对交换机进行基本配置，如图 1.77 所示，进行网络拓扑连接。

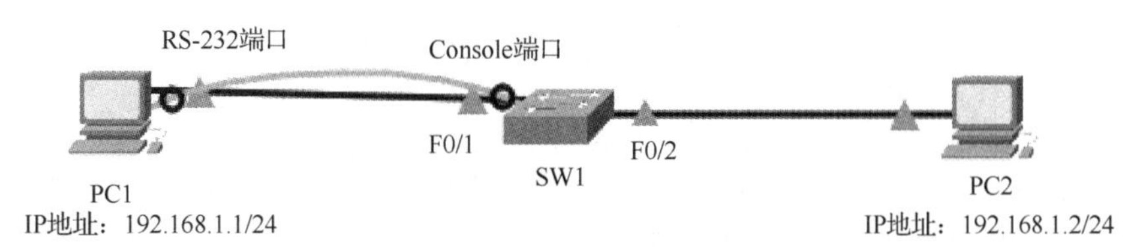

图 1.77 对交换机进行基本配置

（1）配置主机 PC1 和主机 PC2 的 IP 地址等相关信息，如图 1.78 所示。

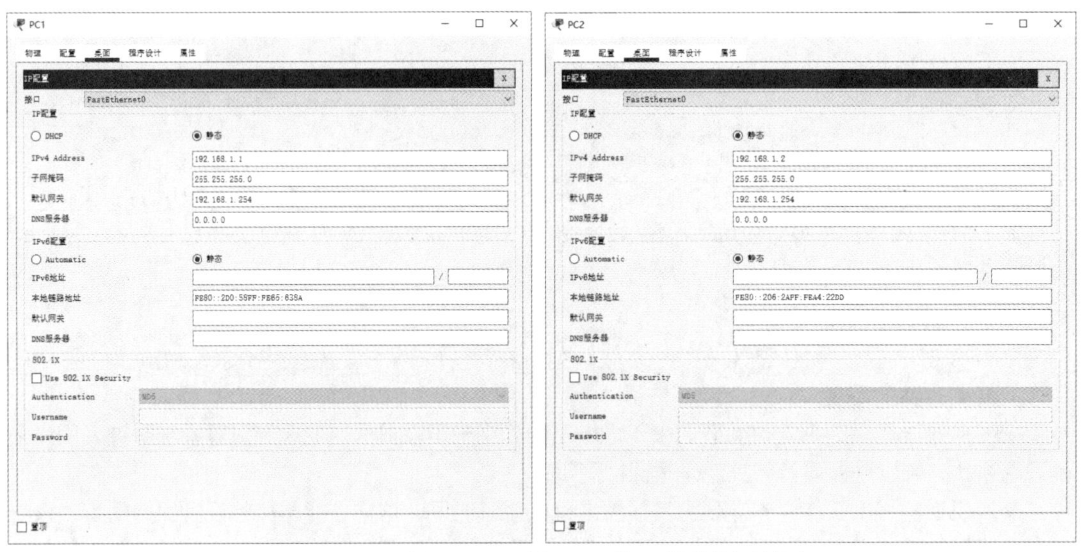

图 1.78　配置主机 PC1 和主机 PC2 的 IP 地址等相关信息

（2）配置交换机的控制台密码。为交换机配置一个控制台密码，避免 Console 端口被恶意访问。网络管理员在通过 Console 端口进行配置时，需要输入此密码以验证身份。因为 Console 端口只有一个，所以默认以 0 来表示端口 ID，相关实例代码如下。

```
Switch>enable
Switch#configure  terminal
Switch(config)#line  console  0              //进入 Console 0 端口线配置模式
Switch(config-line)#password  lncc123        //为 Console 0 端口配置密码为 lncc123
Switch(config-line)#login                    //允许通过本地登录，如果没有此命令，则密码不生效
Switch(config-line)#exit
Switch(config)#
```

（3）配置交换机的特权密码。刚出厂的新交换机是没有密码的，在用户视图（Switch>）下直接执行 enable 命令就可以进入特权视图（Switch#）。在特权视图下，可以完成对交换机的特权密码的设置，相关实例代码如下。

```
Switch#configure  terminal
Switch(config)#enable ?
  password  Assign the privileged level password
  secret    Assign the privileged level secret
Switch(config)#enable  password  lncc123                  //设置特权明文密码为 lncc123
Switch(config)# service  password-encryption              //加密系统中的所有密码
Switch(config)#enable  secret  level  ?
  <1-15>  Level number
Switch(config)#enable  secret  level  15  ?
  0      Specifies an UNENCRYPTED password will follow
  5      Specifies an ENCRYPTED secret will follow
  LINE   The UNENCRYPTED (cleartext) 'enable' secret
Switch(config)#enable  secret  level  15  5  lncc123      //设置特权密文密码为 lncc123
```

其中，level 为口令应用到的交换机的管理级别，可以设置 1～15 共 15 个级别，如果不指明级别，则默认级别为 15，“level 15”表示特权密码设置。

“0”表示用明文输入口令，“5”表示用密文输入口令。如果加密类型为“0”，则口令是以明文形式输入的；如果加密类型为“5”，则口令是以密文形式输入的。

可以使用 no 命令禁用该级别的密码，相关实例代码如下。

```
Switch(config)#no   enable   secret   level   15
Switch(config)#no   enable   password
```

为了验证刚刚输入的密码是否正确，从特权视图返回到用户视图后，重新进入特权视图，相关实例代码如下。

```
Switch#exit                              //返回到用户视图
User Access Verification
Password:                                //输入 Console 0 端口的密码
Switch>enable
Password:                                //输入特权密码
Switch#
```

如果在提示输入密码处输入“lncc123”并按 Enter 键后能够顺利进入特权视图，说明设置成功；否则说明设置失败，需要重新进行设置。

注意　如果在执行 enable password 命令后又执行了 enable secret password 命令，则 enable secret password 命令会覆盖 enable password 命令。

（4）配置交换机端口双工模式。因为思科 C2900 系列交换机的端口是支持 10Mbit/s、100Mbit/s、1000Mbit/s 多种速率的，所以在与其他设备连接时，可以使用“duplex+端口配置”命令来指定交换机端口的双工模式。可以指定双工模式和速率为 auto，与对端设备进行自动协商；也可以手动指定交换机端口的双工模式为 full（全双工）或 half（半双工），速率可以指定为 100Mbit/s 或 10Mbit/s，以避免出现厂商之间的自动协商问题，相关实例代码如下。

```
Switch>enable
Switch#configure terminal
Enter configuration commands, one per line.   End with CNTL/Z.
Switch(config)#hostname   SW1                          //修改主机名称为 SW1
SW1(config)#interface   FastEthernet   0/1             //进入端口配置视图
SW1(config-if)#duplex   ?                              //双工模式参数查询
  auto   Enable AUTO duplex configuration
  full   Force full duplex operation
  half   Force half-duplex operation
SW1(config-if)#duplex auto                             //配置为自动协商模式
SW1(config-if)#speed   ?
  10      Force 10 Mbps operation
  100     Force 100 Mbps operation
  auto   Enable AUTO speed configuration
SW1(config-if)#speed   auto                            //配置速率为 auto
SW1(config-if)#end
SW1#wr                                                 //保存当前配置
Building configuration...
[OK]
SW1#
```

（5）测试主机的连通性。在主机 PC1 的“命令提示符”界面中使用 ping 命令访问主机 PC2，查看网络连通性，如图 1.79 所示。

```
C:\>
C:\>
C:\>
C:\>
C:\>
C:\>
C:\>
C:\>
C:\>
C:\>
C:\>
C:\>
C:\>
C:\>
C:\>
C:\>
C:\>
C:\>
C:\>
C:\>
C:\>ping  192.168.1.2

Pinging 192.168.1.2 with 32 bytes of data:

Reply from 192.168.1.2: bytes=32 time<1ms TTL=128
Reply from 192.168.1.2: bytes=32 time<1ms TTL=128
Reply from 192.168.1.2: bytes=32 time<1ms TTL=128
Reply from 192.168.1.2: bytes=32 time<1ms TTL=128

Ping statistics for 192.168.1.2:
    Packets: Sent = 4, Received = 4, Lost = 0 (0% loss),
Approximate round trip times in milli-seconds:
    Minimum = 0ms, Maximum = 0ms, Average = 0ms

C:\>
C:\>
C:\>
```

图 1.79 查看网络连通性

2. Telnet 方式管理交换机

远程访问思科交换机上的虚拟型（Virtual Type，VTY）端口有两种选择：Telnet 协议与 SSH 协议（老式交换机可能不支持使用 SSH 协议的安全通信）。

V1-4 Telnet 方式管理交换机

Telnet 协议起源于 ARPANET，是最古老的 Internet 应用之一。Telnet 协议给用户提供了一种通过网络上的终端远程登录服务器的方式。Telnet 使用传输控制协议（Transmission Control Protocol，TCP）作为传输层协议，使用的端口号为 23。Telnet 协议采用了客户端/服务器模式。当用户通过 Telnet 远程登录服务器时，实际上启用了两个程序：一个是 Telnet 客户端程序，它运行在本地计算机上；另一个是 Telnet 服务器程序，它运行在要登录的远程设备上。因此，在远程登录过程中，用户的本地计算机是一个客户端，而提供服务的远程计算机是一台服务器。

Telnet 协议是在早期型号的思科交换机上进行通信的方法。Telnet 协议常用于终端访问，因为大部分最新的操作系统附带内置的 Telnet 客户端。但是 Telnet 协议不是访问网络设备的安全方法，因为它在网络上是以明文形式发送所有通信信息的。攻击者使用网络监视软件可以读取 Telnet 客户端和思科交换机的 Telnet 服务器之间发送的每个字符。

Telnet 远程登录方式是通过连接计算机与交换机的网络来登录交换机的，只要网络管理员的计算机能够通过网络访问到交换机，就可以使用 Telnet 远程登录方式登录交换机。因为使用网络传输登录信息，所以在登录之前必须对交换机设置管理 IP 地址和登录密码等，且保证网络畅通。Telnet 远程登录方式的特点是可以通过网络对交换机进行远距离登录，比较方便；登录信息在网络上传输时不加密，不够安全，需要将登录密码保管好。

（1）设置 Telnet 远程登录密码。设置 Telnet 远程登录密码的命令格式与设置特权密码的命令格式相同，区别为 level 参数设置为“1”，而不是“15”，即“level 1”表示远程登录密码设置，“level 15”表示特权密码设置，相关实例代码如下。

```
Switch>enable
Password:
Switch#configure terminal
Enter configuration commands, one per line.   End with CNTL/Z.
```

```
Switch(config)#enable  secret  level  1  0  lncc123          //Telnet 远程登录密码为 lncc123
Switch(config)#
```

（2）设置线路远程登录密码，相关实例代码如下。

```
Switch(config)#line  vty  0  4              //允许虚拟终端线路 0~4 共 5 个用户同时进行登录
Switch(config-line)#password  lncc123       //设置线路远程登录密码为 lncc123
Switch(config-line)#login                   //允许通过本地登录，如果没有此命令，则密码不生效
Switch(config-line)#exit
Switch(config)#
```

（3）配置交换机管理 IP 地址，相关实例代码如下。

```
Switch(config)#interface  vlan  1
Switch(config-if)#ip  address  192.168.1.254  255.255.255.0    //配置交换机管理 IP 地址
Switch(config-if)#no  shutdown                                 //启用交换机虚拟端口 VLAN 1
Switch(config-if)#
```

（4）在主机 PC1 的"命令提示符"界面中，使用 ping 命令访问交换机管理 IP 地址，确定可以连通。执行 telnet 192.168.1.254 命令，输入密码"lncc123"后按 Enter 键登录交换机，如图 1.80 所示。

图 1.80　以 Telnet 远程登录方式登录交换机

（5）配置二层交换机的默认网关。二层交换机同计算机一样，与要访问的设备不在同一个网段时，必须为其配置一个默认网关，相关实例代码如下。

```
Switch#configure terminal
Switch(config)#hostname  SW1                             //修改主机名称为 SW1
SW1 (config)#ip  default-gateway  192.168.1.254          //二层交换机默认网关
SW1 (config)#exit
SW1#
```

上述设置默认网关 IP 地址的命令只在二层交换机上有效。

（6）查看交换机当前运行的配置文件。

在特权视图下执行 show running-config 命令或其简写版本 sh run，即可查看交换机当前运行的配置文件，相关实例代码如下。

```
SW1#sh  run                                            //执行简写命令查看交换机当前运行的配置文件
Building configuration...
Current configuration : 1215 bytes
!
version 15.0                                           //软件版本
 no service timestamps log datetime msec
no service timestamps debug datetime msec
service password-encryption
!
hostname  SW1                                          //主机名称
!
enable secret 5 lncc123
!
spanning-tree mode pvst
spanning-tree extend system-id
!
interface FastEthernet 0/1
!
...
interface Vlan1
 ip address 192.168.1.254 255.255.255.0                //管理 IP 地址
!
ip default-gateway 192.168.1.254                       //默认网关
!
line con 0
 password 7 082D424D0A485744                           //为 Console 0 端口配置密码
 login
line vty 0 4
 password 7 082D424D0A485744                           //线路远程登录密码
 login
line vty 5 15
 login
!
end
SW1#
```

3. SSH 方式管理交换机

V1-5　SSH 方式管理交换机

由于 Telnet 协议存在安全性问题，因此 SSH 协议成为用于远程访问虚拟终端线路设备的首选协议。SSH 协议是一种网络安全协议，通过对网络数据的加密，在一个不安全的网络环境中提供了安全的远程登录和其他安全网络服务，解决了 Telnet 远程登录的安全性问题。SSH 协议通过 TCP 进行数据交互，在 TCP 之上构建了一个安全的通道。SSH 协议提供的访问的类型与 Telnet 协议提供的相同，但是增加了安全性，SSH 客户端和 SSH 服务器之间的通信是加密的。SSH 协议有 SSH1 协议和 SSH2 协议两个版本，建议尽可能使用 SSH2 协议，因为它使用的安全加密算法比 SSH1 协议的更强。SSH 协议的标准端口号为 22，还支持其他服务端口，以提高安全性，防止受到非法攻击。

需要注意的是，交换机进行 Telnet 和 SSH 连接的前提条件是配置 IP 地址使网络连通。由于 Telnet 协议采用明文形式传送信息，不够安全，而 SSH 协议采用密钥加密的形式传送信息，因此 SSH 协议是推荐使用的带内管理方式。

（1）配置交换机的域名，相关实例代码如下。

```
Switch>enable
Switch#terminal    no    monitor                    //关闭终端配置时的反馈信息
Switch#configure    terminal
Switch(config)#ip    domain-name    xyz.com         //配置当前交换机所在的域名为 xyz.com
Switch(config)#
```

（2）配置远程登录用户名和密码，相关实例代码如下。

```
Switch(config)#username    admin    ?
  password     Specify the password for the user
  privilege    Set user privilege level
  secret       Specify the secret for the user
  <cr>
Switch(config)#username    admin    password    lncc123    //配置用户名为 admin，密码为 lncc123
Switch(config)#line    vty    5    15               //允许虚拟终端线路 5～15 共 11 个用户同时进行登录
Switch(config-line)#password    lncc123             //设置线路远程登录密码为 lncc123
Switch(config-line)#login    local                  //允许通过本地登录，如果没有此命令，则密码不生效
Switch(config-line)#exit
SW1(config)#line    vty    0    4
SW1(config-line)#no    login                                    //关闭 Telnet 用户登录
SW1(config-line)#exit
SW1(config)#line    console    0                                //配置 Console 0 端口
SW1(config-line)#password    lncc123
SW1(config-line)#login
SW1(config)#enable    secret    level 15    0    lncc123        //配置特权视图
Switch(config)#
```

（3）生成 RSA 密钥。在交换机上启用 SSH 服务器以进行本地和远程身份验证，执行 crypto key generate rsa 命令生成 RSA 密钥对，相关实例代码如下。

```
Switch(config)#hostname    SW1                                  //修改主机名称为 SW1
SW1(config)#crypto    key    generate    rsa                    //生成 RSA 密钥对
The name for the keys will be: SW1.xyz.com
Choose the size of the key modulus in the range of 360 to 2048 for your
  General Purpose Keys. Choosing a key modulus greater than 512 may take
  a few minutes.
How many bits in the modulus [512]: 1024
              //输入数值 1024。输入数值要大于或等于 768，否则无法使用 SSH2 协议
% Generating 1024 bit RSA keys, keys will be non-exportable...[OK]
SW1(config)#
```

当生成 RSA 密钥时，系统提示用户输入模数长度。思科建议使用 1024 位的模数长度。虽然模数长度越长越安全，但是模数长度越长，生成和使用模数的时间也会越长。

若想要阻止非 SSH 连接，则应在线路配置模式下执行 transport input ssh 命令，将交换机限制为仅允许 SSH 连接。直接 Telnet（非 SSH）连接将被拒绝，相关实例代码如下。

```
SW1(config)#line    vty    5    15
SW1(config-line)#transport    input    ssh                      //限制只允许 SSH 连接
SW1(config-line)#exit
SW1(config)#
```

（4）配置 SSH 协议的版本。在全局配置视图下，执行 ip ssh version [1 | 2] 命令配置交换机运行 SSH1 协议或 SSH2 协议，相关实例代码如下。

```
SW1(config)#ip   ssh   time-out   ?
  <1-120>   SSH time-out interval (secs)
SW1(config)#ip   ssh   time-out   30                    //超时连接时间间隔为 30s
SW1(config)#ip   ssh   version   2                      //配置交换机运行 SSH2 协议
SW1(config)#
```

（5）配置交换机管理 IP 地址，相关实例代码如下。

```
Switch(config)#interface   vlan   1
Switch(config-if)#ip   address   192.168.1.254   255.255.255.0      //配置交换机管理 IP 地址
Switch(config-if)#no   shutdown                                     //启用交换机虚拟端口 VLAN 1
SW1(config-if)#end
SW1# write
Building configuration...
[OK]
SW1#
```

（6）查看当前配置信息，主要相关实例代码如下。

```
SW1#sh    run
!
hostname   SW1
!
enable secret 5 $1$mERr$AYFXDm/MdkKyg.KscwUjO/
!
ip ssh version 2
ip ssh time-out 30
ip domain-name xyz.com
!
Username   admin   privilege 15   password   0   lncc123
!
interface FastEthernet 0/1
!
...
interface Vlan1
 ip address 192.168.1.254 255.255.255.0
!
line con 0
password   lncc123
 login
!
line vty 0 4
no   login
line vty 5 15
 password lncc123
 login local
 transport input ssh
!
end
SW1#
```

（7）测试交换机的 SSH 服务。选择 PC1 管理界面中“桌面”选项卡中的“命令提示符”选项，在弹出的“命令提示符”界面中执行 ssh -l admin 192.168.1.254 命令进行测试（在测试前需要关闭交换机上的 Telnet 服务），命令执行结果如图 1.81 所示。

图 1.81　命令执行结果

任务 1.3　认识路由器

任务描述

某公司购置的思科路由器已经到货，小李是该公司的网络工程师，他需要对路由器进行加电测试，查看路由器软件、硬件信息，同时熟悉路由器的基本命令行操作，并进行初始化配置，以实现远程管理与维护路由器的操作。

知识准备

1.3.1　路由器外形结构

路由器（Router）是连接两个或多个网络的硬件设备，在网络间起网关的作用，它是 Internet 的主要节点设备。不同厂商、不同型号的路由器的外形结构有所不同，但它们的功能、端口类型几乎相同，具体可参考相应厂商的产品说明书，这里主要介绍思科 C2900 系列路由器。

（1）C2900 系列路由器的前面板与后面板外形结构如图 1.82 所示。

图 1.82　C2900 系列路由器的前面板与后面板外形结构

（2）对应端口。

① G 端口：2 个 G 端口，即吉比特 RJ-45 端口，用于连接以太网。

② Mini-USB 端口：2 个 Mini-USB 控制台端口，用于连接 USB 端口。

③ Console 端口：用于配置、管理交换机，使用反转线连接。

1.3.2　认识路由器组件

路由器和计算机一样，由硬件和软件系统组成，虽然不同厂商的路由器产品由不同硬件构成，但是路由器的基本硬件一般包括 CPU、RAM、Flash 和路由器板卡模块等。

1. CPU

路由器的 CPU 主要控制和管理所有网络通信的运行，理论上它可以执行任何网络操作，如执行路由协议等。

2. RAM

和计算机的 RAM 一样，路由器的 RAM 主要用于存储路由器正在运行的程序，在路由器启动时按需随意存取，在断电时将丢失存储内容。

3. Flash

Flash 是可读写存储器，在系统重启或关机之后仍能保存数据，一般用来保存路由器的操作系统文件和配置文件。

4. 路由器板卡模块

路由器的三层转发主要依靠 CPU 进行，都集成在路由器的主控板上。主控板是系统控制和管理核心，提供整个系统的控制平面、管理平面和业务交换平面。业内很多厂商制造的高端路由器都提供多种主控板以便用户选择。

主控板的主要关注点集中在包转发性能和固有的广域网口上。包转发性能是整个设备报文内外转发能力的体现，主控性能越好，设备越能适应未来的大带宽发展。而固有的广域网口，一方面决定了出口的带宽（主控板自身固定的广域网口越多，连接的广域网就越多）；另一方面可以减少后续对广域网单板的投资。

除了传统的广域网板卡，随着设备集成度的提高和 All-in-One 理念的产生，电源模块板卡、数据加密板卡等陆续出现，如图 1.83～图 1.85 所示。即使对于同一类型的板卡，厂商也会定制多种不同的接入密度，不同接入密度的板卡的价格不同，购买者可以根据自己的需要和资金情况进行选择。为了实现以太网功能，思科路由器提供了 1、2、4、8 个端口的以太网板卡，如图 1.86 所示。

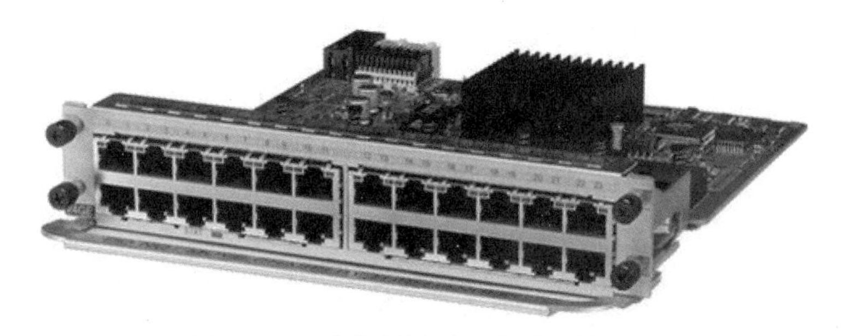

图 1.83　24 个吉比特以太网端口的交换板卡

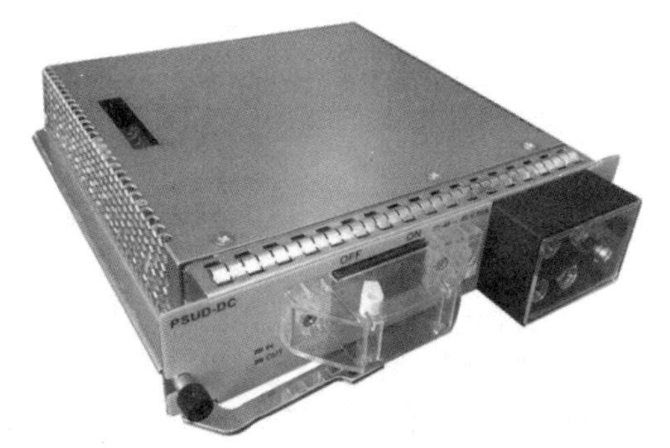

图 1.84　电源模块板卡

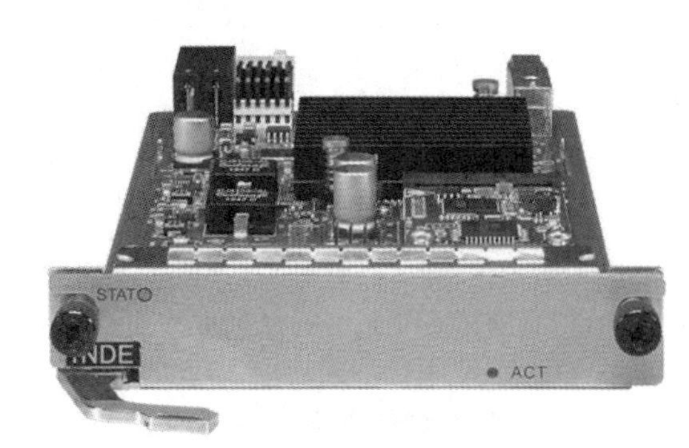

图 1.85　数据加密板卡

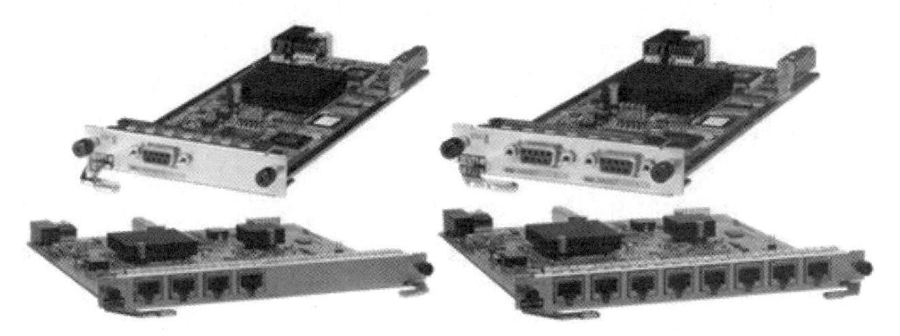

图 1.86　不同端口的以太网板卡

1.3.3　路由器工作原理

路由器是连接 Internet 中各局域网、广域网的设备，它会根据信道的情况自动选择和设定路由，在最佳路径上按前后顺序发送信号。路由器是 Internet 中的枢纽，广泛应用于各行各业，各种不同类型的路由器已成为实现各种骨干网内部连接、骨干网间互联、骨干网与 Internet 互联和互通的主力军。

路由器和交换机之间的主要区别就是交换机作用在 OSI 网络标准模型的第二层（数据链路层），而路由器作用在第三层（网络层）。这一区别决定了路由器和交换机在传递信息的过程中需使用不同的控制信息，因此两者实现各自功能的方式是不同的。

路由器是用于网络互联的计算机设备，它的核心作用是实现网络互联和数据转发。路由器是一种三层设备，使用 IP 地址寻址，实现从源 IP 地址到目的 IP 地址的端到端服务，其工作原理如图 1.87 所示。

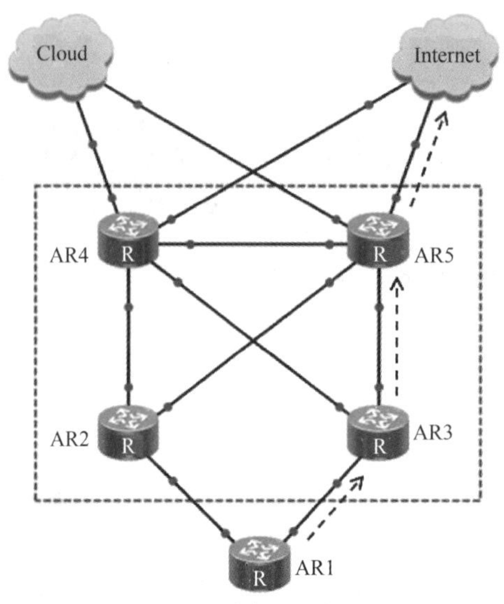

图 1.87　路由器工作原理

首先，路由器接收到数据包，提取目的 IP 地址及子网掩码来计算目的网络地址。其次，路由器在路由表中查找目的网络地址。如果找到目的网络地址，则按照相应的出口将数据包发送到下一台路由器；如果没有找到目的网络地址，则查找有没有默认路由，如果有就按照默认路由的出口将数据包发送到下一台路由器，如果没有就给源 IP 地址发送一个出错 ICMP 数据包以表明无法传输该数据包。如果路由器是直连路由，则按照 MAC 地址将其发送给目的站点。

在网络通信中，路由是网络层的术语，它是指从某一网络设备出发去往某个目的地的路径。路由器执行数据转发路径选择所需要的信息被包含在路由器的一个表中，此表称为路由表。当路由器在路由表中查找到包的目的 IP 地址时，它可以根据路由表中的内容决定将该包转发到哪个下一跳 IP 地址。路由表被存放在路由器的 RAM 中。

在路由表中，每一行就是一条路由信息（或称一个路由表项、一个路由条目）。通常情况下，一条路由信息由 3 个要素组成：目的地/掩码（Destination/Mask）、出端口、下一跳（NextHop）IP 地址。

（1）目的地/掩码。如果目的地/掩码中的掩码长度为 32，则目的地将是一个主机端口地址，否则目的地将是一个网络地址。通常情况下，一个路由表项的目的地是一个网络地址（即目的网络地址），可把主机端口地址看作目的地的一种特殊情况。

（2）出端口。出端口指定了发送该路由表项中所包含的数据内容的端口。

（3）下一跳 IP 地址。如果一个路由表项的下一跳 IP 地址与出端口的 IP 地址相同，则表示出端口已经直连到了该路由表项所指的目的网络。

注意　**下一跳 IP 地址所对应的主机端口与出端口一定位于同一个二层网络（二层广播域）中。**

1.3.4　路由器管理方式

和管理交换机一样，管理路由器有以下两种方式。

1. 使用带外管理方式管理路由器

带外管理方式通过将计算机串口 COM 端口与路由器 Console 端口相连来管理路由器。

2. 使用带内管理方式管理路由器

带内管理方式通过网线远程连接路由器，并通过 Telnet、SSH 等远程方式管理路由器。在通过

Console 端口对路由器进行初始化配置（如路由器管理 IP 地址、用户名、密码等）并开启 Telnet 服务后，就可以通过网络以 Telnet 远程方式登录路由器。

路由器管理方式与交换机管理方式类似，可以参考前面讲述的交换机管理方式，这里不赘述。

任务实施

对路由器进行基本配置，配置路由器的 IP 地址，如图 1.88 所示，进行网络拓扑连接。

V1-6　路由器基本配置

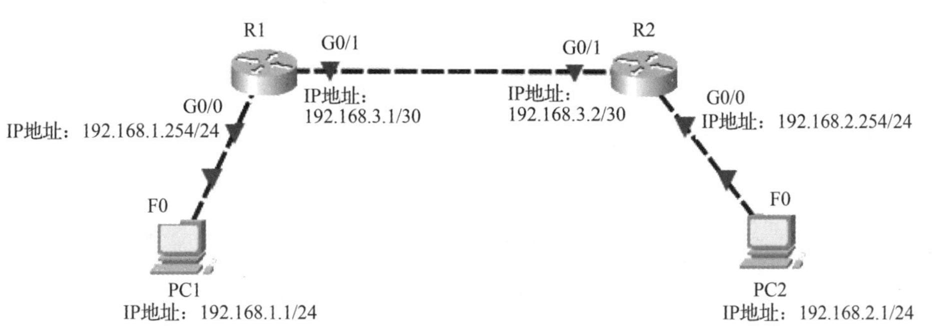

图 1.88　对路由器进行基本配置

（1）配置主机 PC1 和主机 PC2 的 IP 地址等相关信息，如图 1.89 所示。

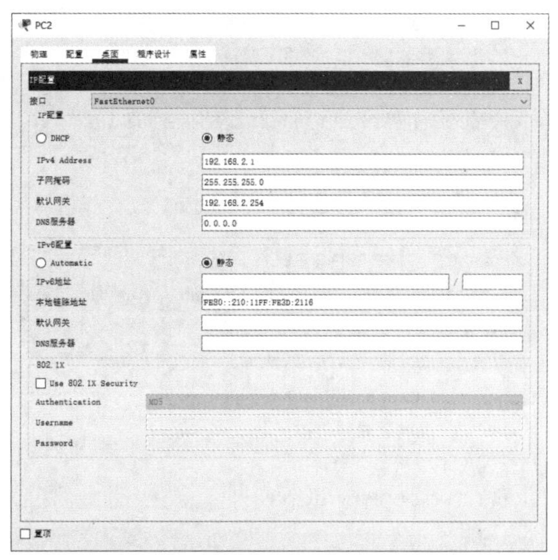

图 1.89　配置主机 PC1 和主机 PC2 的 IP 地址等相关信息

（2）配置路由器 R1 的 IP 地址，相关实例代码如下。

```
Router>enable
Router#configure   terminal
Enter configuration commands, one per line.   End with CNTL/Z.
Router(config)#hostname   R1                              //修改路由器名称为 R1
R1#terminal   no   monitor                                //关闭终端配置时的反馈信息
R1(config)#interface   GigabitEthernet 0/0
R1(config-if)# ip   address   192.168.1.254   255.255.255.0   //配置端口 IP 地址
R1(config-if)#no shutdown                                 //启用端口
```

```
R1(config-if)#exit
R1(config)#interface GigabitEthernet 0/1
R1(config-if)#ip   address   192.168.3.1   255.255.255.252
R1(config-if)#no shutdown                                    //启用端口
R1(config-if)#exit
R1(config)#enable secret level 15   5   lncc123              //配置特权视图密码
R1(config)#enable secret level 1   5   lncc123               //配置 Telnet 远程登录密码
R1(config)#line vty   0   4                                  //配置允许线路用户
R1(config-line)#password   lncc123
R1(config-line)#login
R1(config-line)#end
R1#wr                                                        //保存当前配置
Building configuration...
[OK]
R1#
```

（3）配置路由器 R2 的 IP 地址，相关实例代码如下。

```
Router>enable
Router#configure   terminal
Enter configuration commands, one per line.   End with CNTL/Z.
Router(config)#hostname   R2                                 //修改路由器名称为 R2
R2#terminal   no   monitor                                   //关闭终端配置时的反馈信息
R2(config)#interface   GigabitEthernet 0/0
R2(config-if)# ip   address   192.168.2.254   255.255.255.0  //配置端口 IP 地址
R2(config-if)#no shutdown                                    //启用端口
R2(config-if)#exit
R2(config)#interface GigabitEthernet 0/1
R2(config-if)#ip   address   192.168.3.2   255.255.255.252
R2(config-if)#no shutdown                                    //启用端口
R2(config-if)#exit
R2(config)#enable secret level 15   0   lncc123              //配置特权视图密码
R2(config)#enable secret level 1   0   lncc123               //配置 Telnet 远程登录密码
R2(config)#line vty   0   4                                  //配置允许线路用户
R2(config-line)#password   lncc123
R2(config-line)#login
R2(config-line)#end
R2#wr                                                        //保存当前配置
Building configuration...
[OK]
R2#
```

（4）显示路由器 R1、R2 的配置信息，以显示路由器 R1 的配置信息为例，主要相关实例代码如下。

```
R1#show   running-config
!
hostname R1
!
enable secret level 1 5 lncc123
enable secret 5 lncc123
!
```

```
interface GigabitEthernet0/0
 ip address 192.168.1.254 255.255.255.0
 duplex auto
 speed auto
!
interface GigabitEthernet0/1
 ip address 192.168.3.1 255.255.255.252
 duplex auto
 speed auto
!
line vty 0 4
 password  lncc123
 login
!
end
R1#
```

（5）主机 PC1 访问路由器 R1。在主机 PC1 的“命令提示符”界面中使用 ping 命令访问路由器 R1，查看网络连通性，如图 1.90 所示。

图 1.90　查看网络连通性

练习题

1. 选择题

（1）学校办公室所用网络类型是（　　）。

A. 局域网　　B. 城域网　　C. 广域网　　D. 互联网

（2）以下（　　）结构提供了最高的可靠性保证。

A. 总线型拓扑　　B. 星形拓扑　　C. 网状拓扑　　D. 环形拓扑

（3）tracert 诊断工具会记录每一个 ICMP TTL 超时消息的（　　），从而可以向用户提供报文到达目的地所经过的 IP 地址。

A. 源端口　　B. 目的端口　　C. 目的 IP 地址　　D. 源 IP 地址

（4）在 IP 地址方案中，202.199.100.1 是一个（　　）。

A. A 类地址　　B. B 类地址　　C. C 类地址　　D. D 类地址

（5）跟踪路由路径使用的网络命令是（　　）。

A. ipconfig /all　　B. tracert　　C. ping　　D. netstat

（6）下列传输介质中，（　　）的传输速率最快。

A. 光纤　　B. 双绞线　　C. 同轴电缆　　D. 无线介质

（7）下列（　　）方式属于交换机带外管理方式。

A. Telnet　　B. SSH　　C. Web　　D. Console 口连接

（8）（　　）快捷键的功能是显示历史命令缓冲区中的前一条命令。

A. Ctrl+N　　B. Ctrl+P　　C. Ctrl+W　　D. Ctrl+X

（9）网络设备定义了很多命令行视图，其中“>”代表（　　）。

A. 用户视图　　B. 特权视图　　C. 端口配置视图　　D. 协议视图

（10）对思科网络设备进行配置管理时，使用（　　）命令可以让设备下次启动时采用默认的配置参数进行初始化。

A. write　　B. clear

C. erase　startup-config　　D. reset

2. 简答题

（1）什么是计算机网络？常用的网络拓扑结构分为几类？

（2）常用的网络命令有哪些？

（3）什么是三层交换技术？三层交换机与传统路由器相比有哪些优点？

（4）简述交换机的基本功能。

（5）简述路由器的基本功能。

（6）交换机、路由器的管理方式有哪几种？它们各自有哪些优缺点？

项目2 构建办公局域网

知识目标

- 了解 VLAN 技术、VLAN 的优点。
- 理解 VLAN 帧格式及端口类型。

技能目标

- 掌握 VLAN 内通信、VLAN 间通信的配置方法。
- 掌握链路聚合的配置方法。
- 掌握 VTP 技术的配置方法。

素养目标

- 培养学生自我学习的能力、习惯和爱好。
- 培养学生的实践能力，使学生树立爱岗敬业精神。

任务 2.1 VLAN 通信

任务描述

小李是某公司的网络工程师。他现需要对该公司的办公网络进行组网，即将几个不同部门的计算机连接起来，构成一个小型的办公局域网。对于该网络，要求同一部门的网络在同一个区域内，不同的部门之间不能相互访问；同时，要求公司所有部门的员工都可以访问公司的 Web 服务器，查看公司的相关信息。他还需要对网络进行适当的配置，控制广播域的范围，减少不必要的访问流量，以提高设备的利用率及增强网络的安全性。小李该如何配置该公司的网络设备呢?

知识准备

2.1.1 VLAN 技术概述

随着计算机网络技术的发展，越来越多的用户需要接入网络，交换机提供的接入端口已经不能很好地满足这种需求。并且，在传统的共享介质的以太网和交换式的以太网中，所有的用户都在同一个广播域中，这严重制约了计算机网络技术的发展。除了冲突域和广播域太大这两大难题，计算机网络技术还存在网络性能下降，带宽被浪费，以及对广播风暴的控制和网络安全只能在第三层的路由器上实现等问题。因此，人们设想在物理局域网上构建多个逻辑局域网。

VLAN 指在一个物理局域网上划分的逻辑局域网，是在逻辑上将一个广播域划分成多个广播域的技术。可按照功能、部门及应用等因素划分 VLAN 逻辑工作组，形成不同的虚拟网络，如图 2.1 所示。

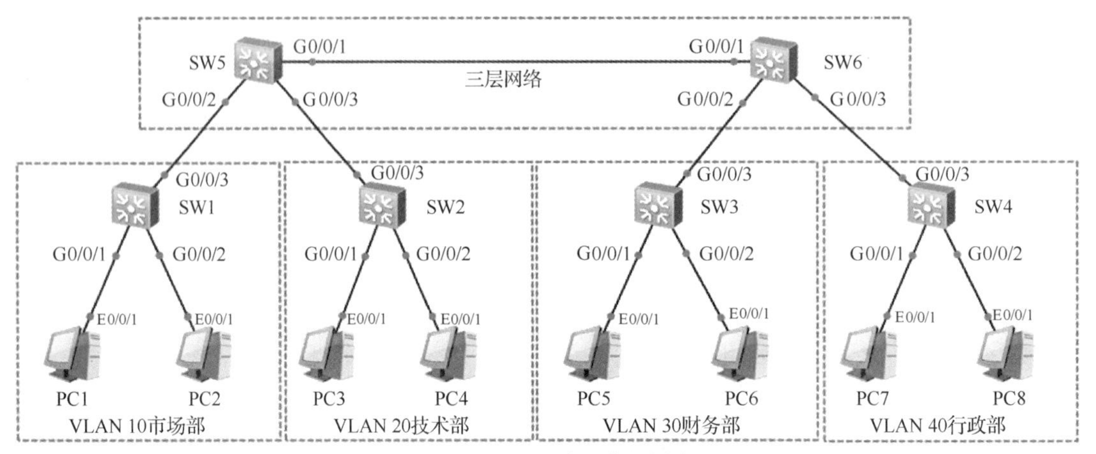

图 2.1　VLAN 逻辑工作组划分

使用 VLAN 技术的目的是将一个物理广播域网络划分成几个逻辑广播域网络，每个逻辑广播域网络内的用户形成一个组，组内的成员可以通信，组间的成员不可以通信。一个 VLAN 是一个独立的广播域，二层的单播帧、广播帧和多播帧在同一个 VLAN 内转发、扩散，而不会直接进入其他 VLAN 中，广播报文被限制在各个相应的 VLAN 内，这提高了网络的安全性和交换机的运行效率。VLAN 划分方式有很多，如基于端口、基于 MAC 地址、基于 IP 子网、基于协议、基于策略等，目前应用最多的是基于端口的划分方式，因为这种方式简单、实用。

VLAN 建立在局域网交换机的基础上，既保持了局域网的低延迟、高吞吐量的特点，又解决了单个广播域内广播包过多，使网络性能降低的问题。VLAN 技术是局域网组网时经常使用的主要技术之一。

1. VLAN 的优点

（1）限制广播域。在默认状态下，一台交换机组成的网络中的所有交换机端口都在一个广播域内。而采用 VLAN 技术可以限制广播，减少干扰，将数据帧限制在同一个 VLAN 内，不会影响其他 VLAN，这在一定程度上节省了带宽。

（2）网络管理简单，可以灵活划分逻辑工作组。从逻辑上将交换机划分为若干个 VLAN 区域，可以动态组建网络环境，用户无论在哪儿都可以不做任何修改就接入网络。依据不同的 VLAN 划分方式，可以在一台交换机上提供多种网络应用服务，这提高了设备的利用率。

（3）保证网络安全性。不同 VLAN 的用户在未经许可的情况下是不能相互访问的，一个 VLAN 内的广播帧不会发送到另一个 VLAN 中，这样可以保护用户通信不被其他用户窃听，从而保证网络的安全性。

2. VLAN 的划分方式

（1）基于端口划分。该方式根据交换机的端口编号来划分 VLAN，通过为交换机的每个端口配置不同的端口 VLAN ID（Port VLAN ID，PVID）来将不同端口划分到 VLAN 中。这种划分方式配置简单，但是当主机位置移动时，需要重新配置 VLAN。

（2）基于 MAC 地址划分。该方式根据主机网卡的 MAC 地址划分 VLAN，需要网络管理员提前配置好网络中的主机 MAC 地址和 VLAN ID 之间的映射关系。如果交换机接收到不带标签的数据帧，则会查找之前配置的 MAC 地址和 VLAN 映射表，再根据数据帧中携带的 MAC 地址来添加相应的 VLAN 标签。在使用该方式划分 VLAN 时，即使主机位置移动，也不需要重新配置 VLAN。

（3）基于 IP 子网划分。交换机在接收到不带标签的数据帧时，采用该方式会根据报文携带的 IP 地址给数据帧添加 VLAN 标签。

（4）基于协议划分。该方式根据数据帧的协议类型（或协议族类型）、封装格式来分配 VLAN ID。网络管理员需要先配置好协议类型和 VLAN ID 之间的映射关系。

（5）基于策略划分。该方式使用几个组合的条件来分配 VLAN 标签，这些条件包括 IP 子网、端口和 IP 地址等。只有当所有条件都匹配时，交换机才为数据帧添加 VLAN 标签。另外，每一条策略都需要手动配置。

3. VLAN 数据帧格式

要使交换机能够分辨不同 VLAN 的报文，需要在报文中添加标识 VLAN 信息的字段。IEEE 802.1Q 协议规定，在以太网数据帧的目的 MAC 地址和源 MAC 地址字段之后，协议类型字段之前加入 4 字节的 VLAN 标签（VLAN Tag，简称 Tag），用于标识数据帧所属的 VLAN，传统的以太网数据帧格式与 IEEE 802.1Q VLAN 数据帧格式如图 2.2 所示。

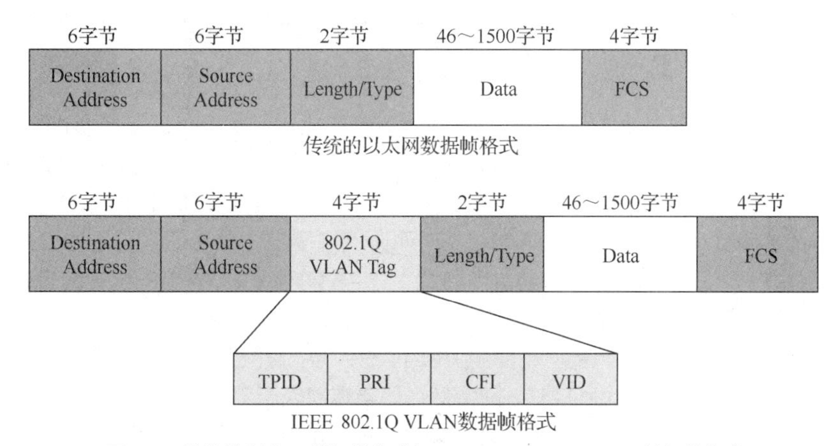

图 2.2　传统的以太网数据帧格式与 IEEE 802.1Q VLAN 数据帧格式

在一个 VLAN 交换网络中，以太网帧主要有以下两种形式。

（1）有标签（Tagged）帧：添加了 4 字节 VLAN 标签的帧。

（2）无标签（Untagged）帧：原始的、未添加 4 字节 VLAN 标签的帧。

以太网链路包括接入链路（Access Link）和干道链路（Trunk Link）。接入链路用于连接交换机和用户终端（如用户主机、服务器、交换机等），只可以承载 1 个 VLAN 的数据帧。干道链路用于交换机间的互联，或用于连接交换机与路由器，可以承载多个不同 VLAN 的数据帧。在接入链路上传输的数据帧都是无标签帧，在干道链路上传输的数据帧都是有标签帧。

交换机内部处理的数据帧都是有标签帧。从用户终端接收无标签帧后，交换机会为无标签帧添加 VLAN 标签，重新计算帧检验序列（Frame Check Sequence，FCS），然后通过干道链路发送帧；向用户终端发送帧前，交换机会去除 VLAN 标签，并通过接入链路向终端发送无标签帧。

VLAN 标签包含 4 个字段，其各字段的含义如表 2.1 所示。

表 2.1　VLAN 标签各字段的含义

字段	长度	含义	取值
TPID	2 字节	Tag Protocol Identifier（标签协议标识符），表示数据帧类型	取值为 0x8100 时，表示 IEEE 802.1Q VLAN 数据帧。如果不支持 IEEE 802.1Q 的设备接收到这样的帧，则会将其丢弃。 各设备厂商可以自定义该字段的值。当邻居设备将 TPID 值配置为非 0x8100 时，为了能够识别这样的报文，实现互通，必须在此设备上修改 TPID 值，确保该值和邻居设备的 TPID 值一致

续表

字段	长度	含义	取值
PRI	3 位	Priority（优先级），表示数据帧的 IEEE 802.1p 优先级	取值范围为 0～7，值越大表示优先级越高。当网络阻塞时，交换机优先发送优先级高的数据帧
CFI	1 位	Canonical Format Indicator（标准格式指示位），表示 MAC 地址在不同的传输介质中是否以标准格式进行封装，用于兼容以太网和令牌环网	CFI 取值为 0 时，表示 MAC 地址以标准格式进行封装；为 1 时，表示 MAC 地址以非标准格式进行封装。在以太网中，CFI 的值为 0
VID	12 位	表示该数据帧所属 VLAN 的 ID	VLAN ID 的取值范围是 0～4095。由于 0 和 4095 为协议保留取值，所以 VLAN ID 的有效取值范围是 1～4094

2.1.2 端口类型

PVID 代表端口的默认 VLAN ID。默认情况下，交换机每个端口的 PVID 都是 1。交换机从对端设备接收到的帧有可能是无标签数据帧，但所有以太网帧在交换机中都是以有标签的形式被处理和转发的，因此交换机必须给端口接收到的无标签数据帧添加标签。为了达到此目的，必须为交换机配置端口的默认 VLAN。当该端口接收到无标签数据帧时，交换机将为其添加该默认 VLAN 的标签。

思科交换机的端口状态有 3 种模式：Access、Trunk 和 Dynamic（它们分别对应接入模式、中继模式和自动协商模式，端口状态默认为自动协商模式）。如果交换机端口连接的是计算机，则应该配置为 Access 模式，即将端口分配给某个 VLAN。如果交换机端口连接的是另一台交换机，且存在多个 VLAN 需要跨交换机进行通信，则此端口需要承载多个 VLAN 的数据，应配置为 Trunk 模式。当某端口连接思科交换机时，如果端口处于 Dynamic 模式，则会使链路与端口处于自动协商状态。如果两台思科交换机互连，当一端配置为 Trunk 模式后，另一端配置默认为 Dynamic 模式时，协商后其会自动转换为 Trunk 模式，不需要手动配置。如果思科交换机与非思科交换机互连，则不能自动协商，需要将两端手动配置为 Trunk 模式。

思科交换机用于协商端口模式的完整语法命令如下。

```
Switch(config)# switchport  mode  { access |  dynamic  {auto  |  desirable  }  |  trunk }
```

默认交换机端口模式都是 dynamic auto。

若想要将某台交换机的端口从 VLAN 10 中删除，并将端口重新分配给 VLAN 1，则可以在端口配置模式下使用 no switchport access vlan 命令。

接入端口只能拥有一个 VLAN，通过使用思科的互联网络操作系统（Internetworking Operating System，IOS）不需要将端口从 VLAN 中删除，即可将其分配给其他 VLAN。当将接入端口重新分配给现有的 VLAN 时，该 VLAN 会自动从原来的端口上删除。可以在特权视图下使用 delete flash: vlan.dat 命令来删除整个 vlan.dat 文件。在交换机重新加载后，先前配置的 VLAN 将不存在。这种方法能有效地将交换机的 VLAN 配置还原为出厂默认设置。

在删除 VLAN 前，一定要将所有成员端口分配给其他 VLAN。在删除 VLAN 后，任何未转移到活动 VLAN 的端口都将无法与其他站点进行通信。

基于链路对 VLAN 标签的不同处理方式，可对交换机的端口进行区分，将端口类型大致分为以下 3 类。

1. 接入端口（Access 模式）

接入端口（Access Port，见图 2.3）是交换机上用来连接用户主机的端口，它只能连接接入链路，并且只允许唯一的 VLAN ID 通过。

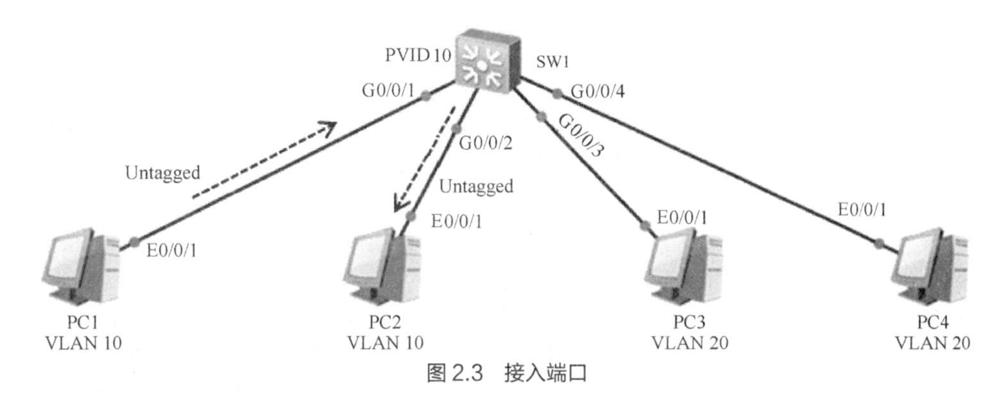

图 2.3　接入端口

接入端口收发数据帧的规则如下。

（1）如果接入端口接收到的对端设备发送的帧是无标签数据帧，则交换机将为其强制加上该端口的 PVID；如果该端口接收到的对端设备发送的帧是有标签数据帧，则交换机会检查该标签内的 VLAN ID。当 VLAN ID 与该端口的 PVID 相同时，接收该报文；当 VLAN ID 与该端口的 PVID 不同时，丢弃该报文。

（2）接入端口发送数据帧时，总是先剥离帧的标签，再对其进行发送。接入端口发往对端设备的以太网帧永远是无标签的帧。

在图 2.3 中，交换机 SW1 的 G0/0/1、G0/0/2、G0/0/3 和 G0/0/4 端口分别连接 4 台主机 PC1、PC2、PC3 和 PC4，端口类型均为接入端口。主机 PC1 把数据帧（无标签帧）发送到交换机 SW1 的 G0/0/1 端口，再由交换机发往其他目的地。收到数据帧之后，交换机 SW1 根据端口的 PVID 给数据帧添加 VLAN 标签 10，并决定从 G0/0/2 端口转发数据帧。G0/0/2 端口的 PVID 是 10，与 VLAN 标签中的 VLAN ID 相同，所以交换机会移除该标签，并把数据帧发送到主机 PC2。连接主机 PC3 和主机 PC4 的端口的 PVID 是 20，与 VLAN 10 不属于同一个 VLAN，因此，它们不会接收到 VLAN 10 的数据帧。

2. 干道端口（Trunk 模式）

干道端口（Trunk Port，见图 2.4）是交换机上用来和其他交换机连接的端口，它只能连接干道链路。干道端口允许多个 VLAN 的帧（有标签帧）通过。

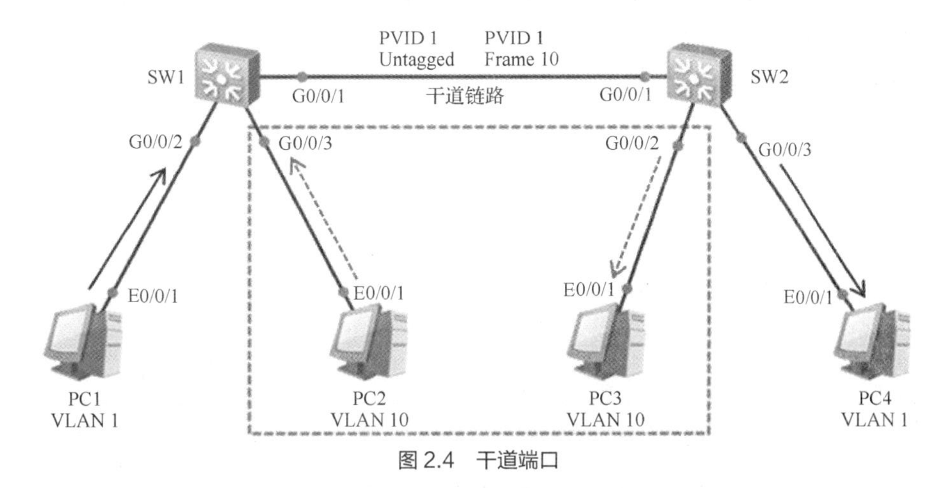

图 2.4　干道端口

干道端口收发数据帧的规则如下。

（1）当接收到对端设备发送的无标签数据帧时，会添加该端口的 PVID，如果 PVID 在端口允许通过的 VLAN ID 列表中，则接收该报文，否则丢弃该报文。当接收到对端设备发送的有标签数据帧时，会检查 VLAN ID 是否在允许通过的 VLAN ID 列表中，如果在，则接收该报文，否则丢弃该报文。

（2）在端口发送数据帧时，当 VLAN ID 与端口的 PVID 相同，且是该端口允许通过的 VLAN ID 时，会去掉标签，并发送该报文。当 VLAN ID 与端口的 PVID 不同，且是该端口允许通过的 VLAN ID 时，保留原有标签，并发送该报文。

在图 2.4 中，交换机 SW1 和交换机 SW2 连接主机的端口均为接入端口，交换机 SW1 的 G0/0/1 端口和交换机 SW2 的 G0/0/1 端口均为干道端口，本地 PVID 均为 1，此干道链路允许所有 VLAN 的流量通过。当交换机 SW1 转发 VLAN 1 的数据帧时，会去除 VLAN 标签，并将数据帧转发到干道链路上；而在转发 VLAN 10 的数据帧时，不去除 VLAN 标签，直接将数据帧转发到干道链路上。

3. 混合端口（Dynamic 模式）

混合端口（Dynamic Port，见图 2.5）是交换机上既可以连接用户主机，又可以连接其他交换机的端口。它既可以连接接入链路，又可以连接干道链路。混合端口允许多个 VLAN 的帧通过，并可以在出端口方向将某些 VLAN 帧的标签去掉，思科网络设备默认的端口是混合端口，默认为 Auto 模式。

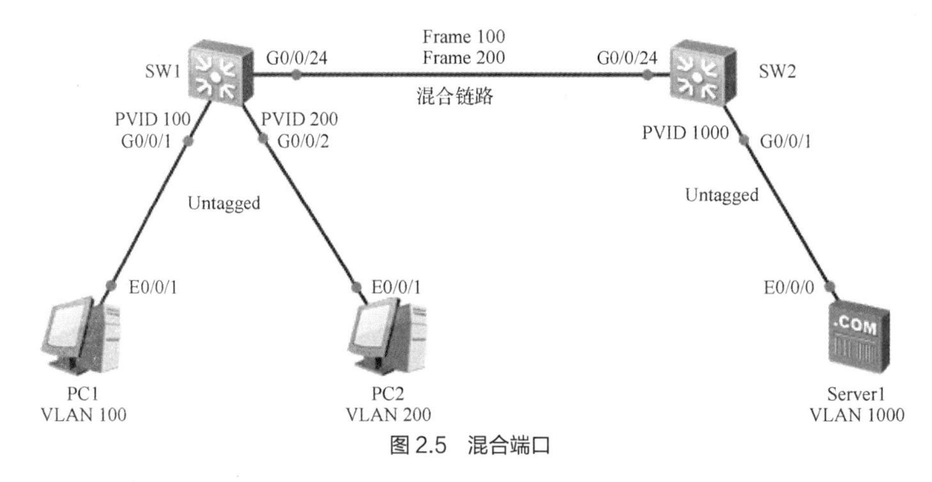

图 2.5　混合端口

在图 2.5 中，要求主机 PC1 和主机 PC2 都能访问服务器，但是它们之间不能互相访问。此时交换机连接主机和服务器的端口，以及交换机互联的端口都为混合类型。交换机连接主机 PC1 的端口的 PVID 是 100，连接主机 PC2 的端口的 PVID 是 200，连接服务器的端口的 PVID 是 1000。

不同类型的端口接收报文时的处理方式如表 2.2 所示。

表 2.2　不同类型的端口接收报文时的处理方式

端口	携带 VLAN 标签	不携带 VLAN 标签
接入端口	丢弃该报文	为该报文添加 VLAN 标签（为该端口的 PVID）
干道端口	判断该端口是否允许携带该 VLAN 标签的报文通过。如果允许，则报文携带原有 VLAN 标签进行转发，否则丢弃该报文	为该报文添加 VLAN 标签（为该端口的 PVID）
混合端口	判断该端口是否允许携带该 VLAN 标签的报文通过。如果允许，则报文携带原有 VLAN 标签进行转发，否则丢弃该报文	为该报文添加 VLAN 标签（为该端口的 PVID）

不同类型的端口发送报文时的处理方式如表 2.3 所示。

表 2.3　不同类型的端口发送报文时的处理方式

端口	端口发送报文时的处理方式
接入端口	剥离报文携带的 VLAN 标签，并对其进行转发
干道端口	首先判断 VLAN ID 是否在允许列表中，其次判断报文携带的 VLAN 标签是否和端口的 PVID 相等。如果相等，则去掉报文携带的 VLAN 标签，并对其进行转发；否则报文将携带原有的 VLAN 标签进行转发

续表

端口	端口发送报文时的处理方式
混合端口	首先判断 VLAN ID 是否在允许列表中，其次判断报文携带的 VLAN 标签的转发方式并确定在该端口需要做怎样的处理。如果是以无标签方式转发的，则处理方式同接入端口；如果是以有标签方式转发的，则处理方式同干道端口

任务实施

2.1.3 VLAN 内通信

V2-1 VLAN 基本配置

1. VLAN 基本配置

当交换机支持多种 VLAN 划分方式时，一般情况下，会按照基于策略、基于 MAC 地址、基于 IP 子网、基于协议、基于端口的优先级顺序选择划分 VLAN 的方式。基于端口划分 VLAN 的方式的优先级最低，但该方式是目前定义 VLAN 时使用最广泛的方式。这种方式的优点是只需将端口定义一次；其缺点是当某个 VLAN 中的用户离开原来的端口，移到一个新的端口时，必须重新定义端口所在的 VLAN 区域。VLAN 基本配置如图 2.6 所示。

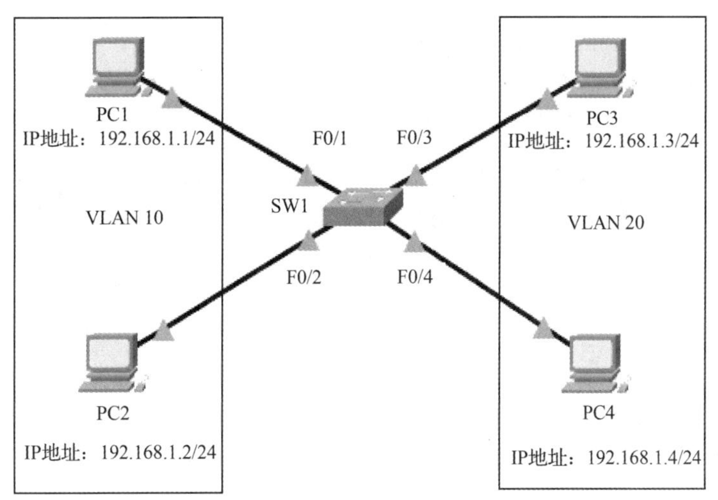

图 2.6 VLAN 基本配置

（1）创建 VLAN。

用户首次进入用户视图（Switch>）后，输入“enable”命令并按 Enter 键，进入特权视图（Switch#），在特权视图下执行 configure terminal 命令进入全局配置视图，创建或者修改一个 VLAN，相关实例代码如下。

```
Switch>                                          //进入用户视图
Switch>enable                                    //进入特权视图
Switch #terminal  no  monitor                    //关闭终端配置时的反馈信息
Switch#configure  terminal                       //进入全局配置视图
Enter configuration commands, one per line.  End with CNTL/Z.
Switch(config)#hostname   SW1                    //修改主机名称为 SW1
SW1(config)#vlan  ?
  <1-4094>  ISL VLAN IDs 1-1005
SW1(config)#vlan  10                             //创建 VLAN 10
SW1(config-vlan)#name  student                   //修改 VLAN 10 的名称为 student
```

```
SW1(config-vlan)#exit                               //返回到上一级命令行视图
SW1(config)#vlan 20                                 //创建 VLAN 20
SW1(config-vlan)#name   teacher                     //修改 VLAN 20 的名称为 teacher
SW1(config-vlan)#end
SW1#write                                           //保存当前配置
Building configuration...
[OK]
SW1#
```

创建的 VLAN ID 范围为 1～4094。若输入的是一个新的 VLAN ID，则交换机会创建一个新的 VLAN；否则，直接进入已存在 VLAN 的配置模式。

若想要删除一个已建立的 VLAN，则使用 no vlan vlan-id 命令即可。例如，可以使用 no vlan 10 命令删除 VLAN 10。

（2）划分端口给相应的 VLAN。

将端口划分给相应的 VLAN 有两种方式：一种方式是将单独端口划分给 VLAN，另一种方式是将连续的多个端口划分给 VLAN。相关实例代码如下。

```
SW1#configure   terminal
Enter configuration commands, one per line.   End with CNTL/Z.
SW1(config)#interface   FastEthernet   0/1                      //配置 F0/1 端口
SW1(config-if)#switchport   access   vlan 10                    //将端口划分给 VLAN 10
SW1(config-if)#int   f 0/2                                      //配置 F0/2 端口
SW1(config-if)#switchport   access   vlan 10                    //将端口划分给 VLAN 10
SW1(config-if)#exit
SW1(config)#interface   range   FastEthernet   0/3-4            //配置 F0/3 和 F0/4 端口
SW1(config-if-range)#switchport   access   vlan   20            //将端口划分给 VLAN 20
SW1(config-if-range)#exit
SW1(config)#end                                                 //返回到特权视图
SW1#
```

（3）查看当前配置信息，主要相关实例代码如下。

```
SW1#show   vlan   brief                                 //查看当前 VLAN 信息
VLAN Name                             Status    Ports
---- -------------------------------- --------- 
1    default                          active    Fa0/5, Fa0/6, Fa0/7, Fa0/8
                                                Fa0/9, Fa0/10, Fa0/11, Fa0/12
                                                Fa0/13, Fa0/14, Fa0/15, Fa0/16
                                                Fa0/17, Fa0/18, Fa0/19, Fa0/20
                                                Fa0/21, Fa0/22, Fa0/23, Fa0/24
                                                Gig0/1, Gig0/2
10   student                          active    Fa0/1, Fa0/2
20   teacher                          active    Fa0/3, Fa0/4
1002 fddi-default                     active
1003 token-ring-default               active
1004 fddinet-default                  active
1005 trnet-default                    active
SW1#
SW1#show   running-config   |   begin   interface       //从查找关键字的内容开始进行信息显示
interface FastEthernet 0/1
 switchport access vlan 10
!
```

```
interface FastEthernet 0/2
 switchport access vlan 10
!
interface FastEthernet 0/3
 switchport access vlan 20
!
interface FastEthernet 0/4
 switchport access vlan 20
!
interface FastEthernet 0/5
!
...
end
SW1#
```

（4）测试 VLAN 功能。在这里只测试相同 VLAN 内主机能够相互访问，而不同 VLAN 间主机不能相互访问的功能。为此，在 PC1（PC3）与 PC2（PC4）间进行 ping 测试，在 PC1（PC2）与 PC3（PC4）间进行 ping 测试。

① 在主机 PC1 的“命令提示符”界面中，使用 ping 192.168.1.2 命令，测试 PC1 与 PC2 之间的连通性，如图 2.7 所示。

图 2.7　测试 PC1 与 PC2 之间的连通性

从图 2.7 显示的结果可以看出，PC1 与 PC2 之间是连通的。

② 在主机 PC1 的“命令提示符”界面中，使用 ping 192.168.1.3 命令，测试 PC1 与 PC3 之间的连通性，如图 2.8 所示。

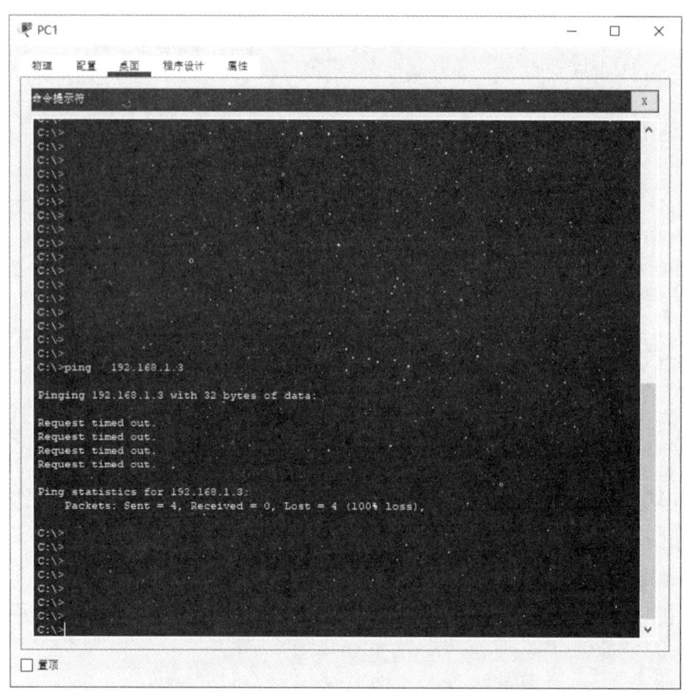

图 2.8 测试 PC1 与 PC3 之间的连通性

从图 2.8 显示的结果可以看出，PC1 与 PC3 之间是不连通的。

③ 在主机 PC3 的“命令提示符”界面中，使用 ping 192.168.1.4 命令，测试 PC3 与 PC4 之间的连通性，如图 2.9 所示。

图 2.9 测试 PC3 与 PC4 之间的连通性

从图 2.9 显示的结果可以看出，PC3 与 PC4 之间是连通的。

④ PC2 与 PC4 之间的不连通的，感兴趣的同学自行测试，这里不赘述。

V2-2 配置交换机干道端口实现 VLAN 内通信

2. 配置交换机干道端口实现 VLAN 内通信

交换机 SW1 与交换机 SW2 使用干道端口互联，主机 PC10 与主机 PC20 属于默认 VLAN，即 VLAN 1，主机 PC1 与主机 PC2 属于 VLAN 10，主机 PC3 与主机 PC4 属于 VLAN 20，所有设备配置均在 Cisco Packet Tracer 8.0 模拟器下进行测试。相同 VLAN 的主机之间可以相互访问，不同 VLAN 的主机之间不能相互访问，如图 2.10 所示。

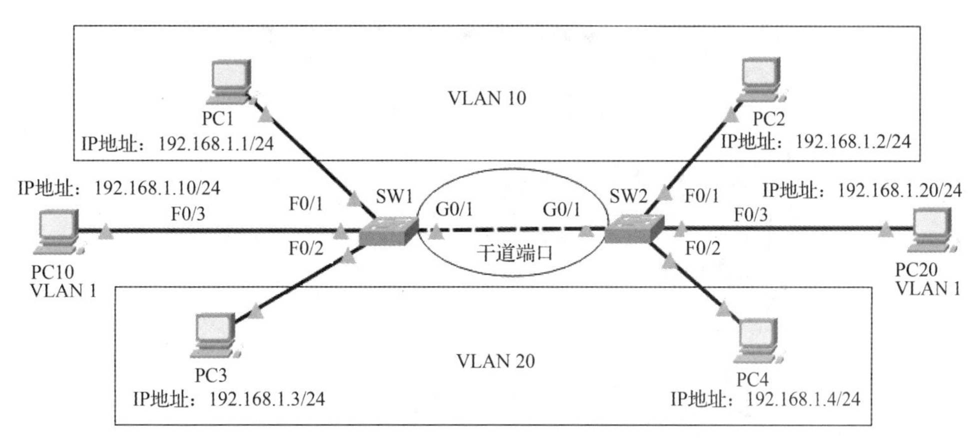

图 2.10 配置交换机干道端口实现 VLAN 内通信

（1）配置交换机 SW1、SW2，以交换机 SW1 为例，设置 F0/1、F0/2、F0/3 端口类型为接入端口，G 0/1 端口类型为干道端口，相关实例代码如下。

```
Switch>enable
Switch#terminal  no  monitor
Switch#configure  terminal
Switch(config)#hostname  SW1
SW1(config)#vlan  10
SW1(config-vlan)#exit
SW1(config)#vlan  20
SW1(config-vlan)#exit
SW1(config)#interface  FastEthernet  0/1
SW1(config-if)#switchport  access  vlan  10
SW1(config-if)#exit
SW1(config)#interface  FastEthernet  0/2
SW1(config-if)#switchport  access  vlan  20
SW1(config-if)#exit
SW1(config)#interface  GigabitEthernet 0/1
SW1(config-if)#switchport  mode  trunk            //默认情况下允许所有 VLAN 的数据通过
SW1(config-if)#switchport  trunk  allowed  vlan  ?
  WORD     VLAN IDs of the allowed VLANs when this port is in trunking mode
                                                  //允许通过的 VLAN 的名称
  add      add VLANs to the current list          //添加允许通过的 VLAN 列表
  all      all VLANs                              //允许所有 VLAN 的数据通过
  except   all VLANs except the following         //允许除去某个 VLAN 后的所有 VLAN 的数据通过
  none     no VLANs                               //不允许任何 VLAN 的数据通过
  remove   remove VLANs from the current list     /*从允许通过的 VLAN 列表中删除某个已经允许通过
```

```
                                                 的 VLAN*/
SW1(config-if)#switchport  trunk  allowed  vlan  10,20    //只允许 VLAN 10 和 VLAN 20 的数据通过
SW1(config-if)#switchport  trunk  allowed  vlan  remove  1        //不允许 VLAN 1 的数据通过
SW1(config-if)#end
SW1#
```

（2）配置相关主机的 IP 地址等信息，以 PC10 为例，如图 2.11 所示。

图 2.11　配置主机 PC10 的 IP 地址等信息

（3）显示交换机 SW1、SW2 的配置信息，以交换机 SW1 为例，主要相关实例代码如下。

```
SW1#show  running-config
!
hostname SW1
!
spanning-tree mode pvst
spanning-tree extend system-id
!
interface FastEthernet 0/1
 switchport access vlan 10
!
interface FastEthernet 0/2
 switchport access vlan 20
!
interface GigabitEthernet0/1
 switchport trunk allowed vlan 10,20                //只允许 VLAN 10 和 VLAN 20 的数据通过
 switchport mode trunk
!
interface GigabitEthernet0/2
!
end
SW1#
```

（4）显示交换机 SW1、SW2 的 VLAN 配置信息，以交换机 SW1 为例，主要相关实例代码如下。

```
SW1#show   vlan

VLAN      Name                                        Status    Ports
---- -------------------------------- --------- ----
1         default                                     active
                                                                 Fa0/3, Fa0/4, Fa0/5, Fa0/6
                                                                 Fa0/7, Fa0/8, Fa0/9, Fa0/10
                                                                 Fa0/11, Fa0/12, Fa0/13, Fa0/14
                                                                 Fa0/15, Fa0/16, Fa0/17, Fa0/18
                                                                 Fa0/19, Fa0/20, Fa0/21, Fa0/22
                                                                 Fa0/23, Fa0/24, Gig0/2
10        VLAN0010                                    active    Fa0/1
20        VLAN0020                                    active    Fa0/2
1002      fddi-default                                active
1003      token-ring-default                          active
1004      fddinet-default                             active
1005      trnet-default                               active
VLAN Type     SAID       MTU    Parent RingNo BridgeNo Stp   BrdgMode Trans1 Trans2
---- ----- ---------- ----- ------ ------ -------- ---- -------- ------ ------
1    enet     100001     1500   -      -      -        -     -        0      0
10   enet     100010     1500   -      -      -        -     -        0      0
20   enet     100020     1500   -      -      -        -     -        0      0
1002  fddi    101002     1500   -      -      -        -     -        0      0
1003  tr      101003     1500   -      -      -        -     -        0      0
1004  fdnet   101004     1500   -      -      -        ieee  -        0      0
1005  trnet   101005     1500   -      -      -        ibm   -        0      0
SW1#
```

（5）显示交换机 SW1、SW2 配置的 Trunk 类型，以交换机 SW1 为例，主要相关实例代码如下。

```
SW1#show interfaces   GigabitEthernet 0/1   switchport
Name: Gig0/1
Switchport: Enabled
Administrative Mode: trunk
Operational Mode: trunk                                   //配置为 Trunk 模式
Administrative Trunking Encapsulation: dot1q
Operational Trunking Encapsulation: dot1q
Negotiation of Trunking: On
Access Mode VLAN: 1 (default)
Trunking Native Mode VLAN: 1 (default)
Voice VLAN: none
Administrative private-vlan host-association: none
Administrative private-vlan mapping: none
Administrative private-vlan trunk native VLAN: none
Administrative private-vlan trunk encapsulation: dot1q
Administrative private-vlan trunk normal VLANs: none
Administrative private-vlan trunk private VLANs: none
Operational private-vlan: none
Trunking VLANs Enabled: 10,20                           //只允许 VLAN 10 和 VLAN 20 的数据通过
Pruning VLANs Enabled: 2-1001
```

```
Capture Mode Disabled
Capture VLANs Allowed: ALL
Protected: false
Unknown unicast blocked: disabled
Unknown multicast blocked: disabled
Appliance trust: none
SW1#
```

（6）使主机间相互访问，测试相关结果。

主机 PC1 与主机 PC3 分别属于 VLAN 10 与 VLAN 20，虽然它们在同一台交换机 SW1 上，但仍然无法相互访问。主机 PC1 ping 主机 PC3 的结果（无法访问）如图 2.12 所示。

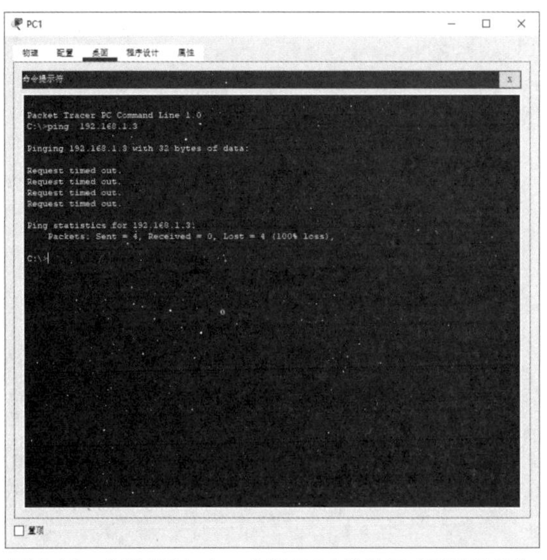

图 2.12　主机 PC1 ping 主机 PC3 的结果（无法访问）

主机 PC1 与主机 PC2 同属于 VLAN 10，虽然它们分别在交换机 SW1 与交换机 SW2 上，主干链路为干道链路，但仍然可以相互访问。主机 PC1 ping 主机 PC2 的结果（可以访问）如图 2.13 所示。

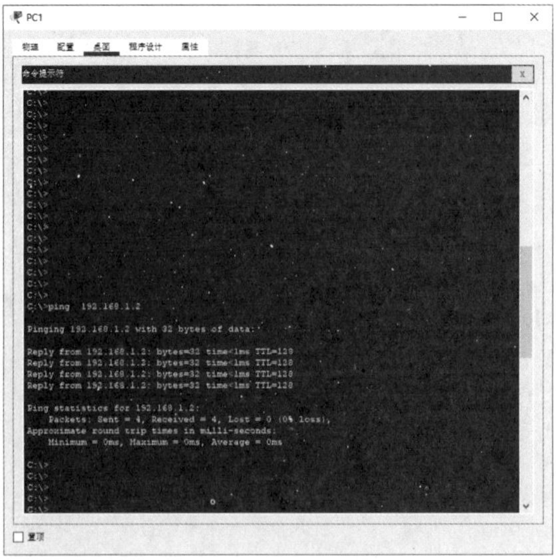

```
C:\>ping 192.168.1.2

Pinging 192.168.1.2 with 32 bytes of data:

Reply from 192.168.1.2: bytes=32 time<1ms TTL=128
Reply from 192.168.1.2: bytes=32 time<1ms TTL=128
Reply from 192.168.1.2: bytes=32 time<1ms TTL=128
Reply from 192.168.1.2: bytes=32 time<1ms TTL=128

Ping statistics for 192.168.1.2:
    Packets: Sent = 4, Received = 4, Lost = 0 (0% loss),
Approximate round trip times in milli-seconds:
    Minimum = 0ms, Maximum = 0ms, Average = 0ms

C:\>
```

图 2.13　主机 PC1 ping 主机 PC2 的结果（可以访问）

因为主机 PC1 与主机 PC4 分别属于 VLAN 10 与 VLAN 20，且分别在交换机 SW1 与交换机 SW2 上，所以无法相互访问。主机 PC1 ping 主机 PC4 的结果（无法访问）如图 2.14 所示。

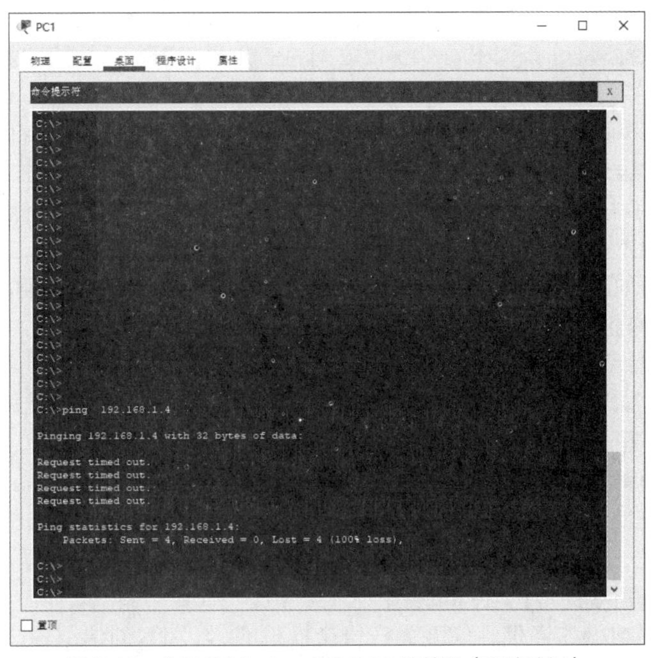

图 2.14　主机 PC1 ping 主机 PC4 的结果（无法访问）

主机 PC10 与主机 PC20 同属于 VLAN 1，默认 VLAN 1 的数据可以通过，但交换机 SW1 只允许 VLAN 10、VLAN 20 的数据通过，且使用了以下命令不允许 VLAN 1 的数据通过。主机 PC10 ping 主机 PC20 的结果（无法访问）如图 2.15 所示。

```
SW1(config-if)#switchport   trunk   allowed   vlan   remove   1        //不允许 VLAN 1 的数据通过
```

图 2.15　主机 PC10 ping 主机 PC20 的结果（无法访问）

2.1.4 VLAN 间通信

VLAN 隔离了二层广播域，也严格地隔离了各个 VLAN 之间的所有二层流量，使得属于不同 VLAN 的用户之间不能进行二层通信。因为不同 VLAN 之间的主机无法实现二层通信，所以只有通过三层路由才能将报文从一个 VLAN 转发到另一个 VLAN。

解决 VLAN 间通信问题的第一种方法是在路由器上为每个 VLAN 分配一个单独的端口，并使用一条物理链路将其连接到二层交换机上。当 VLAN 间的主机需要通信时，数据会经由路由器进行三层路由，并被转发到目的 VLAN 内的主机上，这样就可以实现 VLAN 间通信。然而，随着每台交换机上 VLAN 数量的增加，必然需要大量的路由器端口，而路由器的端口数量是极其有限的；此外，某些 VLAN 之间的主机可能不需要频繁地进行通信，如果这样配置，则会导致路由器端口的利用率很低。因此，实际应用中一般不会采用这种方法来解决 VLAN 间的通信问题。

解决 VLAN 间通信问题的第二种方法是在三层交换机上配置 VLANIF 端口来实现 VLAN 间路由。如果网络上有多个 VLAN，则需要给每个 VLAN 配置一个 VLANIF 端口，并给每个 VLANIF 端口配置一个 IP 地址。用户设置的默认网关就是三层交换机中 VLANIF 端口的 IP 地址。

解决 VLAN 间通信问题的第三种方法是使用单臂路由实现 VLAN 间通信。这种方法仅用一条物理链路连接交换机和路由器。在交换机上，需要把连接到路由器的端口配置为干道类型，并允许相关 VLAN 的数据帧通过。

V2-3 使用三层交换机实现 VLAN 间通信

1. 使用三层交换机实现 VLAN 间通信

为了实现 VLAN 之间的通信，需要为三层交换机的 VLAN 创建逻辑端口 VLANIF，配置逻辑端口 VLANIF 的 IP 地址，并将 VLAN 中主机的网关 IP 地址设置为逻辑端口 VLANIF 的 IP 地址，如图 2.16 所示。

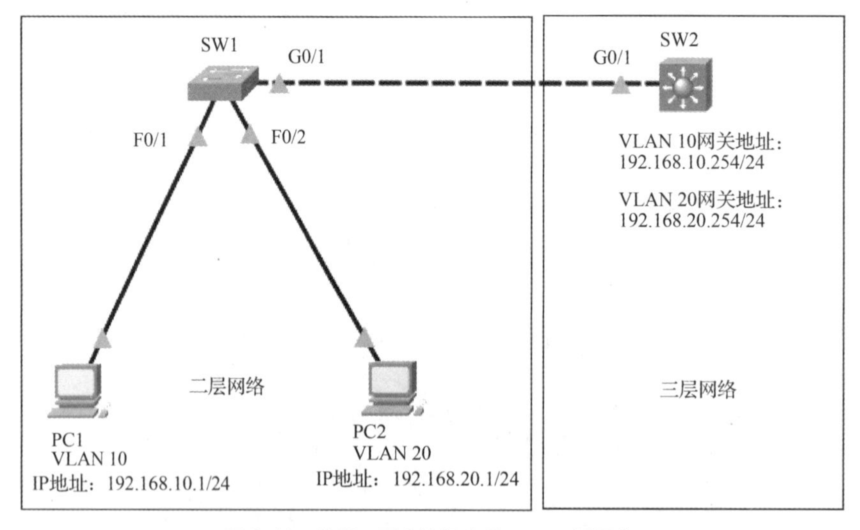

图 2.16 使用三层交换机实现 VLAN 间通信

主机 PC1 向主机 PC2 发送一个数据包，由于主机 PC1 和主机 PC2 不在同一网段中，因此主机 PC1 要先将数据包发送至三层交换机 SW2 的网关地址 192.168.10.254。三层交换机 SW2 接收到这个数据包以后，首先取出目的 IP 地址，确定要去往的目的网络地址为 192.168.20.0 网段；其次查询三层交换机 SW2 的路由表，得知去往目的网络需要从 192.168.20.254 端口发送数据包。逻辑端口 VLANIF192.168.10.254 和逻辑端口 VLANIF192.168.20.254 分别是 VLAN 10 和 VLAN 20 的路由端口，即 VLAN 10 和 VLAN 20 网段中主机的网关地址。

（1）配置主机 PC1 和主机 PC2 相关地址信息，以主机 PC1 为例，如图 2.17 所示。

图 2.17　配置主机 PC1 相关地址信息

（2）配置交换机 SW1，相关实例代码如下。

```
Switch>enable
Switch #terminal  no  monitor
Switch#configure  terminal
Switch(config)#hostname  SW1                          //修改交换机名称为 SW1
SW1(config)#vlan 10
SW1(config-vlan)#exit
SW1(config)#vlan  20
SW1(config-vlan)#exit
SW1(config)#int  f 0/1
SW1(config-if)#switchport  access  vlan 10            //将 F0/1 端口分配给 VLAN 10
SW1(config-if)#exit
SW1(config)#int  f 0/2
SW1(config-if)#switchport  access  vlan  20           //将 F0/2 端口分配给 VLAN 20
SW1(config-if)#exit
SW1(config)#int  g 0/1
SW1(config-if)#switchport  mode  trunk                //配置端口为干道端口
SW1(config-if)# end
SW1#wr                                                //保存当前配置
Building configuration...
[OK]
SW1#
```

（3）配置交换机 SW2，相关实例代码如下。

```
Switch>enable
Switch#terminal  no  monitor
Switch#configure  terminal
```

```
Switch(config)#hostname   SW2                              //修改交换机名称为 SW2
SW2(config)#int   g 0/1
SW2(config-if)#switchport   mode   dynamic   auto          //配置端口为 Dynamic 模式
SW2(config-if)#exit
SW2(config)#vlan 10
SW2(config-vlan)#exit
SW2(config)#vlan   20
SW2(config-vlan)#exit
SW2(config)#interface   vlan   10
SW2(config-if)#ip   address   192.168.10.254   255.255.255.0   //配置 VLAN 10 端口 IP 地址
SW2(config-if)#no   shutdown                               //启用 VLAN 10 端口
SW2(config-if)#exit
SW2(config)#int   vlan   20
SW2(config-if)#ip   add   192.168.20.254 255.255.255.0     //配置 VLAN 20 端口 IP 地址
SW2(config-if)#no   shutdown                               //启用 VLAN 20 端口
SW2(config-if)#exit
SW2(config)#ip   routing                                   //启用三层交换机的路由功能
SW2(config)# end
SW2#wr                                                     //保存当前配置
Building configuration...
[OK]
SW2#
```

（4）显示交换机 SW1 的配置信息，主要相关实例代码如下。

```
SW1#show   running-config
!
hostname SW1
!
interface FastEthernet 0/1
 switchport access vlan 10
!
interface FastEthernet 0/2
 switchport access vlan 20
!
interface GigabitEthernet0/1
 switchport mode trunk
!
SW1#
```

（5）显示交换机 SW2 的配置信息，主要相关实例代码如下。

```
SW2#show   running-config
!
hostname SW2
!
ip routing                                 //启用三层交换机的路由功能
!
interface Vlan10
 mac-address 0001.43bb.1201
 ip address 192.168.10.254 255.255.255.0
!
interface Vlan20
```

```
 mac-address 0001.43bb.1202
 ip address 192.168.20.254 255.255.255.0
!
SW2#
```

（6）测试相关结果。使用 VLAN 10 中的主机 PC1 访问 VLAN 20 中的主机 PC2，并测试 VLAN 10 与 VLAN 20 的网关地址，测试结果显示它们均可以相互访问，如图 2.18 所示。

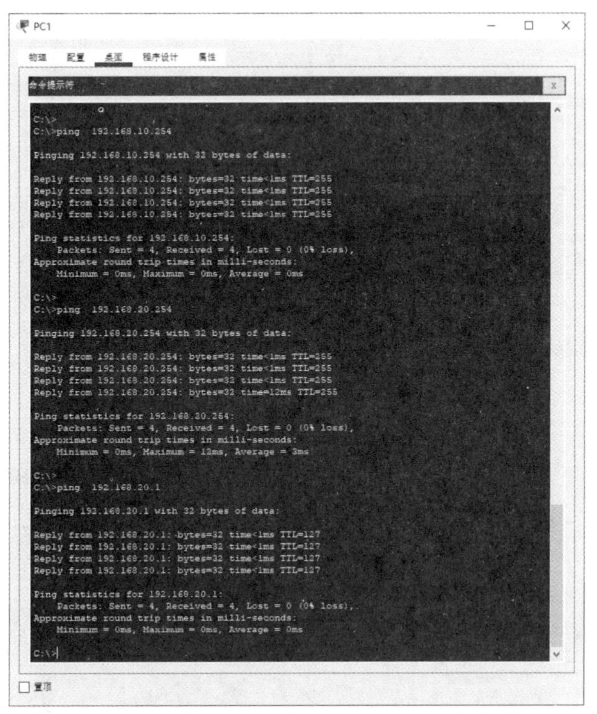

图 2.18　使用三层交换机实现 VLAN 间通信的测试结果

2. 使用单臂路由实现 VLAN 间通信

V2-4　使用单臂路由实现 VLAN 间通信

将路由器和交换机连接，使用 IEEE 802.1Q 来启用路由器子端口，实现子端口与相应 VLAN 的关联，即可利用路由器的一个物理端口来实现 VLAN 间通信，一般称这种方式为单臂路由。使用单臂路由实现 VLAN 间通信时，需要在路由器上创建子端口，从逻辑上把连接路由器的物理链路分成多条逻辑链路。一个子端口代表一条属于某个 VLAN 的逻辑链路。路由器子端口的逻辑特性与物理端口的相同，需要给子端口配置 IP 地址，此 IP 地址将作为子端口关联的 VLAN 的网关。同时，需要在各子端口上封装 IEEE 802.1Q 协议，使得路由端口能够识别接收到的 IEEE 802.1Q 数据帧。当 VLAN 中的设备需要将数据发送给其他子网时，会将数据帧发送到子端口，之后路由器通过查找路由表，根据数据中的目的 IP 地址决定数据从哪个子端口发出，从而到达相应的 VLAN 中。

在配置单臂路由时，与路由器连接的交换机的端口要设置为干道端口，以便接收和发送多个 VLAN 中的数据。配置子端口时，需要注意以下几点。

① 必须为每个子端口分配一个 IP 地址。该 IP 地址与子端口所属 VLAN 位于同一网段。

② 需在子端口上配置 IEEE 802.1Q 协议的封装，以去掉和添加 VLAN 标签，从而实现 VLAN 间互通。

③ 分别在端口与子端口上执行 no shutdown 命令，启用端口。

当主机 PC1 发送数据给主机 PC2 时，路由器 R1 会通过 G0/0/1.1 子端口接收到此数据，此后 R1

会查找路由表，将数据从 G0/0/1.2 子端口发送给主机 PC2，这样就实现了 VLAN 10 和 VLAN 20 之间的主机通信，如图 2.19 所示。

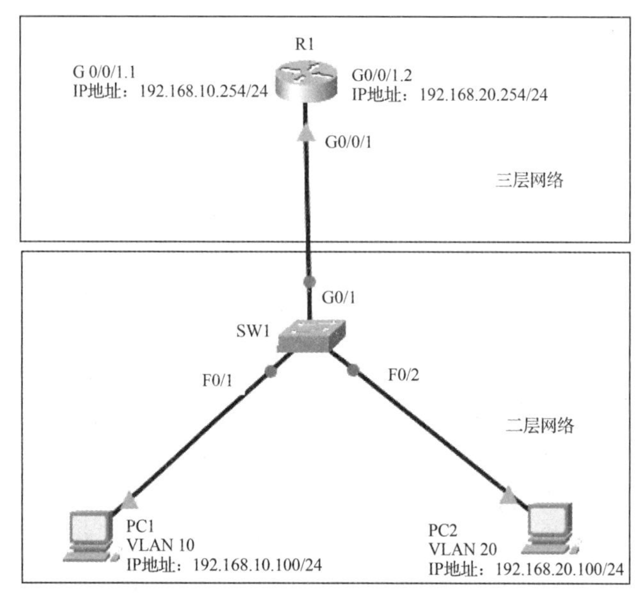

图 2.19 使用单臂路由实现 VLAN 10 和 VLAN 20 之间的主机通信

（1）配置主机 PC1 和主机 PC2 相关地址信息，以主机 PC1 为例，如图 2.20 所示。

图 2.20 配置主机 PC1 相关地址信息

（2）配置交换机 SW1 的相关信息，相关实例代码如下。

```
Switch>enable
Switch#terminal  no  monitor
Switch#configure  terminal
Switch(config)#hostname  SW1
SW1(config)#vlan  10
```

```
SW1(config-vlan)#exit
SW1(config)#vlan  20
SW1(config-vlan)#exit
SW1(config)#int  f 0/1
SW1(config-if)#switchport  access  vlan  10
SW1(config-if)#exit
SW1(config)#int  f 0/2
SW1(config-if)#switchport  access  vlan  20
SW1(config-if)#exit
SW1(config)#int  g 0/0/1
SW1(config-if)#switchport  mode  trunk
SW1(config-if)#no  switchport  trunk  native  vlan        //不允许本地 VLAN 1 的数据通过
SW1(config-if)#end
SW1#
```

（3）配置路由器 R1 的相关信息，相关实例代码如下。

```
Router>enable
Router#terminal  no  monitor
Router#configure  terminal
Router(config)#hostname  R1
R1(config)#int  g 0/0/1
R1(config-if)#no  ip  address                              //不设置 IP 地址
R1(config-if)#no  shutdown                                 //启用端口
R1(config-if)#exit
R1(config)#int  g 0/0/1.1
R1(config-subif)#encapsulation  dot1Q  10                  //封装 VLAN 10
R1(config-subif)#ip  address 192.168.10.254  255.255.255.0
R1(config-subif)#no  shutdown                              //启用端口
R1(config-subif)#exit
R1(config)#int g  0/0/1.2
R1(config-subif)#encapsulation  dot1Q  20                  //封装 VLAN 20
R1(config-subif)#ip address  192.168.20.254  255.255.255.0
R1(config-subif)#no  shutdown                              //启用端口
R1(config-subif)#end
R1#
```

（4）显示交换机 SW1 的配置信息，主要相关实例代码如下。

```
SW1#show  running-config
!
hostname SW1
!
spanning-tree mode pvst
spanning-tree extend system-id
!
interface FastEthernet 0/1
 switchport access vlan 10
!
interface FastEthernet 0/2
 switchport access vlan 20
!
interface GigabitEthernet0/1
```

```
  switchport mode trunk
!
SW1#
```

（5）显示路由器 R1 的配置信息，主要相关实例代码如下。

```
R1#show   running-config
!
Hostname   R1
!
interface GigabitEthernet0/0/1
 no ip address
 duplex auto
 speed auto
!
interface GigabitEthernet0/0/1.1
 encapsulation dot1Q 10
 ip address 192.168.10.254 255.255.255.0
!
interface GigabitEthernet0/0/1.2
 encapsulation dot1Q 20
 ip address 192.168.20.254 255.255.255.0
!
R1#
```

（6）测试相关结果。VLAN 10 中的主机 PC1 访问 VLAN 20 中的主机 PC2，并测试 VLAN10 与 VLAN 20 的网关地址，测试结果显示它们均可以相互访问，如图 2.21 所示。

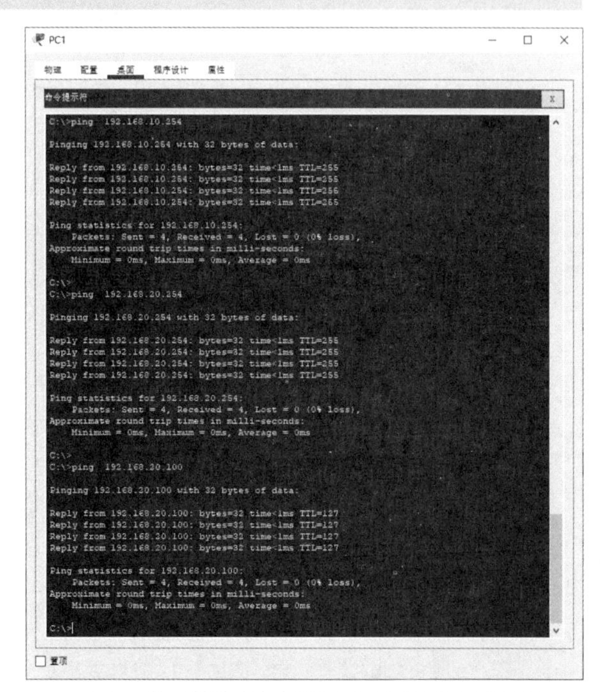

图 2.21　使用单臂路由实现 VLAN 间通信的测试结果

任务 2.2　链路聚合配置

任务描述

小李是某公司的网络工程师。随着该公司业务的快速增长，公司网络的访问流量迅速增加，因此公司领导安排小李优化公司网络环境，在不增加网络设备的情况下，增加网络带宽并提高网络的可靠性，满足现行网络的运行要求。小李决定采用链路聚合技术优化网络环境，增加网络带宽并提高网络可靠性，那么小李该如何配置现有的网络设备呢？

知识准备

2.2.1　链路聚合概述

随着网络规模的不断扩大，用户对网络带宽与网络可靠性的要求越来越高，采用链路聚合技术可以在不进行硬件升级的情况下，增加链路带宽并提高链路可靠性。链路聚合是指将两个或更多数据信道结合成一个信道，该信道以一个有更高带宽的逻辑链路的形式出现。链路聚合一般用来连接一台或多台带宽需求大的设备，以增加设备间的带宽，并且在其中一条链路出现故障时，可以快速地将流量转移到其他链路，这种转移的时间为毫秒级。总之，链路聚合将交换机上的多个端口在物理上连接在一起，在逻辑上捆绑在一起，形成一个拥有较大宽带的链路，可以实现负载均衡，并提供冗余链路。

1. 链路聚合协议

EtherChannel（以太通道）是由思科研发的，应用于交换机之间的多链路捆绑技术。EtherChannel的基本原理如下：将两台设备间多条相同特性的快速以太物理链路或千兆位以太物理链路捆绑在一起组成一条逻辑链路，从而达到使带宽倍增的目的。除了增加带宽外，EtherChannel 还可以在多条链路上均衡分配流量，起到负载均衡的作用。当一条或多条链路出现故障时，只要还有链路正常，流量就将转移到正常的链路上，整个过程在几毫秒内完成，从而起到冗余的作用，提高了网络的稳定性和安全性。在 EtherChannel 中，负载在各个链路上可以根据源 IP 地址、目的 IP 地址、源 MAC 地址、目的 MAC 地址、源 IP 地址和目的 IP 地址组合，以及源 MAC 地址和目的 MAC 地址组合等来进行分布。两台交换机之间是否形成 EtherChannel 可以使用协议自动协商。

目前有两种协商协议：PAgP 和 LACP。端口聚合协议（Port Aggregation Protocol，PAgP）是思科私有的协议，而链路聚合控制协议（Link Aggregation Control Protocol，LACP）是基于 IEEE 802.3ad 的国际标准的协议。

（1）PAgP 中的模式。

① On（打开）：通道成员不协商（无协议），无条件创建 EtherChannel，无须使用 PAgP 或者 LACP 动态协商。

② Desirable（期望）：主动询问对端是否参与。

③ Auto（自动）：被动等待对端。

Auto 模式的端口在协商中只收不发，Desirable 模式的端口会收、发协商的数据包。

（2）LACP 中的模式。

① On（打开）：通道成员不协商（无协议）。

② Active（主动）：主动询问对端能否参与。

③ Passive（被动）：被动等候对端。

Active 相当于 PAgP 的 Desirable，而 Passive 相当于 PAgP 的 Auto。

2. 链路聚合目的

在整个网络数据交换中，所有设备的流量在转发到其他网络前都会聚合到核心层，再由核心层设备转发到其他网络或者外部网络。因此，在核心层设备负责数据的高速交换时，容易发生拥塞问题。在核心层部署链路聚合，可以增加整个网络的数据吞吐量，解决拥塞问题。

（1）增加逻辑链路的带宽。链路聚合是指把两台设备之间的多条物理链路聚合在一起，当作一条逻辑链路来使用。这两台设备可以是一对路由器、一对交换机，也可以是一台路由器和一台交换机。一条聚合链路可以包含多条成员链路，链路聚合能够增加链路带宽。理论上，通过聚合几条链路，一个聚合端口的带宽可以扩展为所有成员端口带宽的总和，这样就有效地增加了逻辑链路的带宽。

（2）提高网络的可靠性。在配置链路聚合之后，如果一个成员端口发生故障，则该成员端口的物理链路会把流量转移到另一条成员链路上。链路聚合还可以在一个聚合端口上实现负载均衡，一个聚合端口可以把流量分散到多个不同的成员端口上。通过成员链路把流量发送到同一个目的地，可将网络发生拥塞的可能性降到最低。

3. 链路聚合条件

交换机链路聚合基于现有的交换机端口，不需要升级硬件，但在配置 EtherChannel 时，需要遵守以下规则。

（1）把端口加入 EtherChannel 时，二层 EtherChannel 端口的成员端口必须是二层端口，三层 EtherChannel 端口的成员端口必须是三层端口。

（2）一个以太端口只能加入一个 EtherChannel。如果要把一个以太端口加入另一个 EtherChannel，则必须先把该以太端口从当前所属的 EtherChannel 中删除。

（3）一个 EtherChannel 的成员端口类型必须相同。例如，一个快速以太端口和一个吉比特以太端口不能加入同一个 EtherChannel。

（4）一个 EtherChannel 的成员端口的速率必须相同，如速率都为 100Mbit/s 或都为 1000Mbit/s。

（5）一个 EtherChannel 的所有成员端口的工作模式都应相同，如工作模式都为千兆全双工。

（6）在设置 EtherChannel 前，所有网卡都不能配置 IP 地址，若配置了 IP 地址，则需要在设置 EtherChannel 前删除这些配置。

4. EtherChannel 的特点

思科交换机的 EtherChannel 的特点如下。

（1）思科交换机最多允许 EtherChannel 绑定 8 个端口。如果网络是快速以太网，则总带宽可达 1600Mbit/s；如果是吉比特以太网，则总带宽可达 16Gbit/s。

（2）EtherChannel 不支持 10Mbit/s 端口。

（3）EtherChannel 编号只在本地有效，链路两端的编号可以不一样。

（4）EtherChannel 默认使用 PAgP。

（5）EtherChannel 默认情况下是基于源 MAC 地址的负载均衡。

（6）一个 EtherChannel 内所有的端口都必须具有相同的端口速率和双工模式；在使用 LACP 的情况下，端口的工作模式只能是全双工模式。

（7）EtherChannel 会自动继承最小物理端口，或最先配置的端口模式。

（8）思科交换机不仅可以支持二层 EtherChannel，还可以支持三层 EtherChannel。

任务实施

2.2.2 配置手动模式的链路聚合

V2-5 配置手动模式的链路聚合

对交换机 SW1 与交换机 SW2 的 G0/1 与 G0/2 端口配置手动模式的链路聚合，如图 2.22 所示。

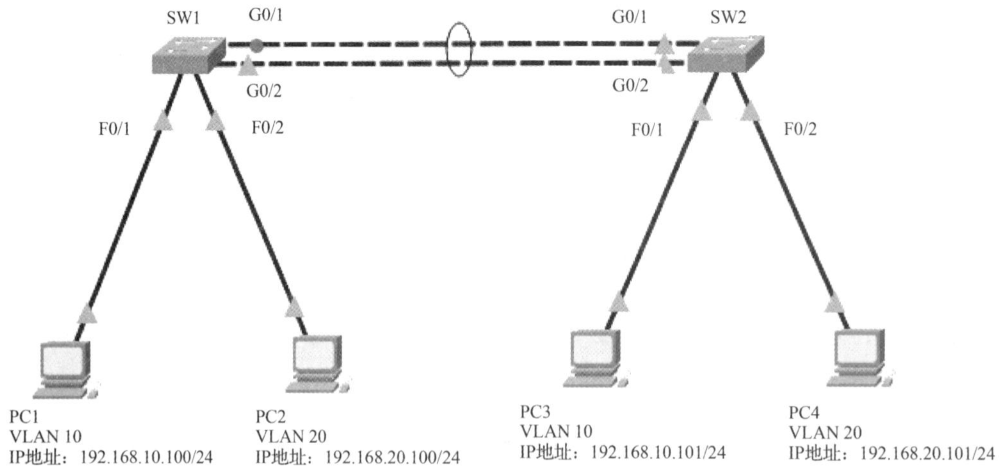

图 2.22 配置手动模式的链路聚合

（1）在交换机 SW1 上创建 channel-group，并加入成员端口。以交换机 SW1 为例，相关实例代码如下。交换机 SW2 的配置与交换机 SW1 的配置类似，此处不赘述。

```
Switch>enable
Switch#terminal  no  monitor
```

```
Switch#configure terminal
Switch(config)#hostname SW1
SW1(config)#vlan 10
SW1(config-vlan)#exit
SW1(config)#vlan 20
SW1(config-vlan)#exit
SW1(config)#int f 0/1
SW1(config-if)#switchport access vlan 10
SW1(config-if)#exit
SW1(config)#int f 0/2
SW1(config-if)#switchport access vlan 20
SW1(config-if)#exit
SW1(config)#int range g 0/1-2
SW1(config-if-range)#channel-group 1 mode ?                    //链路聚合模式
  active      Enable LACP unconditionally
  auto        Enable PAgP only if a PAgP device is detected
  desirable   Enable PAgP unconditionally
  on          Enable Etherchannel only
  passive     Enable LACP only if a LACP device is detected
SW1(config-if-range)#channel-group 1 mode desirable            /*创建聚合组，并将 G0/1、G0/2
                                                                 端口加入聚合组*/
SW1(config-if-range)#switchport mode trunk                     //配置为干道端口
SW1(config-if-range)#switchport trunk allowed vlan all         //允许所有 VLAN 的数据通过
SW1(config-if-range)#exit
SW1(config)#int port-channel 1
SW1(config-if)#switchport mode trunk
SW1(config-if)#exit
SW1(config)#port-channel load-balance ?             //配置负载均衡分担模式
  dst-ip        Dst IP Addr                         //目的-IP 地址
  dst-mac       Dst Mac Addr                        //目的-MAC 地址
  src-dst-ip    Src XOR Dst IP Addr                 //源-目的-IP 地址
  src-dst-mac   Src XOR Dst Mac Addr                //源-目的-MAC 地址
  src-ip        Src IP Addr                         //源-IP 地址
  src-mac       Src Mac Addr                        //源-MAC 地址
SW1(config)#port-channel load-balance dst-ip        //配置为目的-IP 地址，默认设置为 src-mac
SW1(config)#end
SW1#
```

（2）显示交换机 SW1、SW2 的配置信息。以交换机 SW1 为例，主要相关实例代码如下。

```
SW1#show running-config
!
hostname SW1
!
interface Port-channel1
 switchport mode trunk
!
interface FastEthernet 0/1
 switchport access vlan 10
!
interface FastEthernet 0/2
```

```
 switchport access vlan 20
!
interface GigabitEthernet0/1
 switchport mode trunk
 channel-group 1 mode desirable
!
interface GigabitEthernet0/2
 switchport mode trunk
 channel-group 1 mode desirable
!
SW1#
```

（3）查看交换机 SW1、SW2 的链路聚合配置结果。以交换机 SW1 为例，执行 show　etherchannel summary 命令，查看链路聚合结果，相关实例代码如下。

```
SW1#show    etherchannel   summary
Flags:  D - down            P - in port-channel
        I - stand-alone s - suspended
        H - Hot-standby (LACP only)
        R - Layer3          S - Layer2
        U - in use          f - failed to allocate aggregator
        u - unsuitable for bundling
        w - waiting to be aggregated
        d - default port
Number of channel-groups in use: 1
Number of aggregators:            1
Group  Port-channel   Protocol      Ports
------+-------------+-----------+-----------------------------------------------
1       Po1(SU)        PAgP          Gig0/1(P) Gig0/2(P)
SW1#
```

（4）测试相关结果。交换机 SW1 中 VLAN 10 的主机 PC1 访问交换机 SW2 中 VLAN 10 的主机 PC3，测试结果显示它们可以连通，如图 2.23 所示。

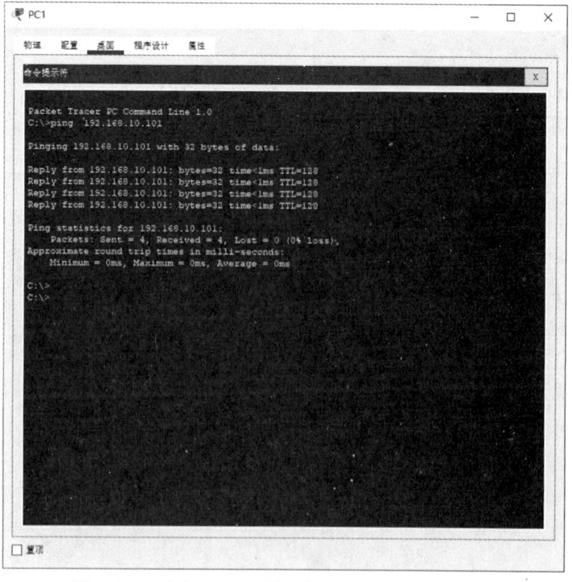

图 2.23　主机 PC1 访问主机 PC3 的测试结果

2.2.3 配置 LACP 模式的链路聚合

V2-6 配置 LACP 模式的链路聚合

配置交换机 SW1 与 SW2，在交换机 SW1 上创建 channel-group，并加入成员端口。为交换机 SW1 与 SW2 的 F0/22、F0/23、F0/24 端口配置 LACP 模式的链路聚合，如图 2.24 所示。

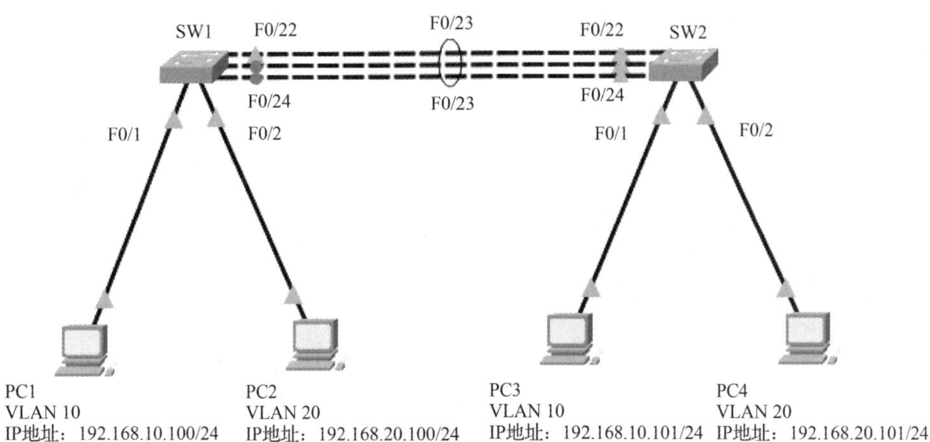

图 2.24 配置 LACP 模式的链路聚合

（1）配置交换机 SW1，相关实例代码如下。

```
Switch>enable
Switch#terminal  no  monitor
Switch#configure  terminal
Switch(config)#hostname  SW1
SW1(config)#vlan  10
SW1(config-vlan)#exit
SW1(config)#vlan  20
SW1(config-vlan)#exit
SW1(config)#int  f 0/1
SW1(config-if)#switchport  access  vlan  10
SW1(config-if)#exit
SW1(config)#int  f 0/2
SW1(config-if)#switchport  access  vlan  20
SW1(config-if)#exit
SW1(config)#int  range  f  0/22-24
SW1(config-if-range)# channel-protocol  lacp                 //配置链路聚合协议为 LACP
SW1(config-if-range)#channel-group  1  mode  active          //配置链路聚合模式为 Active
                                        //创建聚合组，并将 F0/22~F0/24 端口加入聚合组
SW1(config-if-range)#switchport  mode  trunk                 //配置为干道端口
SW1(config-if-range)#switchport  trunk  allowed  vlan  all   //允许所有 VLAN 的数据通过
SW1(config-if-range)#exit
SW1(config)#int  port-channel  1
SW1(config-if)#switchport  mode  trunk
SW1(config-if)#exit
SW1(config)#port-channel  load-balance  src-dst-ip //配置负载均衡模式为源-目的-IP 地址
SW1(config)#end
```

```
SW1#
```

（2）配置交换机 SW2，相关实例代码如下。

```
Switch>enable
Switch#terminal  no  monitor
Switch#configure  terminal
Switch(config)#hostname  SW2
SW2(config)#vlan  10
SW2(config-vlan)#exit
SW2(config)#vlan  20
SW2(config-vlan)#exit
SW2(config)#int  f 0/1
SW2(config-if)#switchport  access  vlan  10
SW2(config-if)#exit
SW2(config)#int  f 0/2
SW2(config-if)#switchport  access  vlan  20
SW2(config-if)#exit
SW2(config)#int  range  f  0/22-24
SW2(config-if-range)# channel-protocol  lacp                //配置链路聚合协议为 LACP
SW2(config-if-range)#channel-group  1  mode  passive        //配置链路聚合模式为 Passive
                                        //创建聚合组，并将 F0/22~F0/24 端口加入聚合组
SW2(config-if-range)#switchport  mode  trunk                //配置为干道端口
SW2(config-if-range)#switchport  trunk  allowed  vlan  all  //允许所有 VLAN 的数据通过
SW2(config-if-range)#exit
SW2(config)#int  port-channel  1
SW2(config-if)#switchport  mode  trunk
SW2(config-if)#exit
SW2(config)#port-channel  load-balance  src-dst-ip //配置负载均衡模式为源-目的-IP 地址
SW2(config)#end
SW2#
```

（3）显示交换机 SW1 的配置信息，主要相关实例代码如下。

```
SW1#show  running-config
!
hostname SW1
!
interface Port-channel1
 switchport mode trunk
!
interface FastEthernet 0/1
 switchport access vlan 10
!
interface FastEthernet 0/2
 switchport access vlan 20
!
interface FastEthernet 0/22
 switchport  mode  trunk
 channel-protocol  lacp                 //配置链路聚合协议为 LACP
 channel-group 1 mode  active           //配置链路聚合模式为 Active
!
interface FastEthernet 0/23
```

```
 switchport   mode   trunk
 channel-protocol   lacp                          //配置链路聚合协议为 LACP
 channel-group 1 mode   active                    //配置链路聚合模式为 Active
!
interface FastEthernet 0/24
 switchport   mode   trunk
 channel-protocol   lacp                          //配置链路聚合协议为 LACP
 channel-group 1 mode   active                    //配置链路聚合模式为 Active
!
SW1#
```

（4）显示交换机 SW2 的配置信息，主要相关实例代码如下。

```
SW2#show   running-config
!
hostname SW2
!
interface Port-channel1
 switchport mode trunk
!
interface FastEthernet 0/1
 switchport access vlan 10
!
interface FastEthernet 0/2
 switchport access vlan 20
!
interface FastEthernet 0/22
 switchport mode   trunk
 channel-protocol   lacp                     //配置链路聚合协议为 LACP
 channel-group 1 mode passive                //配置链路聚合模式为 Passive
!
interface FastEthernet 0/23
 switchport mode   trunk
 channel-protocol   lacp                     //配置链路聚合协议为 LACP
 channel-group 1 mode passive                //配置链路聚合模式为 Passive
!
interface FastEthernet 0/24
 switchport mode   trunk
 channel-protocol   lacp                     //配置链路聚合协议为 LACP
 channel-group 1 mode passive                //配置链路聚合模式为 Passive
!
SW2#
```

（5）查看交换机 SW1、SW2 的配置结果。以交换机 SW1 为例，执行 show etherchannel summary 命令，查看链路聚合结果，相关实例代码如下。

```
SW1#show   etherchannel   summary
Flags:  D - down          P - in port-channel
        I - stand-alone s - suspended
        H - Hot-standby (LACP only)
        R - Layer3        S - Layer2
        U - in use        f - failed to allocate aggregator
```

```
        u - unsuitable for bundling
        w - waiting to be aggregated
        d - default port
Number of channel-groups in use: 1
Number of aggregators:           1
Group  Port-channel  Protocol    Ports
------+-------------+-----------+-----------------------------------------------
1      Po1(SU)         LACP      Fa0/22(P) Fa0/23(P) Fa0/24(P)
SW1#
```

（6）测试相关结果。交换机 SW1 中 VLAN 20 的主机 PC2 访问交换机 SW2 中 VLAN 20 的主机 PC4，测试结果显示它们可以连通，如图 2.25 所示。

图 2.25　主机 PC2 访问主机 PC4 的测试结果

任务 2.3　VTP 技术配置

任务描述

小李是某公司的网络工程师。随着该公司业务的快速增长，公司网络的访问流量迅速增加。业务的改变导致经常需要增加或删除 VLAN。而交换机的数量较多，且位置分散，为了能够保证 VLAN 配置的统一性，他需要花费较多的时间来管理交换机。为了解决这个问题，小李决定采用 VTP 技术，那么小李该如何配置现有的网络设备呢？

知识准备

VLAN 中继协议（VLAN Trunking Protocol，VTP，也称虚拟局域网干道协议）通过网络来保持 VLAN 配置的统一性。VTP 实现了系统化管理，方便网络管理员增加、删除和调整网络中的 VLAN 规划。只要把交换机加入同一个 VTP 域中，工作在服务器模式的交换机就会自动将 VLAN 配置信息向网络中的其他交换机进行广播，VTP 客户端会自动学习 VTP 服务器上的 VLAN 信息。此外，VTP 减少了那些可能导致安全问题的配置，便于管理。

VTP 是思科公司开发的私有协议，只能运行在思科网络设备上，不支持在其他品牌的设备上运行。所以在多种品牌的设备互联时，不能使用 VTP 技术。

1. VTP 交换机的工作模式

VTP 交换机有 3 种工作模式：服务器（Server）模式、客户端（Client）模式和透明（Transparent）模式。在 VTP 服务器上可以定义和删除 VLAN，而 VTP 客户端能够自动进行同步配置，工作在透明模式下的交换机不受影响，可以独立配置，但是工作在透明模式下的交换机参与传输 VTP 域中的信息。

2. VTP 域

VTP 域也称为 VLAN 管理域，由一台以上共享 VTP 域名、互相连接的交换机组成，也就是说，VTP 域是一组 VTP 域名相同并通过中继链路相互连接的交换机。配置 VTP 域的要求如下。

（1）域内的每台交换机都必须使用相同的域名，不论域名是通过配置实现的，还是由交换自动学习得到的。

（2）交换机必须是相邻的，即相邻的交换机需要具有相同的域名。

（3）在所有交换机之间必须配置中继链路。

只要不满足上述要求中的任何一项，VTP 域就不能连通，信息也就无法跨越分离部分进行传输。

3. VTP 的状态及 show vtp status 命令的参数

思科 IOS 中的 show vtp status 命令可以用于显示 VTP 的状态。该命令的输出信息显示了交换机默认为服务器模式，且没有分配 VTP 域名。此输出信息还显示了该交换机的最高可用 VTP 版本是其第 2 版。当在网络中配置和管理 VTP 时，会经常使用 show vtp status 命令。show vtp status 命令的参数如表 2.4 所示。

表 2.4　show vtp status 命令各参数功能描述

参数	功能描述
VTP Version	显示交换机可以运行的 VTP 版本。在默认情况下，交换机采用第 1 版，但是可以将其设置为第 2 版
Configuration Revision	显示交换机的当前配置修订版本号
Maximum VLANs supported locally	显示本地支持的 VLAN 的最大数量
Number of existing VLANs	显示现有 VLAN 的数量
VTP Operating Mode	用于选择交换机工作模式，可以是服务器模式、客户端模式或透明模式
VTP Domain Name	用于标识交换机管理域的名称
VTP Pruning Mode	显示修剪模式处于启用或禁用状态

任务实施

V2-7　VTP 配置

当要对多台交换机的 VLAN 进行管理时，使用 VTP 技术较为合适。设置核心层交换机为 VTP 服务器，并规划相应的 VLAN。设置接入层交换机为 VTP 客户端，使它们实现 VLAN 的中继，自动创建与 VTP 服务器相同的 VLAN 规划。配置交换机的连接端口为干道端口，并规划接入层 VLAN 的端口分配，最终实现全网互通。VTP 配置网络拓扑如图 2.26 所示，SW1 为核心层交换机 VTP 服务器，SW2、SW3 为接入层交换机 VTP 客户端，配置主机 PC1、PC2、PC3、PC4 相关地址等信息。

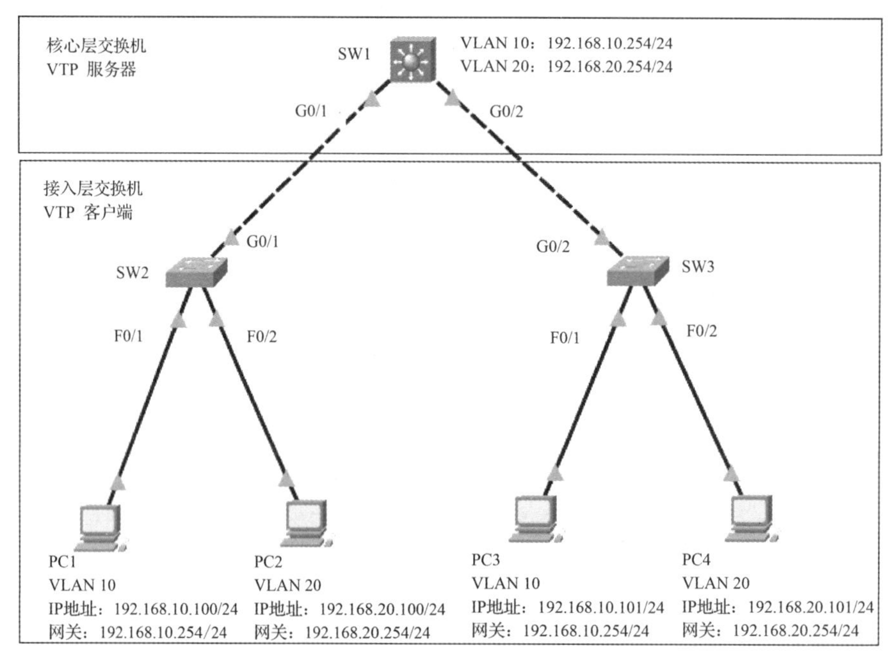

图 2.26　VTP 配置网络拓扑

（1）配置交换机 SW1，相关实例代码如下。

```
Switch>enable
Switch#terminal  no  monitor
Switch#conf  t
Switch(config)#hostname  SW1
SW1(config)#vtp  domain  lncc-domain                    //配置 VTP 的域名为 lncc-domain
SW1(config)#vtp  mode  ?                                //选择 VTP 交换机的工作模式
  client        Set the device to client mode.
  server        Set the device to server mode.
  transparent   Set the device to transparent mode.
SW1(config)#vtp  mode  server                           //配置 VTP 交换机的工作模式为服务器模式
SW1(config)#vtp  password  lncc123                      //配置 VTP 的密码为 lncc123
SW1(config)#
SW1(config)#vlan  10
SW1(config-vlan)#exit
SW1(config)#vlan  20
SW1(config-vlan)#exit
SW1(config)#int  vlan  10
SW1(config-if)#ip  add  192.168.10.254  255.255.255.0
SW1(config-if)#no  shutdown
SW1(config-if)#exit
SW1(config)#int  vlan  20
SW1(config-if)#ip  add  192.168.20.254  255.255.255.0
SW1(config-if)#no  shutdown
```

```
SW1(config-if)#exit
SW1(config)#ip routing                              //启用三层交换机的路由功能
SW1(config)#int g 0/1
SW1(config-if)#switchport trunk encapsulation dot1q  //封装 IEEE 802.1Q 协议
SW1(config-if)#switchport mode trunk
SW1(config-if)#switchport trunk allowed vlan all
SW1(config-if)#exit
SW1(config)#int g 0/2
SW1(config-if)#switchport trunk encapsulation dot1q
SW1(config-if)#switchport mode trunk
SW1(config-if)#switchport trunk allowed vlan all
SW1(config-if)#end
SW1#
```

（2）配置交换机 SW2、SW3。以交换机 SW2 为例，相关实例代码如下。交换机 SW3 的配置与交换机 SW2 的配置类似，此处不赘述。

```
Switch>enable
Switch#terminal no monitor
Switch#conf t
Switch(config)#hostname SW2
SW2(config)#vtp domain lncc-domain
SW2(config)#vtp mode client                  //配置 VTP 交换机的工作模式为客户端模式
SW2(config)#vtp password lncc123
SW2(config)#int f 0/1
SW2(config-if)#switchport access vlan 10
SW2(config-if)#exit
SW2(config)#int f 0/2
SW2(config-if)#switchport access vlan 20
SW2(config-if)#exit
SW2(config)#int g 0/1
SW2(config-if)#switchport mode trunk
SW2(config-if)#switchport trunk allowed vlan all
SW2(config-if)#end
SW2#wr
Building configuration...
[OK]
SW2#
```

（3）查看交换机 SW1、SW2、SW3 的 VTP 状态。以交换机 SW1 为例，执行 show vtp status 命令，相关实例代码如下。

```
SW1#show vtp status
VTP Version capable             : 1 to 2
VTP Version running             : 2
VTP Domain Name                 : lncc-domain          //VTP 的域名
VTP Pruning Mode                : Disabled
VTP Traps Generation            : Disabled
Device ID                       : 00E0.8F8A.E800
Configuration last modified by 0.0.0.0 at 3-1-93 00:00:00
Local updater ID is 192.168.10.254 on interface Vl10 (lowest numbered VLAN interface found)
Feature VLAN :
```

```
---------------
VTP Operating Mode                : Server                    //VTP 交换机的工作模式
Maximum VLANs supported locally   : 1005
Number of existing VLANs          : 7
Configuration Revision            : 6
MD5 digest                        : 0x51 0x90 0x15 0xF3 0x77 0x05 0x95 0x0B
                                    0x7A 0xC3 0xE8 0x32 0xAA 0xAB 0xD5 0xCE
SW1#
```

（4）查看交换机 SW1 的配置结果，执行 show running-config 命令，相关实例代码如下。

```
SW1#show   running-config
!
hostname SW1
!
ip routing
!
interface GigabitEthernet0/1
 switchport trunk encapsulation dot1q
 switchport mode trunk
!
interface GigabitEthernet0/2
 switchport trunk encapsulation dot1q
 switchport mode trunk
!
interface Vlan10
 mac-address 000c.85b7.8a01
 ip address 192.168.10.254 255.255.255.0
!
interface Vlan20
 mac-address 000c.85b7.8a02
 ip address 192.168.20.254 255.255.255.0
!
SW1#
```

（5）查看交换机 SW2 和 SW3 的配置结果。以 SW2 为例，执行 show running-config 命令，相关实例代码如下。

```
SW2#show   running-config
!
hostname SW2
!
interface FastEthernet 0/1
 switchport access vlan 10
!
interface FastEthernet 0/2
 switchport access vlan 20
!
interface GigabitEthernet0/1
 switchport mode trunk
!
SW2#
```

（6）测试相关结果。测试主机 PC1 与主机 PC3、主机 PC4 之间的连通性，测试结果显示它们均可以相互访问，如图 2.27 所示。

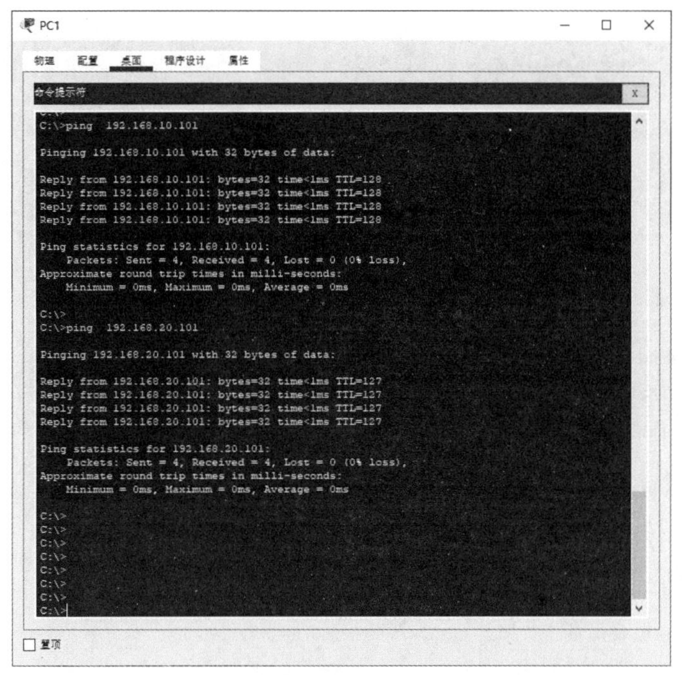

图 2.27　测试主机 PC1 与主机 PC3、主机 PC4 之间的连通性

练习题

1. 选择题

（1）思科交换机默认端口模式为（　　）。

A. Shutdown　　B. Access　　C. Trunk　　D. Dynamic

（2）关于 IEEE 802.1Q 帧格式，应通过（　　）给以太网帧封装 VLAN 标签。

A. 在以太网帧的源地址和长度/类型字段之间插入 4 字节的标签

B. 在以太网帧的前面插入 4 字节的标签

C. 在以太网帧的尾部插入 4 字节的标签

D. 在以太网帧的外部加入 IEEE 802.1Q 封装

（3）一个 Access 类型端口可以属于（　　）。

A. 最多 32 个 VLAN　　B. 仅属于一个 VLAN

C. 最多 4094 个 VLAN　　D. 依据管理员配置结果而定

（4）思科交换机最多有（　　）个端口可以进行端口聚合。

A. 2　　B. 4　　C. 8　　D. 16

2. 简答题

（1）简述划分 VLAN 的优点。

（2）思科交换机的端口类型有哪几种？

（3）如何实现 VLAN 间通信？有哪几种实施方法？

项目3
局域网冗余备份技术

知识目标

- 了解生成树协议的基本概念及环路形成的原因。
- 理解生成树协议的工作原理。
- 理解热备份路由器协议的工作原理。

技能目标

- 掌握生成树协议的配置方法。
- 掌握热备份路由器协议的配置方法。

素养目标

- 培养学生的实践能力，使学生树立爱岗敬业的精神。
- 使学生树立团队互助、积极进取、团结合作的意识。

任务 3.1 STP 配置

任务描述

小李是某公司的网络工程师。该公司的业务不断发展，越来越离不开网络，为了保证网络的可靠性与稳定性，避免出现单点故障，公司准备对网络采用冗余链路，以形成双核心备份网络。然而，冗余链路可能会导致交换机之间形成物理环路，从而引发广播风暴，严重影响网络性能，甚至导致网络瘫痪，那么小李该如何实现公司网络冗余备份呢？

知识准备

3.1.1 STP 概述

在传统的网络中，网络设备之间通过单条链路进行通信。而随着计算机网络技术的发展，越来越多的交换机被用来实现主机之间的互联。如果交换机之间仅使用一条链路互联，则可能会出现单点故障，导致业务中断。为了解决此类问题，交换机在互联时一般会使用冗余链路来实现备份。冗余链路虽然提高了网络的可靠性，但是会导致环路形成，而环路会带来一系列问题，并可能会导致广播及 MAC 地址表不稳定等。因此，冗余链路可能会给交换网络带来风险，进而影响用户的使用，甚至可能会导致通信质量下降和通信业务中断等问题。二层冗余交换网络如图 3.1 所示。

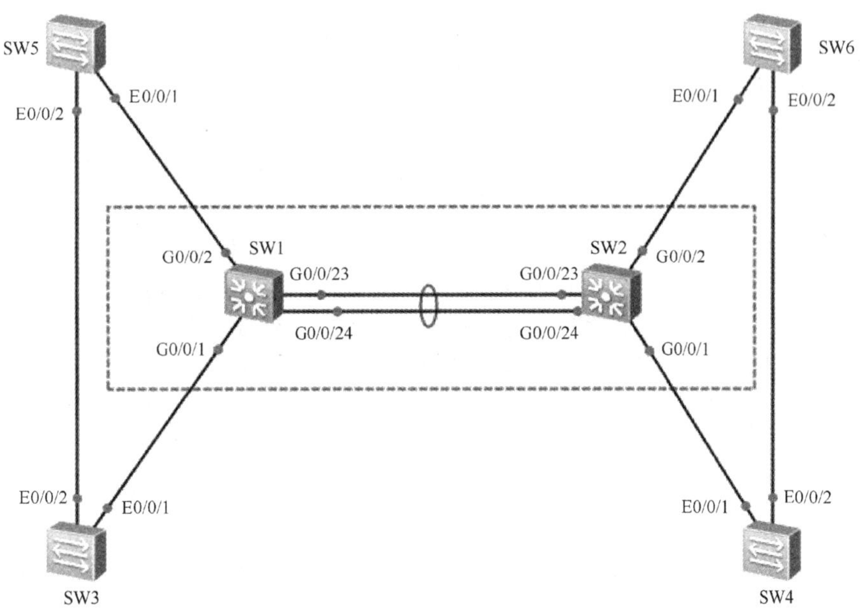

图 3.1　二层冗余交换网络

生成树协议（Spanning Tree Protocol，STP）是基于拉迪亚 • 珀尔曼（Radia Perlman）在 DEC 公司工作时发明的一种算法的协议，被纳入 IEEE 802.1d。它是工作在 OSI 网络标准模型的第二层（数据链路层）的通信协议，它的基本应用是防止交换机冗余链路产生环路，确保以太网中无环路的逻辑拓扑结构，从而避免广播风暴大量占用交换机的资源。它通过有选择地阻塞网络冗余链路来达到消除网络二层环路的目的，同时具备链路的备份功能。

2001 年电气电子工程师学会（Institute of Electrical and Electronics Engineers，IEEE）推出了快速生成树协议（Rapid Spanning Tree Protocol，RSTP），被纳入 IEEE 802.1w，在网络结构发生变化时，它能比 STP 更快地收敛网络，还引进了端口角色来完善收敛机制。

STP 的主要功能有两个：一是利用生成树算法在以太网中创建一个以某台交换机的某个端口为根的生成树，避免产生环路；二是在以太网拓扑结构发生变化时，通过 STP 达到收敛保护的目的。

STP 的工作原理：如果任意一台交换机到达根桥（Root Bridge）存在两条或者两条以上的链路，则 STP 会根据算法把其中一条或多条链路切断，仅保留一条链路，从而保证任意两台交换机之间只有一条活动链路。因为它生成的这种拓扑结构很像以根交换机为树干的树形结构，故将它称为 STP。

STP 的特点如下。

（1）STP 提供一种控制环路的方法，采用这种方法，在连接发生问题的时候，用户控制的以太网能够绕过出现故障的连接。

（2）生成树中的根桥是一个逻辑的中心，用于监视整个网络的通信；最好不要让设备自动选择使用哪一个网桥作为根桥。

（3）STP 的重新计算是烦琐的。正确地配置主机端口连接可以避免重新计算，此时推荐使用 RSTP。

（4）STP 可以有效地抑制广播风暴，可使网络的稳定性、可靠性、安全性大大提高。

3.1.2 二层环路产生的问题

1. 广播风暴

根据交换机的转发原则，默认情况下，交换机对网络中生成的广播帧不进行过滤。如果交换机从一个端口上接收到的是一个广播帧，或者是一个目的 MAC 地址未知的单播帧，则会将这个帧向除源端口之外的所有其他端口转发。如果交换网络中有环路，则这个帧会被无限转发，此时便会形成广播风暴，网络中也会充斥着重复的数据帧。

广播风暴示意如图 3.2 所示。主机 PC1 向外发送了一个单播帧，假设此单播帧的目的 MAC 地址暂时不存在于网络中所有交换机的 MAC 地址表中。SW1 接收到此帧后，将其转发到 SW2 和 SW3，SW2 和 SW3 也会将此帧转发到除接收此帧的其他所有端口，导致此帧被再次转发给 SW1，这种循环会一直持续，于是便产生了广播风暴，交换机性能会因此急速下降，业务也会因此中断。

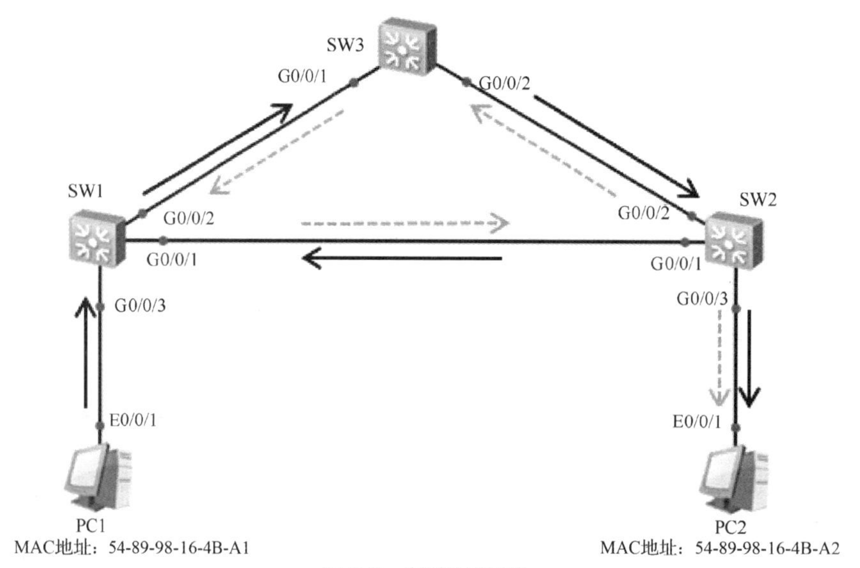

图 3.2 广播风暴示意

2. MAC 地址表不稳定

交换机是根据接收到的数据帧的源地址和接收端口生成 MAC 地址表项的。当一个相同帧的副本被一台交换机的两个不同端口接收时，会导致设备反复刷新 MAC 地址表。如果交换机将资源都消耗在复制不稳定的 MAC 地址表上，则其数据转发功能会被削弱。

MAC 地址表不稳定示意如图 3.3 所示。主机 PC1 向外发送一个单播帧，假设此单播帧的目的 MAC 地址暂时不存在于网络中所有交换机的 MAC 地址表中，SW1 接收到此帧后，在 MAC 地址表中生成一个 MAC 地址表项（54-89-98-16-4B-A1），对应端口为 G0/0/3，并将其从 G0/0/1 和 G0/0/2 端口转发出去。本例仅以 SW1 从 G0/0/2 端口转发此帧进行说明。当 SW3 接收到此帧后，由于它的 MAC 地址表中没有对应的此帧目的 MAC 地址的表项，因此 SW3 会将此帧从 G0/0/2 端口转发出去。SW2 接收到此帧后，由于它的 MAC 地址表中也没有对应此帧的目的 MAC 地址的表项，因此 SW2 会将此帧从 G0/0/1 端口发送回 SW1，并会转发给主机 PC2。SW1 从 G0/0/1 端口接收到此数据帧之后，会在 MAC 地址表中删除原有的相关表项，生成一个新的 MAC 地址表项（54-89-98-16-4B-A1），对应端口为 G0/0/1。此过程会不断重复，从而导致 MAC 地址表不稳定。

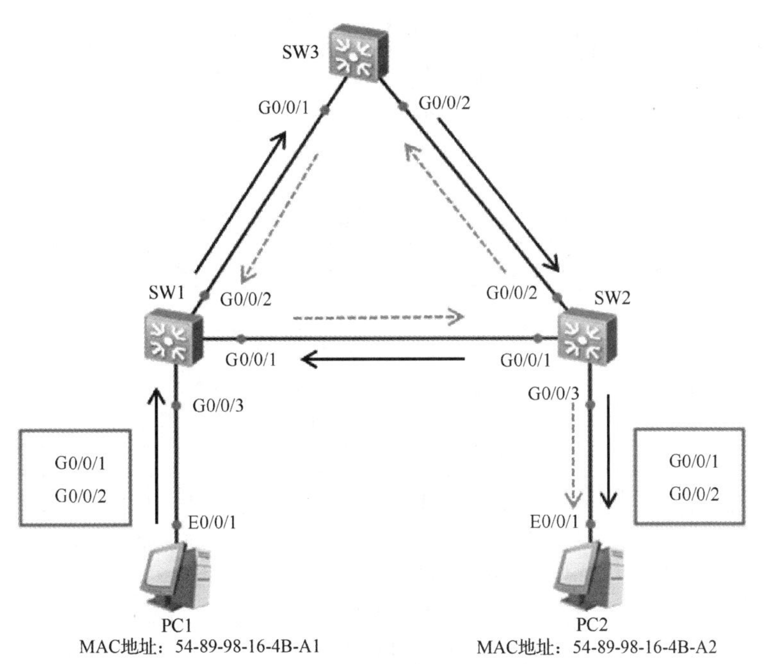

图 3.3　MAC 地址表不稳定示意

3.1.3　STP 基本概念

在以太网中，二层环路会带来广播风暴、MAC 地址表不稳定等问题。交换网络中的环路问题可由 STP 来解决。

STP 用于在局域网中消除数据链路层的物理环路。运行 STP 的设备通过彼此的交互信息发现网络中的环路，并有选择地对某些端口进行阻塞，最终将环路网络结构修剪成无环路的树形网络结构，从而防止报文在环路网络中不断增生和无限循环，避免设备重复接收相同的报文而导致报文处理能力下降。

STP 的主要作用如下。

（1）消除环路：通过阻断冗余链路来消除网络中可能存在的环路。

（2）链路备份：当活动路径发生故障时，激活备份链路，以便及时恢复网络。

STP 本身比较小，并不像路由协议那样广为人知。但是它掌管着端口的转发“权限”。特别是和其他协议一起运行的时候，STP 有可能阻断其他协议的报文通路，造成种种奇怪的现象。STP 和其他协议一样，是随着网络的发展而不断更新换代的。在 STP 的发展过程中，其缺陷不断被克服，新的特性不断被开发出来。

STP 的生成过程如下。首先，进行根桥的选择。在一个网络中，桥 ID 最小的网桥将变为根桥，整个生成树网络中只有一个根桥，根桥的主要职责是定期发送配置信息。其次，在此基础上计算每个节点到根桥的路径，并由这些路径得到各冗余链路的开销，选择开销最小的冗余链路作为通信路径，其他的作为备份路径。

1. BPDU

STP 采用的协议报文是桥协议数据单元（Bridge Protocol Data Unit，BPDU），也称为配置消息，它是一种 STP 问候数据包，可以被间隔地发出，用来在网络的网桥间进行信息交换。BPDU 是运行 STP 的交换机之间交换的消息帧，其中包含 STP 所需的路径和优先级信息，STP 利用这些信息来确定根桥以及到根桥的路径，即网络的拓扑结构。

当一个网桥开始变为活动网桥时，它的每个端口都是每 2s 发送一个 BPDU 报文。然而，如果一个端口接收到另外一个网桥发送的 BPDU，而这个 BPDU 比它正在发送的 BPDU 更优，则本地端口会停止发送 BPDU 报文。如果一段时间（默认为 20s）后它不再接收到更优的 BPDU，则本地端口会再次发送 BPDU 报文。BPDU 报文格式及字段说明如表 3.1 所示。

表 3.1　BPDU 报文格式及字段说明

字段	字节数	说明
Protocol Identifier（协议 ID）	2	该值总为 0
Protocol Version（协议版本）	1	STP（IEEE 802.1d，传统生成树），值为 0; RSTP（IEEE 802.1w，快速生成树），值为 2; MSTP（IEEE 802.1s，多生成树），值为 3
Message Type（消息类型）	1	指示当前 BPDU 报文消息类型: 0x00 为配置 BPDU（Configuration BPDU），负责建立、维护 STP 拓扑; 0x80 为 TCN BPDU（Topology Change Notification BPDU），负责传输拓扑变更信息
Flags（标志）	1	最低位=拓扑变化（Topology Change，TC）标志，最高位=拓扑变化确认（Topology Change Acknowledgement，TCA）标志
Root Identifier（根 ID）	8	指示当前根桥的 RID（即“根 ID”），由 2 字节的桥优先级（Bridge Priority）和 6 字节的 MAC 地址构成
Root Path Cost（根路径开销）	4	指示发送该 BPDU 报文的端口累积到根桥的开销
Bridge Identifier（桥 ID）	8	指示发送该 BPDU 报文的交换设备的 BID（即“发送者 BID”），也由 2 字节的桥优先级和 6 字节的 MAC 地址构成
Port Identifier（端口 ID）	2	指示发送该 BPDU 报文的端口 ID，即“发送端口 ID”
Message Age（消息存活时间）	2	指示该 BPDU 报文的存活时间，即端口保存 BPDU 的最长时间，过期后会将其删除，要在这个存活时间内转发才有效。如果配置 BPDU 直接来自根桥，则 Message Age 为 0；如果是其他桥转发的，则 Message Age 是从根桥发送到当前桥接收到 BPDU 的总时间，包括传输时延等。实际实现中，配置 BPDU 报文每经过一个桥，Message Age 就增加 1
Max Age（最大存活时间）	2	指示 BPDU 报文的最大存活时间，即老化时间
Hello Time（Hello 消息定时器）	2	指示发送两个相邻 BPDU 报文的时间间隔，根桥通过不断发送 STP 维持自己的地位，Hello Time 发送的是间隔时间，默认时间为 2s
Forward Delay（转发时延）	2	指示控制 Listening 和 Learning 状态的持续时间，表示在拓扑结构改变后，交换机在发送数据包前维持在 Listening 和 Learning 状态的时间

为了计算生成树，交换机之间需要交换相关的信息和参数，这些信息和参数被封装在 BPDU 报文中。BPDU 报文有两种消息类型：配置 BPDU 和 TCN BPDU。

（1）配置 BPDU 包含桥 ID、路径开销和端口 ID 等参数，其大小不超过 35 字节。STP 通过在交换机之间传递配置 BPDU 来选择根交换机，以及确定每个交换机端口的角色和状态。在初始化过程中，每个桥都会主动发送配置 BPDU。在网络拓扑结构稳定以后，只有根桥会主动发送配置 BPDU，其他交换机只有在接收到上游传来的配置 BPDU 后，才会发送自己的配置 BPDU。

（2）TCN BPDU 是指下游交换机感知到拓扑发生变化时向上游发送的拓扑变化通知，其大小不超过 4 字节。

2. 桥 ID

桥 ID 由桥优先级（2 字节）和网桥的 MAC 地址（6 字节）组成，共 8 字节，优先级取值范围为 0～

65535，默认值为 32768。

3. 根桥

根据桥 ID 选择根桥，一个网络中桥 ID 最小的网桥将成为根桥。如果有多个桥 ID 最小的网桥，则先比较它们的优先级，优先级数值较小者成为根桥；如果优先级相等，则比较 MAC 地址，MAC 地址较小者成为根桥。可以通过执行 show stp 命令来查看网络中的根桥。

交换机启动后就自动开始进行生成树收敛计算。默认情况下，所有交换机在启动时都认为自己是根桥，自己的所有端口都为指定端口，这样 BPDU 报文就可以通过所有端口转发。对端交换机收到 BPDU 报文后，会比较 BPDU 中的根桥 ID 和自己的桥 ID。如果收到的 BPDU 报文中的桥优先级更低，则接收交换机会继续通告自己的配置 BPDU 报文给邻居交换机；如果收到的 BPDU 报文中的桥优先级更高，则交换机会修改自己的 BPDU 报文的根桥 ID 字段，成为新的根桥。如图 3.4 所示，因为交换机默认优先级均为 32768，而交换机 SW1 的 MAC 地址最小，所以最终选择交换机 SW1 为根交换机。如果生成树网络中的根桥发生了故障，则其他交换机中优先级最高的交换机会被选为新的根桥；如果原来的根桥被激活，则网络会根据桥 ID 重新选择新的根桥。

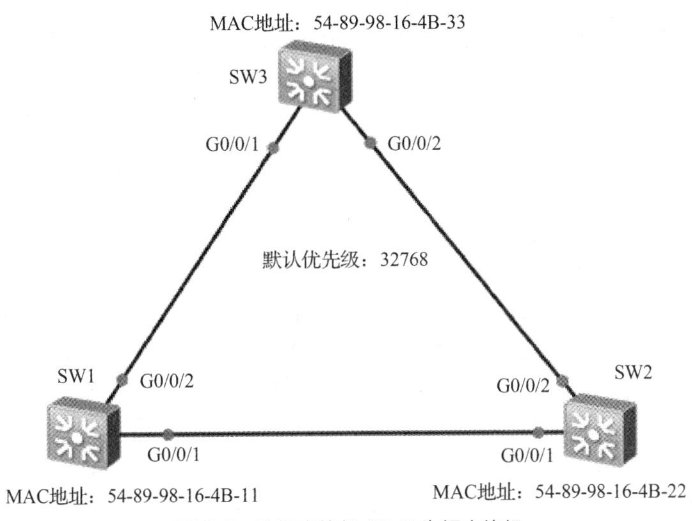

图 3.4　选择交换机 SW1 为根交换机

4. 端口 ID

运行 STP 交换机的每个端口都有一个端口 ID，端口 ID 由端口优先级和端口号构成。端口优先级的取值范围是 0～240，步长为 16，即取值必须为 16 的整数倍。默认情况下，端口优先级是 128。端口 ID 可以用来确定端口角色。

5. 端口开销与路径开销

交换机的每个端口都有一个端口开销（Port Cost）参数，此参数表示端口在 STP 中的开销值。默认情况下，端口的开销和端口的带宽有关，带宽越大，开销越小。从一个非根桥到达根桥的路径可能有多条，每一条路径都有一个总的开销值，此开销值是该路径上所有接收 BPDU 端口（即 BPDU 报文的入方向端口）的端口开销总和，称为路径开销。非根桥通过对比多条路径的路径开销，选出到达根桥的最短路径[这条最短路径的路径开销被称为根路径开销（Root Path Cost，RPC）]，并生成无环树形网络，根桥的根路径开销是 0。一般情况下，交换机支持多种 STP 的路径开销计算标准，提供最大程度的兼容性。默认情况下，思科交换机使用 IEEE 802.1t 标准来计算路径开销。

6. 端口角色

STP 通过构造一棵树来消除交换网络中的环路。每个 STP 网络中都存在一台作为根桥的交换机，其他交换机为非根桥。根桥或者根交换机位于整个逻辑树的根部，是 STP 网络的逻辑中心；非根桥是根桥的下游设备。当现有根桥产生故障时，非根桥之间会交互信息并重新选择根桥，交互的信息被称为 BPDU。BPDU 中包含交换机在参加生成树计算时的各种参数信息，前面对此已经进行了详细介绍。

STP 中定义了 3 种端口角色：根端口（Root Port，RP）、指定端口（Designated Port，DP）和替代端口（Alternate Port，AP）。

（1）根端口

每个非根桥都要选择一个根端口。根端口是距离根桥最近的端口，这个距离的衡量标准是路径开销，即路径开销最小的端口就是根端口。端口收到一个 BPDU 报文后，抽取该 BPDU 报文中根路径开销字段的值，加上该端口本身的端口开销即本端口路径开销。如果有两个或两个以上的端口计算得到的累计路径开销相同，那么选择收到发送者桥 ID 最小的那个端口作为根端口；如果有两个或两个以上的端口连接到了同一台交换机上，则选择发送端口 ID 最小的那个端口作为根端口；如果有两个或两个以上的端口通过 Hub 连接到了同一台交换机的同一个端口上，则选择该交换机的这些端口中的端口 ID 最小的那个端口作为根端口。

根端口是非根交换机去往根桥路径最优的端口，处于 Forwarding 状态。在一个运行 STP 的交换机上最多只有一个根端口，但根桥上没有根端口。选择根端口的依据顺序如下。

① 根路径开销最小。

② 发送者桥 ID 最小。

③ 发送端口 ID 最小。

（2）指定端口

在网段上抑制其他端口（无论是本设备的还是其他设备的）发送 BPDU 报文的端口就是该网段的指定端口。每个网段都应该有一个指定端口，根桥的所有端口都是指定端口（除非根桥在物理上存在环路）。指定端口的选择是首先比较端口的累计路径开销，累计路径开销最小的端口就是指定端口；如果累计路径开销相同，则比较端口所在交换机的桥 ID，所在桥 ID 最小的端口为指定端口；如果通过累计路径开销和所在桥 ID 选不出指定端口，则比较端口 ID，端口 ID 最小的为指定端口。

网络收敛后，只有指定端口和根端口可以转发数据。其他端口为预备端口，会被阻塞，不能转发数据，只能从所联网段的指定交换机处接收到 BPDU 报文，并以此来监视链路的状态。指定端口是交换机向所联网段转发配置 BPDU 的端口。每个网段有且只能有一个指定端口，用于转发所联网段的数据。一般情况下，根桥的每个端口总是指定端口。选择指定端口的依据顺序如下。

① 根路径开销最小。

② 所在交换机的桥 ID 最小。

③ 发送端口 ID 最小。

（3）替代端口

如果一个端口既不是指定端口又不是根端口，则此端口为替代端口。替代端口将被阻塞，不向所联网段转发任何数据。只有当主链路发生故障时，才会启用备份链路，启用替代端口来替代根端口，以保障网络通信正常。

如图 3.5 所示，因为交换机 SW1 为根交换机，所以交换机 SW1 的 G0/0/1 端口与 G0/0/2 端口被选为指定端口；交换机 SW2 的 G0/0/1 端口被选为根端口，G0/0/2 端口被选为指定端口；交换机 SW3 的 G0/0/1 端口被选为根端口，G0/0/2 端口被选为替代端口。交换机 SW2 与交换机 SW3 之间的链路在逻辑上处于断开状态，这样就将交换环路变成了逻辑上的无环拓扑结构。只有当主链路发生故障时，才会启用备份链路。

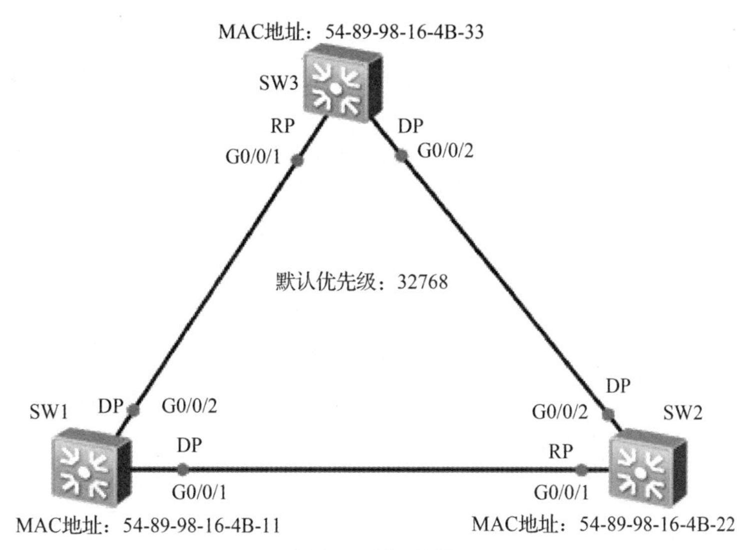

图 3.5　端口选择

7. 端口状态

STP 端口有 5 种状态，具体情况如下。

（1）Blocking（阻塞）状态。处于这种状态的二层端口为非指定端口，不会参与数据帧的转发。该端口通过接收 BPDU 来判断根交换机的位置和根 ID，以及在 STP 拓扑收敛结束之后，各交换机端口应该处于什么状态。在默认情况下，端口会在这种状态下停留 20s。

（2）Listening（侦听）状态。当端口处于这种状态时，生成树已经根据交换机接收到的 BPDU 报文判断出了这个端口应该参与数据帧的转发。于是交换机端口将不再满足于接收 BPDU 报文，而开始发送自己的 BPDU，并以此通告邻居交换机该端口会在活动拓扑中参与转发数据帧的工作。在默认情况下，端口会在这种状态下停留 15s。

（3）Learning（学习）状态。处于这种状态的二层端口准备参与数据帧的转发，并开始填写 MAC 地址表。在默认情况下，端口会在这种状态下停留 15s。

（4）Forwarding（转发）状态。处于这种状态的二层端口已经成为活动拓扑的一个组成部分，它会转发数据帧，并同时收发 BPDU。

（5）Disabled（禁用）状态。处于这种状态的二层端口不会参与生成树，也不会转发数据帧。

STP 端口功能描述如表 3.2 所示。

表 3.2　STP 端口功能描述

端口状态	端口功能描述
Blocking	不接收或者转发数据，接收但不发送 BPDU 报文，不进行地址学习
Listening	不接收或者转发数据，接收并发送 BPDU 报文，不进行地址学习
Learning	不接收或者转发数据，接收并发送 BPDU 报文，开始进行地址学习
Forwarding	接收或者转发数据，接收并发送 BPDU 报文，进行地址学习
Disabled	不收发任何数据帧

8. STP 拓扑变化

在稳定的 STP 拓扑中，非根桥会定期收到来自根桥的 BPDU。如果根桥发生了故障，停止发送 BPDU 报文，则下游交换机会无法收到来自根桥的 BPDU 报文。如果下游交换机一直收不到 BPDU 报文，则 Max Age 定时器会超时（Max Age 的默认值为 20s），从而导致已经收到的 BPDU 报文失效。此时，非根交换机会互相发送配置 BPDU 报文，重新选择新的根桥。根桥出现故障后需要 50s 左右的恢复时间，恢复时间约等于 Max Age 加上两倍的 Forward Delay 收敛时间。

在交换网络中，交换机依赖 MAC 地址表转发数据帧。默认情况下，MAC 地址表项的老化时间是 300s。如果生成树拓扑发生变化，则交换机转发数据的路径会随之发生变化，此时 MAC 地址表中未及时老化的表项会导致数据转发错误，因此在拓扑发生变化后需要及时更新 MAC 地址表项。

在拓扑变更过程中，根桥通过 TCN BPDU 报文获知生成树拓扑发生了故障。根桥生成拓扑变化通知来通知其他交换机加速老化现有的 MAC 地址表项，如图 3.6 所示。

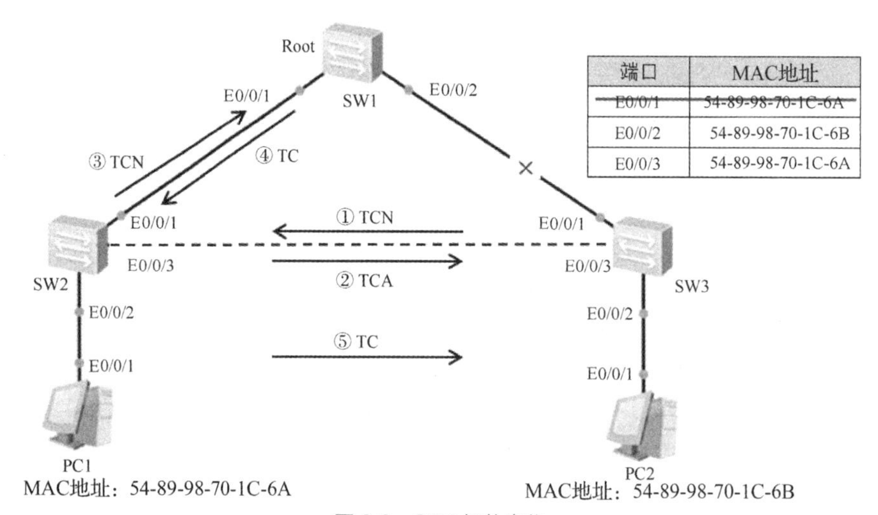

图 3.6　STP 拓扑变化

拓扑变更和 MAC 地址表项更新的具体过程如下。

（1）交换机 SW3 感知到网络拓扑发生变化后，会不间断地向交换机 SW2 发送 TCN BPDU 报文。

（2）交换机 SW2 收到交换机 SW3 发来的 TCN BPDU 报文后，会把配置 BPDU 报文中的 Flags 的 TCA 位设置为 1，然后发送给交换机 SW3，告知交换机 SW3 停止发送 TCN BPDU 报文。

（3）交换机 SW2 向根桥交换机 SW1 转发 TCN BPDU 报文。

（4）根桥交换机 SW1 把配置 BPDU 报文中的 Flags 的 TC 位设置为 1 并对其进行发送，通知下游设备把 MAC 地址表项的老化时间由默认的 300s 修改为 Forward Delay 的时间（默认为 15s）。

（5）最多等待 15s，交换机 SW3 中的错误 MAC 地址表项会被自动清除。此后，交换机 SW3 就能重新开始进行 MAC 地址表项的学习及转发操作。

任务实施

V3-1　配置 STP

思科交换机支持两种 STP 模式，即 pvst、rapid-pvst。可以使用 spanning-tree mode { pvst | rapid-pvst}命令配置交换机的 STP 模式。默认情况下，思科交换机工作在 pvst 模式下。配置 STP，进行网络拓扑连接，如图 3.7 所示，配置交换机 SW1、SW2、SW3，并设置交换机 SW1 的优先级为 4096，其他交换机的优先级使用默认配置。

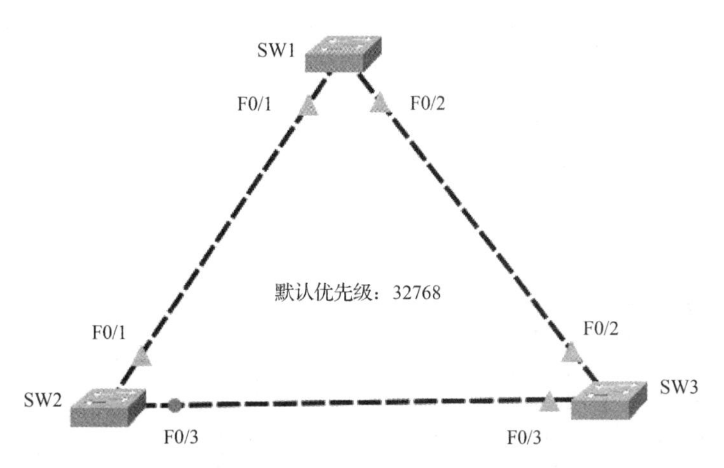

图 3.7　配置 STP

（1）配置交换机 SW1、SW2、SW3，交换机 SW2、SW3 的配置与交换机 SW1 的类似，此处不赘述。以交换机 SW1 为例，相关实例代码如下。

```
Switch>enable
Switch#terminal   no   monitor
Switch#conf   t
Switch(config)#hostname   SW1
SW1(config)#spanning-tree    mode   ?
  pvst          Per-Vlan spanning tree mode
  rapid-pvst   Per-Vlan rapid spanning tree mode
SW1(config)#spanning-tree    mode   pvst                    //配置 STP 模式
SW1(config)#spanning-tree   vlan   1   priority   4096          //配置优先级
SW1(config)#int    f 0/1
SW1(config-if)#switchport   mode    trunk
SW1(config-if)#switchport   trunk   allowed   vlan   all
SW1(config-if)#switchport   mode   trunk
SW1(config-if)#switchport   trunk   allowed    vlan    all
SW1(config-if)#end
SW1#wr
Building configuration...
[OK]
SW1#
```

（2）查看交换机 SW1 的 STP 的运行状态。执行 show　spanning-tree 和 show　spanning-tree detail 命令可以看到交换机 SW1 被选为根桥，F0/1、F0/2 端口均处于 Forwarding 状态，相关实例代码如下。

```
SW1#show   spanning-tree
VLAN0001
  Spanning tree enabled protocol ieee
  Root ID      Priority     4097
               Address       0001.9677.5BD0
               This bridge is the root
               Hello Time   2 sec   Max Age 20 sec   Forward Delay 15 sec
  Bridge ID   Priority      4097   (priority 4096 sys-id-ext 1)
               Address       0001.9677.5BD0
```

```
              Hello Time       2 sec     Max Age 20 sec   Forward Delay 15 sec
              Aging Time       20
Interface            Role      Sts       Cost        Prio.Nbr  Type
---------------- ---- --- --------- -------- --------------------------------
Fa0/2                Desg      FWD       19          128.2     P2p
Fa0/1                Desg      FWD       19          128.1     P2p
SW1#
SW1#show spanning-tree    detail
VLAN0001 is executing the ieee compatible Spanning Tree Protocol
  Bridge Identifier has priority of 4096, sysid 1, 0001.9677.5BD0
  Configured hello time 2, max age 20, forward delay 15
  We are the root of the spanning tree
  Topology change flag not set, detected flag not set
  Number of topology changes 0 last change occurred 00:00:00 ago
        from FastEthernet 0/1
  Times:  hold 1, topology change 35, notification 2
          hello 2, max age 20, forward delay 15
  Timers: hello 0, topology change 0, notification 0, aging 300
Port 1 (FastEthernet 0/1) of VLAN0001 is designated forwarding
  Port path cost 19, Port priority 128, Port Identifier 128.1
  Designated root has priority 4097, address 0001.9677.5BD0
  Designated bridge has priority 4097, address 0001.9677.5BD0
  Designated port id is 128.1, designated path cost 19
  Timers: message age 16, forward delay 0, hold 0
  Number of transitions to forwarding state: 1
  Link type is point-to-point by default
Port 2 (FastEthernet 0/2) of VLAN0001 is designated forwarding
  Port path cost 19, Port priority 128, Port Identifier 128.2
  Designated root has priority 4097, address 0001.9677.5BD0
  Designated bridge has priority 4097, address 0001.9677.5BD0
  Designated port id is 128.2, designated path cost 19
  Timers: message age 16, forward delay 0, hold 0
  Number of transitions to forwarding state: 1
  Link type is point-to-point by default
SW1#
```

（3）查看交换机 SW2 的 STP 的运行状态。执行 show spanning-tree 和 show spanning-tree detail 命令可以看到交换机 SW2 被选为非根桥，F0/1 端口为 Forwarding 状态，F0/3 端口为 Alternate Blocking 状态，相关实例代码如下。

```
SW2#show  spanning-tree
VLAN0001
  Spanning tree enabled protocol ieee
  Root ID    Priority     4097
             Address        0001.9677.5BD0
             Cost          19
             Port          1(FastEthernet 0/1)
             Hello Time   2 sec   Max Age 20 sec   Forward Delay 15 sec
  Bridge ID  Priority     32769   (priority 32768 sys-id-ext 1)
             Address        00E0.B075.37BB
```

```
            Hello Time   2 sec   Max Age 20 sec   Forward Delay 15 sec
            Aging Time   20
Interface         Role   Sts    Cost          Prio.Nbr Type
---------------- ---- --- --------- -------- --------------------------------
Fa0/1             Root   FWD   19            128.1     P2p
Fa0/3             Altn   BLK   19            128.3     P2p
SW2#show  spanning-tree  detail
VLAN0001 is executing the ieee compatible Spanning Tree Protocol
  Bridge Identifier has priority of 32768, sysid 1, 00E0.B075.37BB
  Configured hello time 2, max age 20, forward delay 15
  Current root has priority 4097
  Root port is 1 (FastEthernet 0/1), cost of root path is 19
  Topology change flag not set, detected flag not set
  Number of topology changes 0 last change occurred 00:00:00 ago
        from FastEthernet 0/1
  Times:  hold 1, topology change 35, notification 2
          hello 2, max age 20, forward delay 15
  Timers: hello 0, topology change 0, notification 0, aging 300
Port 1 (FastEthernet 0/1) of VLAN0001 is root forwarding
  Port path cost 19, Port priority 128, Port Identifier 128.1
  Designated root has priority 4097, address 0001.9677.5BD0
  Designated bridge has priority 4097, address 0001.9677.5BD0
  Timers: message age 16, forward delay 0, hold 0
  Number of transitions to forwarding state: 1
  Link type is point-to-point by default
Port 3 (FastEthernet 0/3) of VLAN0001 is alternate blocking
  Port path cost 19, Port priority 128, Port Identifier 128.3
  Designated root has priority 4097, address 0001.9677.5BD0
  Designated bridge has priority 32769, address 0010.11B8.6081
  Timers: message age 16, forward delay 0, hold 0
  Number of transitions to forwarding state: 1
  Link type is point-to-point by default
SW2#
```

（4）查看交换机 SW3 的 STP 的运行状态。执行 show spanning-tree 和 show spanning-tree detail 命令可以看到交换机 SW3 被选为非根桥，F0/2、F0/3 端口均为 Forwarding 状态，相关实例代码如下。

```
SW3#show  spanning-tree
VLAN0001
  Spanning tree enabled protocol ieee
  Root ID     Priority     4097
              Address        0001.9677.5BD0
              Cost          19
              Port         2(FastEthernet 0/2)
              Hello Time   2 sec   Max Age 20 sec   Forward Delay 15 sec
  Bridge ID   Priority     32769   (priority 32768 sys-id-ext 1)
              Address        0010.11B8.6081
              Hello Time   2 sec   Max Age 20 sec   Forward Delay 15 sec
              Aging Time   20
```

```
Interface        Role    Sts    Cost       Prio.Nbr Type
---------------- ---- --- --------- -------- --------------------------------
Fa0/2            Root   FWD  19        128.2    P2p
Fa0/3            Desg  FWD  19        128.3    P2p
SW3#show  spanning-tree  detail
VLAN0001 is executing the ieee compatible Spanning Tree Protocol
  Bridge Identifier has priority of 32768, sysid 1, 0010.11B8.6081
  Configured hello time 2, max age 20, forward delay 15
  Current root has priority 4097
  Root port is 2 (FastEthernet 0/2), cost of root path is 19
  Topology change flag not set, detected flag not set
  Number of topology changes 0 last change occurred 00:00:00 ago
          from FastEthernet 0/1
  Times:  hold 1, topology change 35, notification 2
          hello 2, max age 20, forward delay 15
  Timers: hello 0, topology change 0, notification 0, aging 300
Port 2 (FastEthernet 0/2) of VLAN0001 is root forwarding
  Port path cost 19, Port priority 128, Port Identifier 128.2
  Designated root has priority 4097, address 0001.9677.5BD0
  Designated bridge has priority 4097, address 0001.9677.5BD0
  Timers: message age 16, forward delay 0, hold 0
  Number of transitions to forwarding state: 1
  Link type is point-to-point by default
Port 3 (FastEthernet 0/3) of VLAN0001 is designated forwarding
  Port path cost 19, Port priority 128, Port Identifier 128.3
  Designated root has priority 4097, address 0001.9677.5BD0
  Designated bridge has priority 32769, address 0010.11B8.6081
  Designated port id is 128.3, designated path cost 19
  Timers: message age 16, forward delay 0, hold 0
  Number of transitions to forwarding state: 1
  Link type is point-to-point by default
SW3#
```

任务 3.2 RSTP 配置

任务描述

某公司的网络已经运行了一段时间，作为该公司的网络工程师，小李发现网络的收敛时间有些长，大约需要 1min，于是小李决定配置 RSTP 来解决网络的收敛时间问题，那么小李该如何配置 RSTP 呢?

知识准备

3.2.1 RSTP 概述

STP 由 IEEE 802.1d 定义，RSTP 由 IEEE 802.1w 定义，RSTP 在网络结构发生变化时，能更快地收敛网络。RSTP 比 STP 多了一种端口类型：备份端口（Backup Port，BP），用来做指定端口的备份。RSTP 是从 STP 发展过来的，它们的实现思想基本一致，但 RSTP 更进一步地解决了网络临时失去连通性的问题。RSTP 规定在某些情况下，处于 Blocking 状态的端口不必经历两倍的 Forward Delay 而可以直接进入 Forwarding 状态。如网络边缘端口（即直接与终端相连的端口）不接收配置 BPDU 报文，不参与 RSTP 运算，可以由 Disabled 状态直接转换到 Forwarding 状态，不需要任何时延，如图 3.8 所示。但是，一旦边缘端口收到配置 BPDU 报文，就会丧失边缘端口属性，成为普通 STP 端口，并重新进行生成树计算；或者网桥旧的根端口已经进入 Blocking 状态，新的根端口连接的对端网桥的指定端口仍处于 Forwarding 状态，那么新的根端口可以立即进入 Forwarding 状态。IEEE 802.1w 规定 RSTP 的收敛时间可达到 1s，而 IEEE 802.1d 规定 STP 的收敛时间大约为 50s。

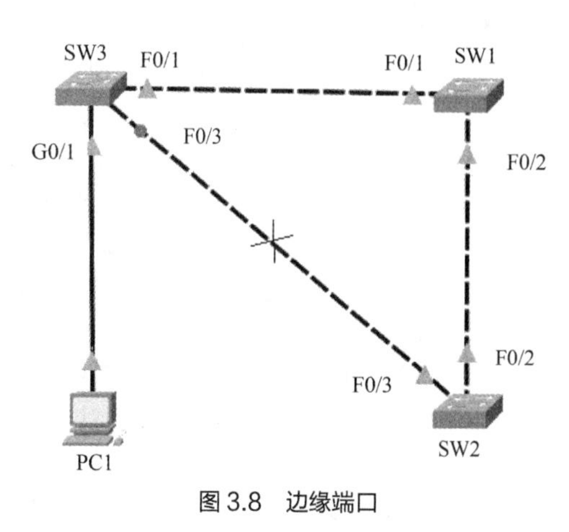

图 3.8　边缘端口

配置图 3.8 中的交换机 SW3，相关实例代码如下。

```
Switch>enable
Switch(config)#hostname   SW3
SW3(config)#int   g 0/1
Switch(config-if)#spanning-tree   portfast   default            //配置为边缘端口
SW3(config-if)#end
SW3#
```

3.2.2　RSTP 基本概念

STP 能够提供无环网络，但是收敛速度较慢。如果 STP 网络的拓扑结构频繁变化，那么网络会随之频繁地失去连通性，从而导致用户通信频繁中断。RSTP 使用 P/A（Proposal/Agreement）机制保证链路间能及时协商，从而有效避免收敛计时器在生成树收敛前超时。运行 RSTP 的交换机使用两个不同的端口角色来实现冗余备份。当到根桥的当前路径发生故障时，作为根端口的备份端口，替代端口提供了从一台交换机到根桥的一条可切换路径。作为指定端口的备份端口，备份端口提供了一条从根桥到相应局域网网段的备份路径。当一台交换机和一个共享媒介设备（如 Hub）建立了两个或多个连接时，可以使用备份端口。同样，当交换机上的两个或多个端口和同一个局域网网段连接时，也可以使用备份端口，如图 3.9 所示。

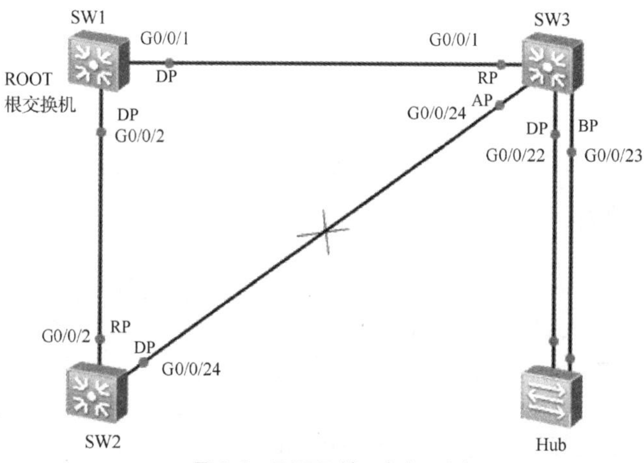

图 3.9　RSTP 端口角色示例

1. RSTP 收敛过程

RSTP 收敛遵循 STP 的基本原理。在网络初始化时，网络中所有的 RSTP 交换机都认为自己是根桥，自己的所有端口都为指定端口。此时，端口为 Discarding 状态。每个认为自己是根桥的交换机都会生成一个 RST BPDU 报文来协商指定网段的端口状态，此 RST BPDU 报文的 Flags 字段中的 Proposal 位需要置位。当一个端口收到 RST BPDU 报文时，此端口会比较收到的 RST BPDU 报文和本地的 RST BPDU 报文。如果本地的 RST BPDU 报文中的桥优先级高于接收到的 RST BPDU 报文中的桥优先级，则端口会丢弃接收到的 RST BPDU 报文，并发送 Proposal 置位的本地 RST BPDU 报文来回复对端设备。

交换机使用同步机制来实现端口角色的协商管理。当收到 Proposal 置位且交换机优先级高的 BPDU 报文时，接收交换机必须设置所有下游指定端口为 Discarding 状态。如果下游指定端口是替代端口或者边缘端口，则端口状态保持不变。当确认下游指定端口转换为 Discarding 状态后，相关设备发送 RST BPDU 回复上游交换机发送的 Proposal 消息。在此过程中，端口已经确认为根端口，因此在 RST BPDU 报文的 Flags 字段中设置了 Agreement 标记位和根端口角色。在 P/A 进程的最后阶段，上游交换机收到 Agreement 置位的 RST BPDU 报文后，指定端口立即从 Discarding 状态转换为 Forwarding 状态；此后，下游网段开始使用同样的 P/A 进程协商端口角色。在 RSTP 中，如果交换机的端口在连续 3 次 Hello Time 规定的时间间隔内都没有收到上游交换机发送的 RST BPDU 报文，则会确认本地端口与对端端口通信失败，从而需要重新进行 RSTP 的计算来确定交换机及端口的角色。

RSTP 是可以与 STP 实现后向兼容的，但在实际操作中，并不推荐这样做，原因是 RSTP 会失去其快速收敛的优势，而 STP 慢速收敛的缺点会暴露出来。当同一个网段中既有 STP 交换机又有 RSTP 交换机时，STP 交换机会忽略接收到的 RST BPDU 报文；而 RSTP 交换机在某端口上接收到 STP BPDU 报文时，会在等待两个 Hello Time 规定的时间间隔之后，把自己的端口转换到 STP 模式，此后 RSTP 交换机便发送 STP BPDU 报文，这样就实现了兼容性操作。

2. 端口角色

RSTP 根据端口在活动拓扑中的作用，定义了 5 种端口角色：根端口、指定端口、替代端口、备份端口和禁用端口（Disabled Port）。根端口和指定端口这两个角色在 RSTP 中被保留，阻塞端口被分为备份端口和替代端口这两个角色。生成树算法（Spanning Tree Algorithm，STA）使用 BPDU 来决定端口的角色，端口类型也是通过比较端口中保存的 BPDU 来确定其优先级的。

（1）根端口

非根桥收到最优的 BPDU 配置信息的端口为根端口，即到根桥开销最小的端口为根端口，这个定义和 STP 根端口的定义相似。

（2）指定端口

与 STP 一样，每个以太网网段内必须有一个指定端口。

（3）替代端口

如果一个端口收到另外一个网桥的更好的但不是最好的 BPDU，那么这个端口为替代端口。当根端口发生故障后，替代端口将成为根端口。

（4）备份端口

如果一个端口收到同一个网桥的更好的 BPDU，那么这个端口为备份端口。只有当两个端口被一个点到点链路的环路连接在一起时，或者当一台交换机有两个或多个到共享局域网段的连接时，备份端口才能存在。当指定端口发生故障后，备份端口将成为指定端口。

（5）禁用端口

禁用端口在 RSTP 应用的网络运行中不充当任何角色。

3. 端口状态

STP 定义了 5 种不同的端口状态：Disabled、Blocking、Listening、Learning 和 Forwarding。从操作上看，Blocking 状态和 Listening 状态没有区别，都是丢弃数据帧且不学习 MAC 地址。当端口处于 Forwarding 状态时，无法知道该端口是根端口还是指定端口。

RSTP 中只有 3 种端口状态：Discarding（丢弃）、Learning 和 Forwarding。IEEE 802.1d 中的禁用端口、侦听端口、阻塞端口在 IEEE 802.1w 中被合并为禁用端口。

RSTP 端口功能描述如表 3.3 所示。

表 3.3 RSTP 端口功能描述

端口状态	端口功能描述
Discarding	既不转发用户流量也不学习 MAC 地址，不收发任何报文
Learning	不接收或者转发数据，接收并发送 BPDU 报文，开始进行地址学习
Forwarding	接收或者转发数据，接收并发送 BPDU 报文，进行地址学习

任务实施

V3-2 配置 RSTP

配置 RSTP，进行网络拓扑连接，如图 3.10 所示，配置交换机 SW1 为根交换机；配置交换机 SW2 为 VLAN 10 的根网桥，为 VLAN 20 的备用网桥；配置交换机 SW3 为 VLAN 20 的根网桥，为 VLAN 10 的备用网桥；在交换机 SW2、SW3 上修改 F0/24 端口的优先级，同时修改端口的开销值。

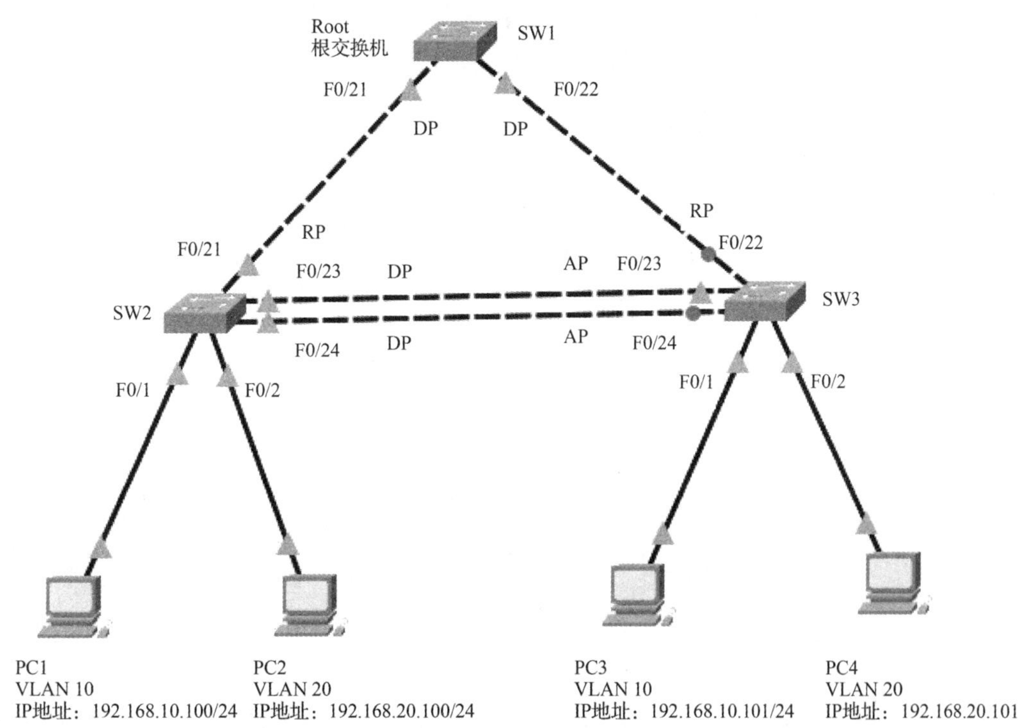

图 3.10 配置 RSTP

（1）配置交换机 SW1，使之成为根桥，设置交换机的优先级，相关实例代码如下。

```
Switch>enable
Switch#terminal   no   monitor
```

```
Switch#conf  t
Switch(config)#hostname  SW1
SW1(config)#vlan 10
SW1(config-vlan)#exit
SW1(config)#vlan  20
SW1(config-vlan)#exit
SW1(config)#spanning-tree  mode  rapid-pvst                    //配置 RSTP 模式
SW1(config)#spanning-tree  vlan  1,10,20  priority  4096       //配置优先级
SW1(config)#int  f 0/21
SW1(config-if)#switchport  mode  trunk
SW1(config-if)#switchport  trunk  allowed  vlan  all
SW1(config)#int  f 0/22
SW1(config-if)#switchport  mode  trunk
SW1(config-if)#switchport  trunk  allowed  vlan  all
SW1(config-if)#exit
SW1#
```

（2）配置交换机 SW2，相关实例代码如下。交换机 SW3 的配置与交换机 SW2 的相同，此处不赘述。

```
Switch>enable
Switch#terminal  no  monitor
Switch#conf  t
Switch(config)#hostname  SW2
SW2(config)#spanning-tree  mode  rapid-pvst
SW2(config)#spanning-tree  vlan  10  root  primary
SW2(config)#spanning-tree  vlan  20  root  secondary
SW2(config)#vlan  10
SW2(config-vlan)#exit
SW2(config)#vlan  20
SW2(config-vlan)#exit
SW2(config)#int  f 0/1
SW2(config-if)#switchport  access  vlan  10
SW2(config-if)#exit
SW2(config)#int  f 0/2
SW2(config-if)#switchport  access  vlan  20
SW2(config-if)#exit
SW2(config)#int  f 0/21
SW2(config-if)#switchport  mode  trunk
SW2(config-if)#switchport  trunk  allowed  vlan  all
SW2(config-if)#exit
SW2(config)#int  f 0/23
SW2(config-if)#switchport  mode  trunk
SW2(config-if)#switchport  trunk  allowed  vlan  all
SW2(config-if)#exit
SW2(config)#int  f 0/24
SW2(config-if)#switchport  mode  trunk
SW2(config-if)#switchport  trunk  allowed  vlan  all
SW2(config-if)#spanning-tree  vlan  10  cost  5                //配置端口的开销值为 5
SW2(config-if)#spanning-tree  vlan  10  port-priority  32      //配置端口优先级为 32
SW2(config-if)#end
```

```
SW2#
```

（3）查看 RSTP 的运行状态。执行 show　spanning-tree 命令可以看到各交换机端口角色及端口状态，相关实例代码如下。

```
SW1#show   spanning-tree
VLAN0001
  Spanning tree enabled protocol rstp
  Root ID     Priority     4097
              Address       0004.9AC0.23E7
              This bridge is the root
              Hello Time   2 sec   Max Age 20 sec   Forward Delay 15 sec
  Bridge ID   Priority     4097   (priority 4096 sys-id-ext 1)
              Address       0004.9AC0.23E7
              Hello Time        2 sec       Max Age 20 sec   Forward Delay 15 sec
              Aging Time       20
Interface             Role       Sts        Cost          Prio.Nbr      Type
---------------- ---- --- --------- -------- --------------------------------
Fa0/21                Desg       FWD        19            128.21        P2p
Fa0/22                Desg       FWD        19            128.22        P2p
VLAN0010
  Spanning tree enabled protocol rstp
  Root ID     Priority     4106
              Address       0004.9AC0.23E7
              This bridge is the root
              Hello Time   2 sec   Max Age 20 sec   Forward Delay 15 sec
  Bridge ID   Priority     4106   (priority 4096 sys-id-ext 10)
              Address       0004.9AC0.23E7
              Hello Time        2 sec       Max Age 20 sec   Forward Delay 15 sec
              Aging Time       20
Interface             Role       Sts        Cost          Prio.Nbr      Type
---------------- ---- --- --------- -------- --------------------------------
Fa0/21                Desg       FWD        19            128.21        P2p
Fa0/22                Desg       FWD        19            128.22        P2p
VLAN0020
  Spanning tree enabled protocol rstp
  Root ID     Priority     4116
              Address       0004.9AC0.23E7
              This bridge is the root
              Hello Time   2 sec   Max Age 20 sec   Forward Delay 15 sec
  Bridge ID   Priority     4116   (priority 4096 sys-id-ext 20)
              Address       0004.9AC0.23E7
              Hello Time   2 sec   Max Age 20 sec   Forward Delay 15 sec
              Aging Time   20
Interface             Role       Sts        Cost             Prio.Nbr   Type
---------------- ---- --- --------- -------- --------------------------------
Fa0/21                Desg       FWD        19               128.21     P2p
Fa0/22                Desg       FWD        19               128.22     P2p
SW1#

SW2#show   spanning-tree
```

```
VLAN0001
  Spanning tree enabled protocol rstp
  Root ID     Priority     4097
              Address      0004.9AC0.23E7
              Cost         19
              Port         21(FastEthernet 0/21)
              Hello Time  2 sec   Max Age 20 sec   Forward Delay 15 sec
  Bridge ID   Priority     32769   (priority 32768 sys-id-ext 1)
              Address      0002.16AD.24B4
              Hello Time       2 sec      Max Age 20 sec   Forward Delay 15 sec
              Aging Time       20
Interface           Role     Sts      Cost        Prio.Nbr      Type
---------------- ---- --- --------- -------- --------------------------------
Fa0/21              Root     FWD      19          128.21        P2p
Fa0/24              Desg     FWD      19          128.24        P2p
Fa0/23              Desg     FWD      19          128.23        P2p
VLAN0010
  Spanning tree enabled protocol rstp
  Root ID     Priority     4106
              Address      0004.9AC0.23E7
              Cost         19
              Port         21(FastEthernet 0/21)
              Hello Time  2 sec   Max Age 20 sec   Forward Delay 15 sec
  Bridge ID   Priority     24586   (priority 24576 sys-id-ext 10)
              Address      0002.16AD.24B4
              Hello Time  2 sec   Max Age 20 sec   Forward Delay 15 sec
              Aging Time  20
Interface           Role     Sts      Cost            Prio.Nbr  Type
---------------- ---- --- --------- -------- --------------------------------
Fa0/1               Desg     FWD      19              128.1     P2p
Fa0/21              Root     FWD      19              128.21    P2p
Fa0/24              Desg     FWD       5               32.24    P2p
Fa0/23              Desg     FWD      19              128.23    P2p
VLAN0020
  Spanning tree enabled protocol rstp
  Root ID     Priority     4116
              Address      0004.9AC0.23E7
              Cost         19
              Port         21(FastEthernet 0/21)
              Hello Time  2 sec   Max Age 20 sec   Forward Delay 15 sec
  Bridge ID   Priority     28692   (priority 28672 sys-id-ext 20)
              Address      0002.16AD.24B4
              Hello Time  2 sec   Max Age 20 sec   Forward Delay 15 sec
              Aging Time  20
Interface           Role     Sts      Cost            Prio.Nbr  Type
---------------- ---- --- --------- -------- --------------------------------
Fa0/2               Desg     FWD      19              128.2     P2p
Fa0/21              Root     FWD      19              128.21    P2p
Fa0/24              Desg     FWD      19              128.24    P2p
```

```
Fa0/23            Desg    FWD    19            128.23    P2p
SW2#

SW3#show   spanning-tree
VLAN0001
  Spanning tree enabled protocol rstp
  Root ID      Priority     4097
               Address      0004.9AC0.23E7
               Cost         19
               Port         22(FastEthernet 0/22)
               Hello Time   2 sec   Max Age 20 sec   Forward Delay 15 sec
  Bridge ID    Priority     32769   (priority 32768 sys-id-ext 1)
               Address      0030.A32C.EE28
               Hello Time   2 sec   Max Age 20 sec   Forward Delay 15 sec
               Aging Time   20
Interface         Role    Sts    Cost       Prio.Nbr     Type
---------------- ---- --- --------- -------- --------------------------------
Fa0/22            Root    FWD    19         128.22       P2p
Fa0/23            Altn    BLK    19         128.23       P2p
Fa0/24            Altn    BLK    19         128.24       P2p
VLAN0010
  Spanning tree enabled protocol rstp
  Root ID      Priority     4106
               Address      0004.9AC0.23E7
               Cost         19
               Port         22(FastEthernet 0/22)
               Hello Time   2 sec   Max Age 20 sec   Forward Delay 15 sec
  Bridge ID    Priority     24586   (priority 24576 sys-id-ext 10)
               Address      0030.A32C.EE28
               Hello Time   2 sec   Max Age 20 sec   Forward Delay 15 sec
               Aging Time   20
Interface         Role    Sts  Cost              Prio.Nbr  Type
---------------- ---- --- --------- -------- --------------------------------
Fa0/22            Root    FWD    19              128.22    P2p
Fa0/23            Altn    BLK    19              128.23    P2p
Fa0/24            Altn    BLK     5               32.24    P2p
Fa0/1             Desg    FWD    19              128.1     P2p
VLAN0020
  Spanning tree enabled protocol rstp
  Root ID      Priority     4116
               Address      0004.9AC0.23E7
               Cost         19
               Port         22(FastEthernet 0/22)
               Hello Time   2 sec   Max Age 20 sec   Forward Delay 15 sec
  Bridge ID    Priority     28692   (priority 28672 sys-id-ext 20)
               Address      0030.A32C.EE28
               Hello Time   2 sec   Max Age 20 sec   Forward Delay 15 sec
               Aging Time   20
Interface         Role    Sts    Cost       Prio.Nbr  Type
```

```
---------------- ---- --- --------- -------- --------------------------------
Fa0/22           Root    FWD     19        128.22    P2p
Fa0/23           Altn    BLK     19        128.23    P2p
Fa0/24           Altn    BLK     19        128.24    P2p
Fa0/2            Desg    FWD     19        128.2     P2p
SW3#
```

任务 3.3 HSRP 配置

任务描述

小李是某公司的网络工程师。随着该公司业务的不断发展，其对网络的要求也越来越高。为了保证网络的可靠性与稳定性，避免出现单点故障，公司决定部署冗余网关，使两台设备互为备份且均转发数据，实现负载均衡，当一台网关设备出现故障时，数据流量会自动切换到另一台网关设备上，那么小李该如何实现公司网关冗余备份呢?

知识准备

3.3.1 HSRP 概述

热备份路由器协议（Hot Standby Router Protocol，HSRP）是一种容错协议，运行于局域网的多台路由器（或三层交换机）上，它将这几台路由器组织成一台“虚拟”路由器，并将其中一台路由器作为活动路由器（主设备），其余路由器作为备用路由器（备份设备）。它会不断监控活动路由器，以便在活动路由器出现故障时，能够及时接管数据转发工作，为用户提供透明的切换，从而提高网络的可靠性。

HSRP 是思科专有的协议，它的作用是让第一跳 IP 设备实现透明的故障切换。HSRP 中含有多台路由器，这些路由器对应一个 HSRP 组。该组中只有一台路由器承担转发用户流量的职责，该路由器就是活动路由器。当活动路由器出现故障时，备用路由器将承担该职责，成为新的活动路由器，这就是 HSRP 的工作原理。

为了减少网络的数据流量，在设置完活动路由器和备用路由器后，只有活动路由器和备用路由器定时发送 HSRP 报文。如果活动路由器失效，则备用路由器将接管它的工作成为活动路由器。如果备用路由器失效或变为活动路由器，则其他路由器将被选为备用路由器。

在一个实际的特定的局域网中，可能有多个 HSRP 组并存或重叠。每个 HSRP 组模仿一台虚拟路由器工作，它有一个公共的 MAC 地址和一个 IP 地址。该 IP 地址、组内路由器的端口地址、计算机在同一个子网内，但是不能相同。当在一个局域网中有多个 HSRP 组存在时，其会把计算机分布到不同的 HSRP 组中，以使负载得到分担。

3.3.2 HSRP 优先级和抢占

活动路由器和备用路由器的角色是在 HSRP 选举过程中确定的。控制网络在正常情况下的运行方式总是比让它随机运行更好。

1. HSRP 优先级

HSRP 优先级可用于确定活动路由器。具有最高 HSRP 优先级的路由器将成为活动路由器。默认情况下，HSRP 的优先级为 100。如果优先级相等，则具有最高 IPv4 地址的路由器被选举为活动路由器。

要将路由器配置为活动路由器，可以使用端口命令 standby priority。HSRP 优先级的取值范围为 0～255，数值越大表示优先级越高。虚拟路由器和 HSRP 路由器都有自己的 IP 地址（虚拟路由器的 IP 地址可以和 HSRP 组内的某个路由器的端口地址相同）。如果 HSRP 组中存在 IP 地址拥有者，即虚拟地址与某台 HSRP 路由器的地址相同，则 IP 地址拥有者将成为活动路由器，并拥有最高优先级 255。

2. HSRP 抢占

默认情况下，当一台路由器成为活动路由器后，即使有另一台 HSRP 优先级更高的路由器上线，活动路由器的角色也不会发生改变。

当高优先级的路由器上线时，如果想强制执行新的 HSRP 选举过程，则必须使用端口命令 standby preempt 来启用抢占。抢占是 HSRP 路由器用于触发重新选举过程的能力。通过启用抢占，具有更高 HSRP 优先级的路由器将承担活动路由器的角色。

抢占只允许具有更高优先级的路由器成为活动路由器。如果启用抢占的路由器的优先级与当前的活动路由器的相同，但启用抢占的路由器的 IPv4 地址更高，则该路由器也无法成为活动路由器。

需要注意的是，在禁用抢占的情况下，如果在选举过程中没有任何其他路由器在线，那么最先启动的路由器就会成为活动路由器。

3.3.3 HSRP 状态和计时器

路由器可以是负责转发网段流量的活动 HSRP 路由器，也可以是处于备份状态的 HSRP 路由器。当端口配置了 HSRP 或现有的 HSRP 配置首次激活时，路由器将发送和接收 HSRP Hello 消息，以开始一个过程，用于确定其在 HSRP 组中将处于什么状态。HSRP 状态及其描述如表 3.4 所示。

表 3.4 HSRP 状态及其描述

HSRP 状态	描述
Init（初始）	如果配置发生了变更或一个端口首次变为可用的，则会进入该状态
Learn（学习）	处于该状态的路由器还没有确定虚拟 IP 地址，也没有看到来自活动路由器的 Hello 消息。在该状态下，路由器会等待来自活动路由器的消息
Listen（侦听）	处于该状态的路由器知道虚拟 IP 地址，但是它既不是活动路由器，又不是备用路由器。它侦听来自其他路由器的 Hello 消息
Speak（发言）	处于该状态的路由器定期发送 Hello 消息，并主动参与活动/备用路由器的选举
Standby（备用）	处于该状态的路由器是成为下一台活动路由器的候选路由器，它会定期发送 Hello 消息

在默认情况下，活动和备用 HSRP 路由器每 3s 就会向 HSRP 组的组播地址发送一次 Hello 数据包。如果在 10s 后没有收到来自活动路由器的 Hello 消息，则备用路由器将变为活动路由器。可以通过降低这些计时器的设置以加快故障切换或抢占。但是，为了避免增加 CPU 使用率和不必要的备用状态的更改，请不要将 Hello 计时器设置为 1s 以下或将保持计时器设置为 4s 以下。

任务实施

HSRP 是解决网络中主机配置单网关容易出现单点故障问题的一种技术，通过将多台路由器配置到一个 HSRP 组中，每一个 HSRP 组设置一台虚拟路由器，作为网络中主机的网关。从一个 HSRP 组的所有真实路由器中选出一台优先级最高的路由器作为活动路由器，虚拟路由器的转发工作由活动路由器承担。当活动路由器因故障死机时，备用路由器将成为活动路由器，承担虚拟路由器的转发工作，从而保证网络的稳定性，进行网络拓扑连接。配置 HSRP 单备份组，如图 3.11 所示。

V3-3 配置 HSRP 单备份组

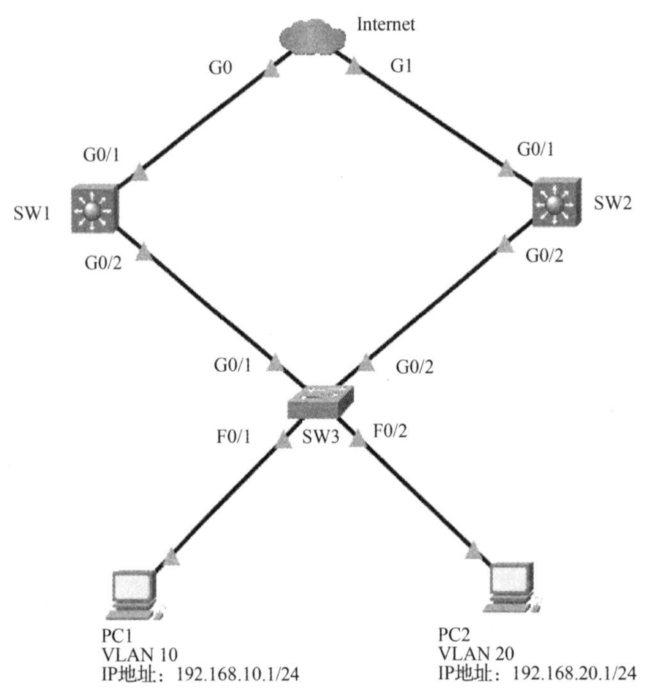

图 3.11　配置 HSRP 单备份组

（1）配置路由器 SW1，相关实例代码如下。

```
Switch>enable
Switch#terminal  no  monitor
Switch#conf  t
SW1(config)#vlan  10
SW1(config-vlan)#exit
SW1(config)#vlan  20
SW1(config-vlan)#exit
SW1(config)#int  vlan 10
SW1(config-if)#ip  address  192.168.10.100  255.255.255.0
SW1(config-if)#standby  10  priority  120                    //配置优先级为 120
SW1(config-if)#standby  10  ip  192.168.10.254              //配置虚拟 IP 地址
SW1(config-if)#standby  10  preempt                          //配置抢占模式
SW1(config-if)#standby  10  track  GigabitEthernet 0/1       //监控 G0/1 端口
SW1(config-if)#int  vlan  20
SW1(config-if)#ip  address  192.168.20.100  255.255.255.0
SW1(config-if)#standby  20  priority  100              //配置优先级为 100，优先级的默认值即为 100
SW1(config-if)#standby  20  ip  192.168.20.254         //配置虚拟 IP 地址
SW1(config-if)#exit
SW1(config)#int  g 0/1
SW1(config-if)#switchport  trunk  encapsulation  dot1q
SW1(config-if)#switchport  mode  trunk
SW1(config-if)#switchport  trunk  allowed  vlan  all
SW1(config-if)#int  g 0/2
SW1(config-if)#switchport  trunk  encapsulation  dot1q
SW1(config-if)#switchport  mode  trunk
SW1(config-if)#switchport  trunk  allowed  vlan  all
```

```
SW1(config-if)#end
SW1#
```

（2）配置路由器 SW2，相关实例代码如下。

```
Switch>enable
Switch#terminal   no   monitor
Switch#conf   t
SW2(config)#vlan   10
SW2(config-vlan)#exit
SW2(config)#vlan   20
SW2(config-vlan)#exit
SW2(config)#int   vlan 10
SW2(config-if)#ip   address   192.168.10.200   255.255.255.0
SW2(config-if)#standby   10   priority   100          //配置优先级为 100，优先级的默认值即为 100
SW2(config-if)#standby   10   ip   192.168.10.254      //配置虚拟 IP 地址
SW2(config-if)#int   vlan   20
SW2(config-if)#ip   address   192.168.20.200   255.255.255.0
SW2(config-if)#standby   20   priority   120              //配置优先级为 120
SW2(config-if)#standby   20   preempt                     //配置抢占模式
SW2(config-if)#standby   20   ip   192.168.20.254         //配置虚拟 IP 地址
SW2(config-if)#standby   20   track   GigabitEthernet 0/1   //监控 G0/1 端口
SW2(config-if)#exit
SW2(config)#int   g 0/1
SW2(config-if)#switchport   trunk   encapsulation   dot1q
SW2(config-if)#switchport   mode   trunk
SW2(config-if)#switchport   trunk   allowed    vlan   all
SW2(config-if)#int   g 0/2
SW2(config-if)#switchport   trunk   encapsulation   dot1q
SW2(config-if)#switchport    mode   trunk
SW2(config-if)#switchport   trunk   allowed    vlan   all
SW2(config-if)#end
SW2#
```

（3）配置路由器 SW3，相关实例代码如下。

```
Switch>enable
Switch#terminal   no   monitor
Switch#conf   t
Switch(config)#hostname   SW3
SW3(config)#int   g 0/1
SW3(config-if)#switchport   mode   trunk
SW3(config-if)#switchport   trunk   allowed    vlan   all
SW3(config-if)#int   g 0/2
SW3(config-if)#switchport    mode   trunk
SW3(config-if)#switchport   trunk   allowed    vlan   all
SW3(config-if)#exit
SW3(config)#vlan 10
SW3(config-vlan)#exit
SW3(config)#vlan 20
SW3(config-vlan)#exit
SW3(config)#int   f 0/1
SW3(config-if)#switchport   access    vlan   10
```

```
SW3(config-if)#int  f 0/2
SW3(config-if)#switchport  access  vlan  20
SW3(config-if)#end
SW3#
```

（4）显示交换机 SW1、SW2 的配置信息。以交换机 SW1 为例，主要相关实例代码如下。

```
SW1#show  running-config
!
hostname SW1
!
interface GigabitEthernet0/1
 switchport trunk encapsulation dot1q
 switchport mode trunk
!
interface GigabitEthernet0/2
 switchport trunk encapsulation dot1q
 switchport mode trunk
!
interface Vlan10
 mac-address 0007.ec80.5101
 ip address 192.168.10.100 255.255.255.0
 standby 10 ip 192.168.10.254
 standby 10 priority 120
 standby 10 preempt
 standby 10 track GigabitEthernet0/1
!
interface Vlan20
 mac-address 0007.ec80.5102
 ip address 192.168.20.100 255.255.255.0
 standby 20 ip 192.168.20.254
!
end
SW1#
```

（5）显示交换机 SW1、SW2 的 HSRP 信息。执行 show standby brief 命令，相关实例代码如下。

```
SW1#show  standby  brief
                     P indicates configured to preempt.
                     |
Interface   Grp   Pri  P   State    Active        Standby       Virtual IP
Vl10        10    120  P   Active   local         unknown       192.168.10.254
Vl20        20    100      Active   local         unknown       192.168.20.254
SW1#
SW2#show  standby  brief
                     P indicates configured to preempt.
                     |
Interface   Grp   Pri  P   State    Active      Standby      Virtual IP
Vl10        10    100      Init     unknown     unknown      192.168.10.254
Vl20        20    120  P   Init     unknown     unknown      192.168.20.254
SW2#
```

（6）使用主机 PC1 测试 HSRP 验证结果，如图 3.12 所示。

图 3.12　使用主机 PC1 测试 HSRP 验证结果

练习题

1. 选择题

（1）在 STP 中，交换机的默认优先级为（　　）。

A. 65535　　B. 32768　　C. 8192　　D. 4096

（2）在 STP 中，交换机端口的默认优先级为（　　）。

A. 16　　B. 32　　C. 64　　D. 128

（3）（　　）不是 STP 定义的端口角色。

A. 根端口　　B. 指定端口　　C. 替代端口　　D. 备份端口

（4）RSTP 定义了（　　）种端口状态。

A. 2　　B. 3　　C. 4　　D. 5

（5）HSRP 路由器默认优先级为（　　）。

A. 0　　B. 100　　C. 1　　D. 255

（6）在 STP 中，（　　）状态对应的端口功能描述如下：不接收或者转发数据，接收并发送 BPDU，开始进行地址学习。

A. Blocking　　B. Listening　　C. Learning　　D. Forwarding

2. 简答题

（1）简述 STP 的主要作用及缺点。

（2）STP 有哪几种端口角色及端口状态？

（3）RSTP 有哪几种端口角色及端口状态？

（4）简述 HSRP 的主要作用。

项目4 网络间路由互联

知识目标

- 理解路由的定义。
- 理解 RIP 路由的基本概念及 RIP 路由的工作原理。
- 理解 RIP 路由环路及防止路由环路机制。
- 理解 OSPF 路由的基本概念及 OSPF 路由的工作原理。
- 理解 DR 和 BDR 的选举过程及 OSPF 区域的划分。

技能目标

- 掌握静态路由与默认路由的配置方法及应用场合。
- 掌握 RIP 动态路由的配置方法。
- 掌握 OSPF 多区域动态路由的配置方法。

素养目标

- 培养学生解决实际问题的能力，使学生树立团队协助等意识。
- 弘扬工匠精神，要求学生做事严谨、精益求精、着眼细节、爱岗敬业。

任务4.1 配置静态路由及默认路由

任务描述

小李是某公司的网络工程师。随着该公司业务的不断发展，其对网络的要求也越来越高，公司领导决定建立公司网站，这样可以更好地维护与更新公司的产品信息，还可以完成发布公司的内部信息等工作。小李根据公司的要求制订了一份合理的网络实施方案，那么他该如何完成网络设备的相应配置呢?

知识准备

4.1.1 路由概述

通过对前面项目内容的学习，我们知道二层交换机在转发数据帧时，使用数据帧中的 MAC 地址来确定主机在网络中的位置，二层交换机通过查找交换机中的 MAC 地址表实现同一网络内的数据帧转发。如果数据帧不在同一网络内，那么需要将数据转发到三层网络设备上，这时候就需要进行路由转发。

路由是指把数据从源节点转发到目的节点的过程，即根据数据包的目的地址对数据包进行定向并转发到另一个节点的过程。一般来说，在进行路由转发时，网络中路由的数据会经过一个或多个中间节点，如图 4.1 所示。路由通常与桥接进行对比，它们的主要区别在于桥接发生在 OSI 网络标准模型的第二层（数据链路层），而路由发生在第三层（网络层）。这一区别使它们在传输信息的过程中使用不同的信息，从而以不同的方式来完成各自的任务。

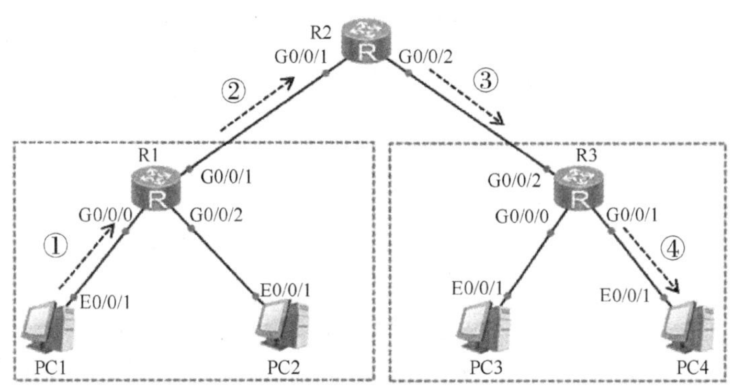

图 4.1　路由转发

4.1.2　路由选择

1. 路由信息的生成方式

路由信息的生成方式总共有 3 种：设备自动发现、手动配置、通过动态路由协议生成。这 3 种方式对应 3 种路由。

（1）直连路由（Direct Routing）：设备自动发现的路由信息。

在网络设备启动后，当设备端口的状态为 UP 时，设备就会自动发现与自己的端口直接相连的网络的路由。某一网络与某台设备直接相连（直连），是指这个网络是与这台设备的某个端口直接相连的。当路由器端口配置了正确的 IP 地址，并且端口处于 UP 状态时，路由器将自动生成一条通过该端口去往直连网段的路由。直连路由的 Protocol 属性为 Direct，其开销值总为 0。

（2）静态路由（Static Routing）：手动配置的路由信息。

静态路由是由网络管理员在路由器上手动配置的固定路由。静态路由允许对路由的行为进行精确的控制，其特点是减少了单向网络流量且配置简单。除非网络管理员干预，否则静态路由不会发生变化。静态路由不能对网络的改变做出反应，因此其一般用于规模不大、拓扑结构固定的网络中。静态路由的优点是简单、高效、可靠。在所有的路由中，静态路由的优先级最高，当动态路由与静态路由发生冲突时，路由信息以静态路由为准。手动配置的静态路由的明显缺点是不具备自适应性。当使用静态路由的网络规模扩大时，网络管理员的维护工作量将大增，维护工作容易出错，网络不能实时变化。静态路由的 Protocol 属性为 Static，其开销值可以人为设定。

（3）动态路由（Dynamic Routing）：通过动态路由协议生成的路由信息。

动态路由减少了管理任务，网络设备可以自动发现与自己相连的网络的路由。动态路由是网络中的路由器之间根据实时网络拓扑变化相互传输路由信息，再利用收到的路由信息选择相应的协议进行计算，更新路由表的过程。动态路由比较适用于大型网络。

一台路由器可以同时运行多种路由协议，而每种路由协议都会使用专门的路由表来存放该协议下发现的路由表项，通过一些优先筛选法，某些路由协议的路由表中的某些路由表项会被加入 IP 路由表中，而路由器最终会根据 IP 路由表来进行 IP 报文的转发工作。

2. 默认路由

默认路由：目的地/掩码为 0.0.0.0/0 的路由。

（1）动态默认路由：默认路由是由路由协议产生的。

（2）静态默认路由：默认路由是手动配置的。

默认路由是一种非常特殊的路由，任何一个待发送或待转发的 IP 报文都可以和默认路由匹配。

计算机或路由器的 IP 路由表中可能存在默认路由，也可能不存在默认路由。若网络设备的 IP 路由表中存在默认路由，则当一个待发送或待转发的 IP 报文不能匹配 IP 路由表中的任何非默认路由时，它会根据默认路由来进行发送或转发；若网络设备的 IP 路由表中不存在默认路由，则当一个待发送或待转发的 IP 报文不能匹配 IP 路由表中的任何路由时，它会将该 IP 报文直接丢弃。

3. 路由的优先级

管理距离（Administrative Distance，AD）用来表示路由器从某种途径获得路由的可信度，例如，一个路由器要获得 200.10.10.0/24 网络的路由，这个路由可以来自 RIP，也可以来自静态路由。从不同途径获得的路由可能采取不同的路径到达目的网络，为了区分不同路由协议的可信度，可使用管理距离对可信度加以表示。

路由协议会给每一条路径计算出一个数值，这个数值就是度量值（即管理距离值），通常这个数值是没有单位的。管理距离值越小，说明路由的可信度越高。静态路由的管理距离值为 1，说明手动配置的路由的优先级高于其他路由。

（1）不同的路由来源规定了不同的管理距离，并规定了管理距离值越小，对应路由的优先级就越高。思科路由来源及其默认管理距离值对照如表 4.1 所示。

表 4.1　思科路由来源及其默认管理距离值对照

路由来源	默认管理距离值
直连路由	0
静态路由	1
EIGRP Summary	5
EBGP	20
内部 EIGRP	90
IGRP	100
OSPF	110
IS-IS	115
RIP	120
EGP	140
外部 EIGRP	170
IBGP	200
不可达路由	255

（2）当存在多条目的地/掩码相同但来源不同的路由时，具有最高优先级的路由会成为最优路由，并被加入 IP 路由表中；其他路由则处于未激活状态，不会显示在 IP 路由表中。

4. 路由的开销

（1）一条路由的开销：到达这条路由的目的地/掩码需要付出的代价；当同一种路由协议发现有多条路由可以到达同一目的地/掩码时，将优选开销值最小的路由，即只把开销值最小的路由加入此协议的路由表中。

（2）不同的路由协议对开销的具体定义是不同的。例如，RIP 只将“跳数”（到达目的地/掩码需要经过的路由器的数量）作为开销。

（3）等价路由：同一种路由协议发现的两条可以到达同一目的地/掩码且开销相等的路由。

（4）负载均衡：如果两条等价路由都被加入了路由器的 IP 路由表中，那么在进行流量转发的时候，一部分流量会根据第一条路由进行转发，另一部分流量会根据第二条路由进行转发。

如果一台路由器同时运行了多种路由协议，并且对于同一目的地/掩码，每一种路由协议都发现了一条或多条路由，则在这种情况下，每一种路由协议都会根据开销值的比较情况在自己发现的若干条路由中选出最优路由，并将最优路由放入此协议的路由表中。此后，不同的路由协议选出的最优路由之间会进行路由优先级的比较，优先级最高的路由才能成为去往目的地/掩码的路由。如果该路由上还存在去往目的地/掩码的直连路由或静态路由，则会在比较优先级的时候将它们考虑进去，以选出优先级最高的路由并将该路由加入 IP 路由表中。

任务实施

4.1.3 配置静态路由

V4-1 配置静态路由

配置静态路由，相关端口与 IP 地址配置如图 4.2 所示，进行网络拓扑连接。

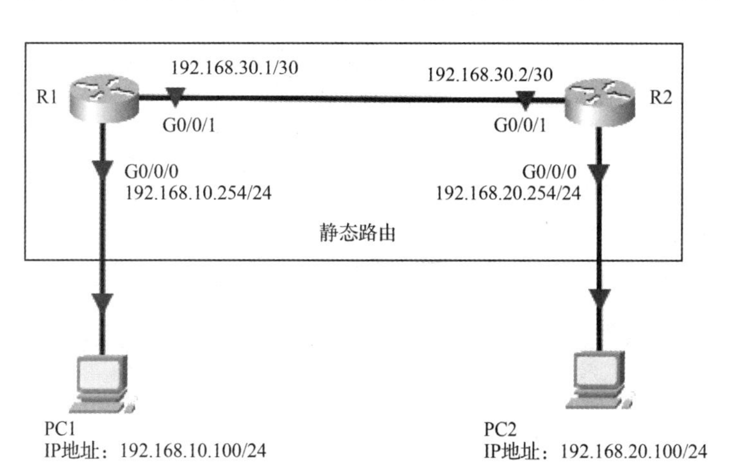

图 4.2 配置静态路由

（1）配置路由器 R1，相关实例代码如下。

```
Router>enable
Router#terminal  no  monitor
Router#conf  t
Router(config)#hostname  R1
R1(config)#int  g 0/0/0
R1(config-if)#ip  address  192.168.10.254  255.255.255.0
R1(config-if)#no  shutdown
R1(config-if)#int  g 0/0/1
R1(config-if)#ip  address  192.168.30.1  255.255.255.252
R1(config-if)#no  shutdown
R1(config-if)#exit
R1(config)#ip  route      192.168.20.0      255.255.255.0      192.168.30.2      //配置静态路由
           //静态路由      目的地址          子网掩码           下一跳地址
R1(config)#exit
R1#
```

（2）配置路由器 R2，相关实例代码如下。

```
Router>enable
```

```
Router#terminal  no  monitor
Router#conf  t
Router(config)#hostname  R2
R2(config)#int  g 0/0/0
R2(config-if)#ip  address  192.168.20.254  255.255.255.0
R2(config-if)#no  shutdown
R2(config-if)#int  g 0/0/1
R2(config-if)#ip  address  192.168.30.2  255.255.255.252
R2(config-if)#no  shutdown
R2(config-if)#exit
R2(config)#ip  route     192.168.10.0     255.255.255.0     192.168.30.1     //配置静态路由
          //静态路由     目的地址          子网掩码          下一跳地址
R2(config)#exit
R2#
```

（3）显示路由器 R1、R2 的配置信息。以路由器 R1 为例，主要相关实例代码如下。

```
R1#show running-config
!
hostname R1
!
interface GigabitEthernet0/0/0
 ip address 192.168.10.254 255.255.255.0
 duplex auto
 speed auto
!
interface GigabitEthernet0/0/1
 ip address 192.168.30.1 255.255.255.252
 duplex auto
 speed auto
!
ip route 192.168.20.0 255.255.255.0 192.168.30.2
!
end
R1#
```

（4）查看路由器 R1、R2 的路由表信息。以路由器 R1 为例，其路由表信息如图 4.3 所示。

```
R1#show  ip  route
Codes: L - local, C - connected, S - static, R - RIP, M - mobile, B - BGP
       D - EIGRP, EX - EIGRP external, O - OSPF, IA - OSPF inter area
       N1 - OSPF NSSA external type 1, N2 - OSPF NSSA external type 2
       E1 - OSPF external type 1, E2 - OSPF external type 2, E - EGP
       i - IS-IS, L1 - IS-IS level-1, L2 - IS-IS level-2, ia - IS-IS inter area
       * - candidate default, U - per-user static route, o - ODR
       P - periodic downloaded static route

Gateway of last resort is not set

     192.168.10.0/24 is variably subnetted, 2 subnets, 2 masks
C       192.168.10.0/24 is directly connected, GigabitEthernet0/0/0
L       192.168.10.254/32 is directly connected, GigabitEthernet0/0/0
S    192.168.20.0/24 [1/0] via 192.168.30.2
     192.168.30.0/24 is variably subnetted, 2 subnets, 2 masks
C       192.168.30.0/30 is directly connected, GigabitEthernet0/0/1
L       192.168.30.1/32 is directly connected, GigabitEthernet0/0/1

R1#
```

图 4.3　路由器 R1 的路由表信息

（5）使用主机 PC1 测试路由验证结果，如图 4.4 所示。

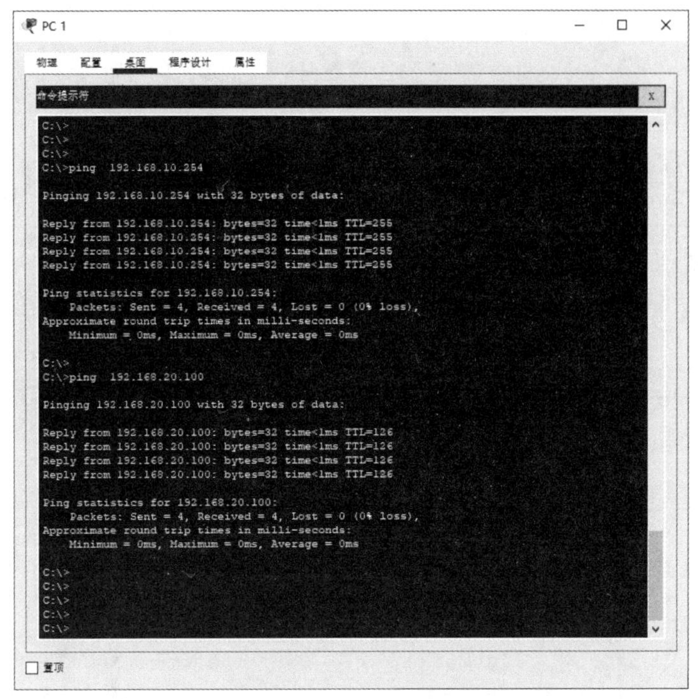

图 4.4　使用主机 PC1 测试路由验证结果

4.1.4　配置默认路由

V4-2　配置默认路由

配置默认路由，相关端口与 IP 地址配置如图 4.5 所示，进行网络拓扑连接。

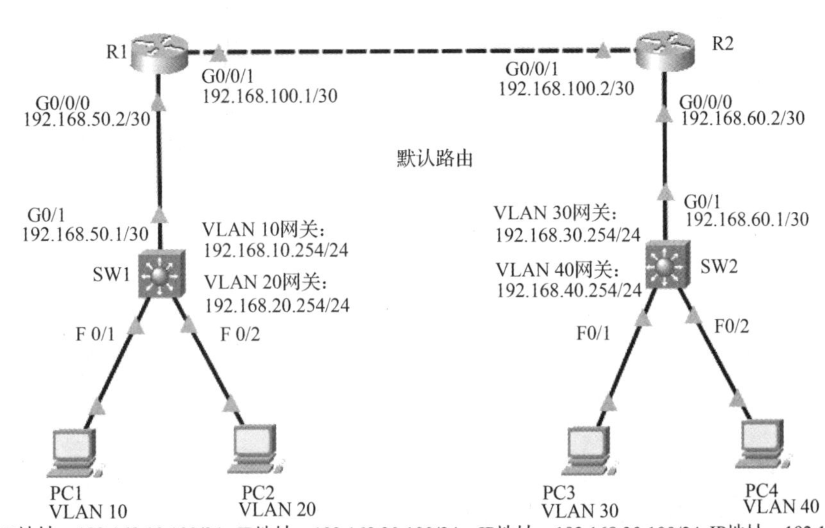

图 4.5　配置默认路由

（1）配置交换机 SW1，相关实例代码如下。

```
Switch>enable
Switch#terminal  no  monitor
```

```
Switch#conf  t
Switch(config)#hostname  SW1
SW1(config)#vlan  10
SW1(config-vlan)#exit
SW1(config)#vlan 20
SW1(config-vlan)#exit
SW1(config)#int  f 0/1
SW1(config-if)#switchport  access  vlan  10
SW1(config-if)#int  f 0/2
SW1(config-if)# switchport  access  vlan  20
SW1(config-if)#exit
SW1(config)#int  vlan  10
SW1(config-if)#ip  address  192.168.10.254  255.255.255.0
SW1(config-if)#no  shutdown
SW1(config-if)#int  vlan  20
SW1(config-if)#ip  address  192.168.20.254  255.255.255.0
SW1(config-if)#no  shutdown
SW1(config-if)#int  g 0/1
SW1(config-if)#no  switchport                              //关闭交换功能
SW1(config-if)#ip  address  192.168.50.1  255.255.255.252
SW1(config-if)#no  shutdown
SW1(config-if)#exit
SW1(config)#ip  routing                                    //启用三层路由功能
SW1(config)#ip  route        0.0.0.0  0.0.0.0  192.168.50.2  //配置默认路由
              //默认路由        目的地址          下一跳地址
SW1(config)#end
SW1#
```

（2）配置交换机 SW2，相关实例代码如下。

```
Switch>enable
Switch#terminal  no  monitor
Switch#conf  t
Switch(config)#hostname  SW2
SW2(config)#vlan  30
SW2(config-vlan)#exit
SW2(config)#vlan 40
SW2(config-vlan)#exit
SW2(config)#int  f 0/1
SW2(config-if)#switchport  access  vlan  30
SW2(config-if)#int  f 0/2
SW2(config-if)# switchport  access  vlan  40
SW2(config-if)#exit
SW2(config)#int  vlan  30
SW2(config-if)#ip  address  192.168.30.254  255.255.255.0
SW2(config-if)#no  shutdown
SW2(config-if)#int  vlan  40
SW2(config-if)#ip  address  192.168.40.254  255.255.255.0
SW2(config-if)#no  shutdown
SW2(config-if)#int  g 0/1
SW2(config-if)#no  switchport                              //关闭交换功能
```

```
SW2(config-if)#ip  address  192.168.60.1  255.255.255.252
SW2(config-if)#no  shutdown
SW2(config-if)#exit
SW2(config)#ip  routing                                        //启用三层路由功能
SW2(config)#ip  route    0.0.0.0  0.0.0.0  192.168.60.2        //配置默认路由
           //默认路由     目的地址          下一跳地址
SW2(config)#end
SW2#
```

（3）配置路由器 R1，相关实例代码如下。

```
Router>enable
Router#terminal   no  monitor
Router#conf  t
Router(config)#hostname  R1
R1(config)#int  g 0/0/0
R1(config-if)#ip  address  192.168.50.2  255.255.255.252
R1(config-if)#no  shutdown
R1(config-if)#int  g 0/0/1
R1(config-if)#ip  address  192.168.100.1  255.255.255.252
R1(config-if)#no  shutdown
R1(config-if)#exit
R1(config)#ip  route   192.168.30.0  255.255.255.0  192.168.100.2
R1(config)#ip  route   192.168.40.0  255.255.255.0  192.168.100.2
R1(config)#ip  route   192.168.60.0  255.255.255.0  192.168.100.2
R1(config)#ip  route   192.168.10.0  255.255.255.0  192.168.50.1
R1(config)#ip  route   192.168.20.0  255.255.255.0  192.168.50.1
R1(config)#end
R1#
```

（4）配置路由器 R2，相关实例代码如下。

```
Router>enable
Router#terminal  no  monitor
Router#conf  t
Router(config)#hostname  R2
R2(config)#int  g 0/0/0
R2(config-if)#ip  address  192.168.60.2  255.255.255.252
R2(config-if)#no  shutdown
R2(config-if)#int  g 0/0/1
R2(config-if)#ip  address  192.168.100.2  255.255.255.252
R2(config-if)#no  shutdown
R2(config-if)#exit
R2(config)#ip  route  192.168.10.0  255.255.255.0  192.168.100.1
R2(config)#ip  route  192.168.20.0  255.255.255.0  192.168.100.1
R2(config)#ip  route  192.168.50.0  255.255.255.0  192.168.100.1
R2(config)#ip  route  192.168.30.0  255.255.255.0  192.168.60.1
R2(config)#ip  route  192.168.40.0  255.255.255.0  192.168.60.1
R2(config)#end
R2#
```

（5）显示交换机 SW1、SW2 的配置信息。以路由器 SW1 为例，主要相关实例代码如下。

```
SW1#show  running-config
```

```
!
hostname SW1
!
ip routing
!
interface FastEthernet 0/1
 switchport access vlan 10
!
interface FastEthernet 0/2
 switchport access vlan 20
!
interface GigabitEthernet0/1
 no switchport
 ip address 192.168.50.1 255.255.255.252
 duplex auto
 speed auto
!
interface Vlan10
 mac-address 00d0.9717.a101
 ip address 192.168.10.254 255.255.255.0
!
interface Vlan20
 mac-address 00d0.9717.a102
 ip address 192.168.20.254 255.255.255.0
!
ip classless
ip route 0.0.0.0 0.0.0.0 192.168.50.2
!
SW1#
```

（6）显示路由器 R1、R2 的配置信息。以路由器 R1 为例，主要相关实例代码如下。

```
R1#show   running-config
!
hostname R1
!
interface GigabitEthernet0/0/0
 ip address 192.168.50.2 255.255.255.252
 duplex auto
 speed auto
!
interface GigabitEthernet0/0/1
 ip address 192.168.100.1 255.255.255.252
 duplex auto
 speed auto
!
ip classless
ip route 192.168.30.0 255.255.255.0 192.168.100.2
ip route 192.168.40.0 255.255.255.0 192.168.100.2
ip route 192.168.10.0 255.255.255.0 192.168.50.1
ip route 192.168.20.0 255.255.255.0 192.168.50.1
```

```
ip route 192.168.60.0 255.255.255.0 192.168.100.2
!
R1#
```

（7）查看路由器 R1、R2 的路由表信息。以路由器 R1 为例，其路由表信息如图 4.6 所示。

```
R1#show  ip  route
Codes: L - local, C - connected, S - static, R - RIP, M - mobile, B - BGP
       D - EIGRP, EX - EIGRP external, O - OSPF, IA - OSPF inter area
       N1 - OSPF NSSA external type 1, N2 - OSPF NSSA external type 2
       E1 - OSPF external type 1, E2 - OSPF external type 2, E - EGP
       i - IS-IS, L1 - IS-IS level-1, L2 - IS-IS level-2, ia - IS-IS inter area
       * - candidate default, U - per-user static route, o - ODR
       P - periodic downloaded static route

Gateway of last resort is not set

S    192.168.10.0/24 [1/0] via 192.168.50.1
S    192.168.20.0/24 [1/0] via 192.168.50.1
S    192.168.30.0/24 [1/0] via 192.168.100.2
S    192.168.40.0/24 [1/0] via 192.168.100.2
     192.168.50.0/24 is variably subnetted, 2 subnets, 2 masks
C       192.168.50.0/30 is directly connected, GigabitEthernet0/0/0
L       192.168.50.2/32 is directly connected, GigabitEthernet0/0/0
S    192.168.60.0/24 [1/0] via 192.168.100.2
     192.168.100.0/24 is variably subnetted, 2 subnets, 2 masks
C       192.168.100.0/30 is directly connected, GigabitEthernet0/0/1
L       192.168.100.1/32 is directly connected, GigabitEthernet0/0/1

R1#
```

图 4.6　路由器 R1 的路由表信息

（8）使用主机 PC1 测试路由验证结果。主机 PC1 分别访问主机 PC3 与主机 PC4 的测试结果如图 4.7 所示。

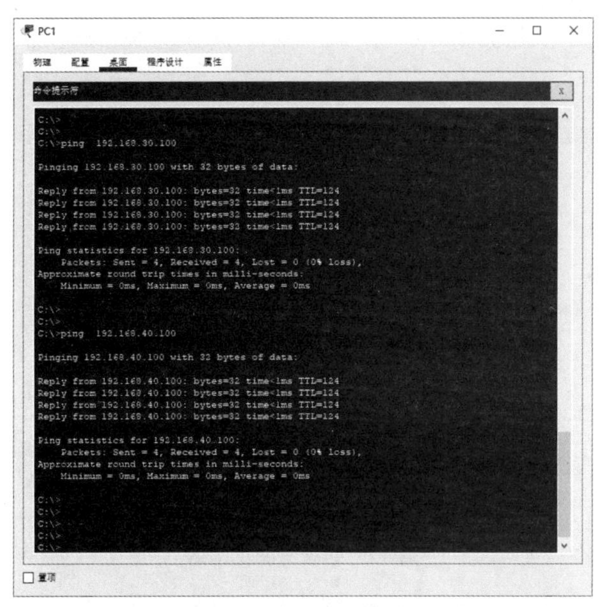

图 4.7　主机 PC1 分别访问主机 PC3 与主机 PC4 的测试结果

任务 4.2　配置 RIP 动态路由

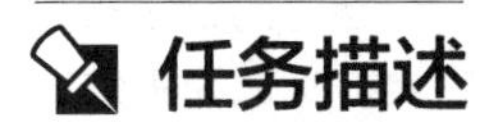

任务描述

某公司初期规模较小，因此采用 RIP 配置网络，但随着公司规模的不断扩大，公司网络的子网数量不断增加，且网络运行状态不够稳定，对公司业务造成了一定的影响。小李是该公司的网络工程师，公司领导安排小李对公司的网络进行优化。考虑到公司网络的安全性与稳定性，公司提出如下要求：用户需要在认证之后才能对网络进行使用；网络的运行状况可以动态检测；对公司以后的网络扩展做出规划，以满足公司未来的发展。小李根据公司的要求制订了一份合理的网络实施方案，那么他该如何完成网络设备的相应配置呢？

知识准备

4.2.1 RIP 概述

路由信息协议（Routing Information Protocol，RIP）是一种内部网关协议（Interior Gateway Protocol，IGP），也是一种动态路由选择协议，用于自治系统（Autonomous System，AS）内的路由信息的传递。RIP 基于距离矢量算法（Distance Vector Algorithm，DVA），使用“跳数”作为度量值来衡量到达目的地址的路由距离。使用这种协议的路由器只关心自己周围的“世界”，只与自己相邻的路由器交换信息，并将信息交换范围限制在 15 跳之内，即如果大于或等于 16 跳就认为网络不可达。

RIP 应用于 OSI 网络标准模型的第七层（应用层）。各厂家定义的管理距离（即优先级）有所不同，例如，华为网络设备定义的优先级是 100，思科网络设备定义的优先级是 120，RIP 在带宽、配置和管理方面的要求较低，主要适用于规模较小的网络。运行 RIP 的网络如图 4.8 所示。最早的 RIP（即 RIPv1）中定义的相关参数比较少，它既不支持可变长子网掩码（Variable Length Subnet Mask，VLSM）和无类别域间路由（Classless Inter-Domain Routing，CIDR），又不支持认证功能。

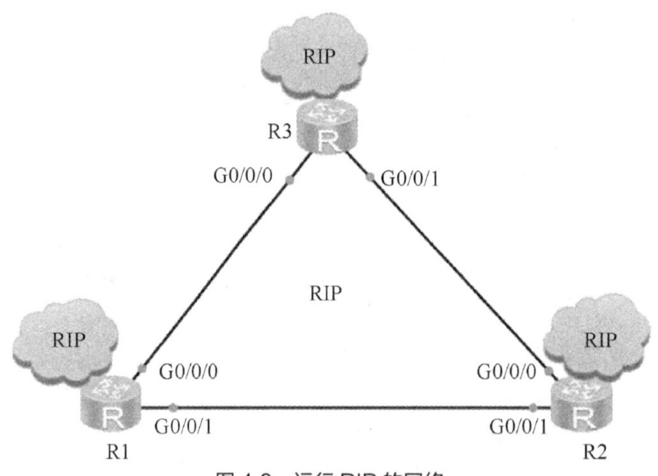

图 4.8　运行 RIP 的网络

1. 工作原理

路由器启动时，路由表中只包含直连路由。运行 RIP 之后，路由器会发送 Request 报文，以请求邻居路由器的 RIP 路由。运行 RIP 的邻居路由器收到该 Request 报文后，会根据自己的路由表生成 Response 报文进行回复。路由器在收到 Response 报文后，会将相应的路由添加到自己的路由表中。

在 RIP 网络稳定以后，每台路由器都会周期性地向邻居路由器通告自己的整张路由表中的路由信息（以 RIP 应答的方式广播出去），默认周期为 30s，邻居路由器根据收到的路由信息刷新自己的路由表。针对某一条路由信息，如果 180s 以后还没有接收到新的关于它的路由信息，那么它会被标记为失效，即它的度量值会被标记为 16。在另外的 120s 以后，如果仍然没有收到关于这条失效信息的更新信息，则其会被删除。更新 RIP 路由表示意如图 4.9 所示。

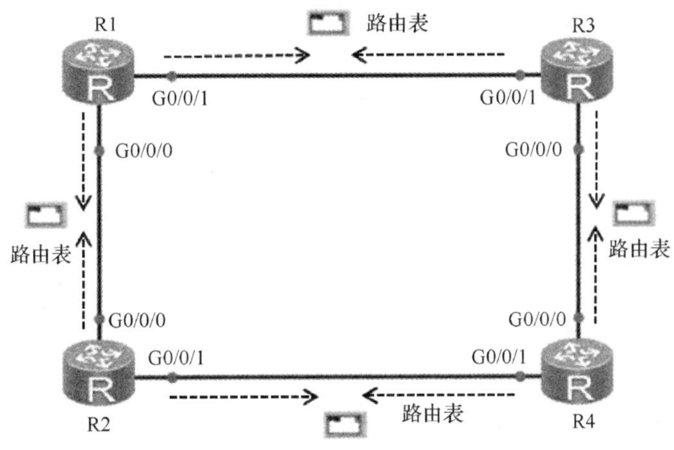

图 4.9 更新 RIP 路由表示意

2. RIP 版本

RIP 分为 3 个版本：RIPv1、RIPv2 和 RIPng。RIPv1 和 RIPv2 用于 IPv4，RIPng 用于 IPv6。

（1）RIPv1 为有类别路由协议，不支持 VLSM 和 CIDR；以广播形式发送路由信息，目的 IP 地址为广播地址 255.255.255.255；不支持认证；通过用户数据报协议（User Datagram Protocol，UDP）交换路由信息，端口号为 520。

一个 RIPv1 路由更新信息中最多可包含 25 个路由表项，每个路由表项都携带了目的网络的地址和度量值。整个 RIP 报文应不超过 504 字节。如果整个路由表的更新信息超过该大小，则需要发送多个 RIPv1 报文。

（2）RIPv2 为无类别路由协议，RIPv2 在 RIPv1 的基础上进行了扩展，但 RIPv2 的报文格式仍然与 RIPv1 的类似。

RIPv1 被提出得较早，其有许多不足。为了改善 RIPv1 的不足，在 RFC 1388 文件中提出了改进的 RIPv2，并在 RFC 1723 和 RFC 2453 文件中进行了修订。RIPv2 定义了一套有效的改进方案，支持子网路由选择，支持 CIDR，支持组播，并提供了验证机制。

随着开放最短通路优先协议（Open Shortest Path First，OSPF）和中间系统到中间系统（Intermediate System to Intermediate System，IS-IS）协议的出现，许多人认为 RIP 已经过时了。但事实上 RIP 有自己的优点。对于小型网络，RIP 所占带宽小，易于配置、管理和实现，因此 RIP 还在被大量使用。但 RIP 也有明显的不足，即当有多个网络运行 RIP 时会出现环路问题。为了解决环路问题，因特网工程任务组（Internet Engineering Task Force，IETF）提出了分割范围方法，即路由器不可以通过它得知路由的端口去宣告路由。分割范围方法解决了两台路由器之间的环路问题，但不能防止 3 台或更多台路由器形成路由环路。触发更新是解决环路问题的另一种方法，它要求路由器在链路发生变化时立即传输其路由表，这加速了网络的聚合，但容易产生广播泛滥。总之，环路问题的解决需要消耗一定的时间和带宽。若采用 RIP，则其网络内部所经过的链路数不能超过 15，这使得 RIP 不适用于大型网络。

3. RIP 的局限性

（1）只能应用于小型网络。

RIP 中规定，一条有效的路由信息的度量值不能超过 15，这就使得该协议不能应用于超大型的网络，应该说正是因为设计者考虑到该协议只适用于小型网络所以才提出了这一限制，对度量值为 16 的目的网络来说，认为其不可到达。

（2）收敛速度慢。

RIP 在实际应用时，很容易出现“计数到无穷大”的现象，这使得路由收敛速度很慢，在网络拓扑结构变化很久以后，路由信息才能稳定下来。

（3）根据跳数选择的路由不一定是最优路由。

RIP 以跳数，即报文经过的路由器台数为衡量标准，并以此来选择路由，这一规定欠缺合理性，因为没有考虑网络时延、可靠性、线路负荷等因素对传输质量和速率的影响。

4. RIPv1 与 RIPv2 的区别

RIPv1 路由更新使用的是广播方式。RIPv2 使用组播方式向其他设备宣告 RIPv2 的路由器发出更新报文，它使用的组播地址是保留的 D 类地址 224.0.0.9。使用组播方式的好处在于：本地网络上和 RIP 路由选择无关的设备不需要花费时间对路由器广播的更新报文进行解析。

RIPv2 不是一种新的协议，它只是在 RIPv1 的基础上增加了一些扩展特性，以适用于现代网络的路由选择环境。这些扩展特性如下：每个路由条目都携带自己的子网掩码；路由选择更新具有认证功能；每个路由条目都携带下一跳地址和外部路由标志；以组播方式进行路由更新。最重要的一项是路由更新条目增加了子网掩码的字段，因此 RIPv2 可以使用 VLSM。RIPv2 为一种无类别的路由协议。

RIPv1 与 RIPv2 的主要区别如下。

（1）RIPv1 是有类别路由协议，RIPv2 是无类别路由协议。

（2）RIPv1 不支持 VLSM，RIPv2 支持 VLSM。

（3）RIPv1 不支持认证，RIPv2 支持认证，且支持明文认证和 MD5 密文认证两种认证方式。

（4）RIPv1 没有手动汇总的功能，RIPv2 可以在关闭自动汇总的前提下进行手动汇总。

（5）RIPv1 采用广播更新方式，RIPv2 采用组播更新方式。

（6）RIPv1 路由没有标记的功能，RIPv2 可以为路由封装标记，用于过滤和策略选择。

（7）RIPv1 发送的 Update 包中最多可以携带 25 个路由条目，而 RIPv2 发送的 Update 包在有认证的情况下最多只能携带 24 个路由条目。

（8）RIPv1 发送的 Update 包中没有 next-hop 属性，而 RIPv2 发送的 Update 包中有 next-hop 属性，可以用于路由更新的重定向。

4.2.2 RIP 度量方法

RIP 使用跳数作为度量值来衡量路由器与目的网络的距离。在 RIP 中，路由器到与它直接相连网络的跳数为 0，每经过一台路由器跳数就加 1。为限制收敛时间，RIP 规定跳数的取值为 0～15 的整数，大于 15 的跳数被定义为无穷大，表示目的网络或主机不可达。RIP 度量方法如图 4.10 所示。

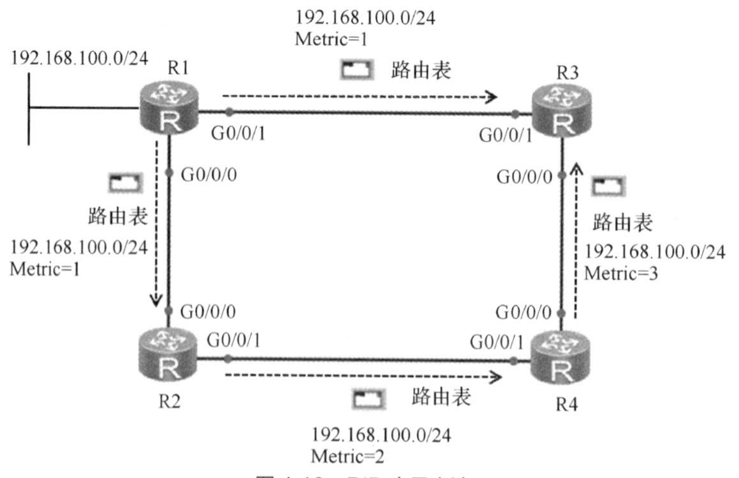

图 4.10 RIP 度量方法

路由器从某一邻居路由器收到路由更新报文时，将根据以下原则更新本路由器的 RIP 路由表。

（1）对于本路由器的路由表中已有的路由表项，当该路由表项的下一跳是该路由器的邻居路由器时，不论度量值增大或减小，都更新该路由表项。（当度量值相同时，只将其老化定时器清零。路由表中的每一个路由表项都对应了一个老化定时器，如果路由表项在 180s 内没有任何更新，则定时器超时，该路由表项的度量值变为不可达。）

（2）当该路由表项的下一跳不是邻居路由器时，如果度量值减小，则更新该路由表项。

（3）对于本路由表中不存在的路由表项，如果度量值小于 16，则在路由表中增加该路由表项。当某路由表项的度量值变为不可达后，该路由表项会在 Response 报文中发布 4 次（120s），若无更新，则将其从路由表中清除。

在图 4.10 中，路由器 R1 通过两个端口学习路由信息，每条路由信息都有相应的度量值，到达目的网络的最佳路由就是通过这些度量值计算出来的。

4.2.3 RIP 更新过程

RIP 通过 UDP 端口（端口号为 520）定时广播报文来交换路由信息，与它相连的网络广播自己的路由表，接收到广播的路由器将收到的信息添加至自身的路由表中，从而更新路由表。每台路由器都如此广播，最终网络上的所有路由器都会得到全部路由信息。

当网络拓扑发生变化时，路由器会更新自己的路由表，直到更新周期（默认值是 30s）结束时才向外发布路由更新报文。发送的路由更新报文内容是该路由器所有的路由信息。由于更新内容比较多，因此其占用的网络资源比较多。

RIP 中包含以下几种定时器。

（1）周期更新定时器：用来激发 RIP 路由器路由表的更新，每个 RIP 节点只有一个周期更新定时器，定时时间设为 30s。每隔 30s 路由器就会向其邻居路由器广播自己的路由表信息。每个 RIP 路由器的周期更新定时器都独立于网络中的其他路由器，因此它们同时广播的可能性很小。

（2）老化定时器：用来判定某条路由是否可用，每条路由都有一个老化定时器，定时时间设为 180s。当一条路由激活或更新时，该定时器会初始化，如果在 180s 之内没有收到关于该条路由的更新，则将该路由设置为无效。

（3）清除定时器：用来判定是否清除一条路由，每条路由都有一个清除定时器，定时时间设为 120s。当路由器认识到某条路由无效时，将初始化一个清除定时器，如果在 120s 内没有收到这条路由的更新，则从路由表中删除该路由。

（4）延迟定时器：为避免触发更新引起广播风暴而设置的一个随机的延迟定时器，延迟时间为 1～5s。

RIP 会使用一些定时器来保证它所维护的路由的有效性与及时性，但其中的一个不理想之处在于它需要相对较长的时间才能确认一条路由是否失效。RIP 至少需要 3min 的延迟，才能启动备份路由，这个时间对大多数应用程序来说是致命的，即使系统出现的只是短暂的故障，用户也可以明显感觉出来。

RIP 的另一个不足是在选择路由时，不考虑链路的连接速度，而仅用跳数来衡量路径的长短。它将具有最小跳数的路径作为最佳路径，这有可能导致网络链路中的高传输链路变为备用路径，影响传输效率。如图 4.11 所示，当数据包从路由器 R1 转

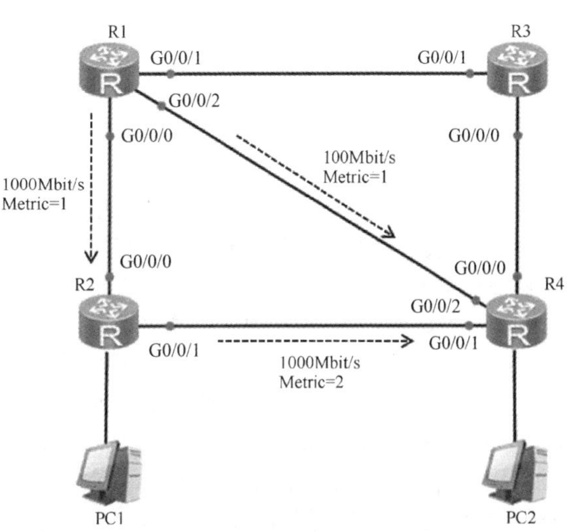

图 4.11　RIP 使用跳数衡量路径的长短的不足

发到路由器 R4 时，由于仅用跳数来衡量路径的长短，其选择的路径为 R1→R4（1 跳），此路径的转发速率仅为 100Mbit/s；而实际上路径 R1→R2→R4（2 跳）更优，因为此路径的转发速率为 1000Mbit/s，这条路径的转发速率更快。

4.2.4 RIP 路由环路

路由环路是路由器在学习 RIP 路由过程中出现的一种路由故障。在维护路由表信息的时候，如果在网络拓扑发生改变后，由于网络收敛缓慢产生了不协调或者矛盾的路由选择条目，则会出现路由环路问题。在这种情况下，路由器对无法到达的网络路由不予理睬，从而会使用户的数据包不停地在网络上循环发送，最终造成网络资源的严重浪费。当网络中某条路由失效时，在这条路由失效的通知对外广播之前，RIP 路由的定时更新机制有可能导致路由环路形成，如图 4.12 所示。

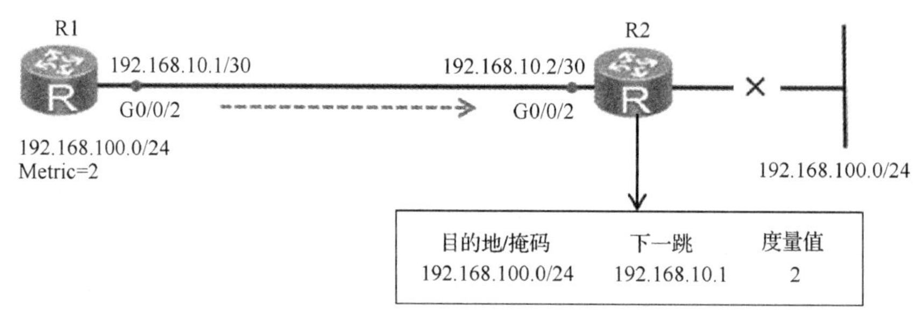

图 4.12 RIP 网络上路由环路的形成

在图 4.12 中，当 RIP 网络正常运行时，路由器 R1 会通过路由器 R2 学习到 192.168.100.0/24 网络的路由，度量值为 1。一旦路由器 R2 的直连网络 192.168.100.0/24 发生故障，路由器 R2 就会立即检测到该故障，并认为该路由不可达。此时，路由器 R1 还没有收到该路由不可达的信息，它会继续向路由器 R2 发送度量值为 2 的通往 192.168.100.0/24 网络的路由信息。路由器 R2 会学习此路由信息，认为可以通过路由器 R1 到达 192.168.100.0/24 网络。此后，路由器 R2 发送的更新路由表会导致路由器 R1 路由表的更新，路由器 R1 会新增一个度量值为 3 的 192.168.100.0/24 网络路由表项，从而形成路由环路，这个过程会持续下去，直到度量值为 16。

4.2.5 RIP 防止路由环路机制

当网络发生故障时，RIP 网络有可能会产生路由环路，因此，出现了一些解决路由环路问题的方法——通过定义最大值、水平分割、路由中毒、毒化逆转、控制更新时间和触发更新等技术来避免路由环路的产生。

（1）定义最大值

距离矢量路由算法可以通过 IP 头中的存活时间自纠错，但路由环路问题可能会导致无穷计数。为了避免这个延时问题，距离矢量协议定义了一个最大值，即最大的度量值（跳数）为 16。也就是说，路由更新信息可以向不可达的网络路由中的路由器发送 15 次，一旦发送次数达到最大值 16，就视为网络不可达，存在故障，将不再接收访问该网络的任何路由更新信息。

（2）水平分割

一种消除路由环路并加快网络收敛速度的方法是通过“水平分割”技术实现的。水平分割的规则就是不向原始路由更新来的方向再次发送路由更新信息（即单向更新、单向反馈）。路由器 R1 从路由器 R2 学习到的 192.168.100.0/24 网络的路由不会再从路由器 R1 的接收端口通告给路由器 R2，由此避免了路由环路的产生，如图 4.13 所示。

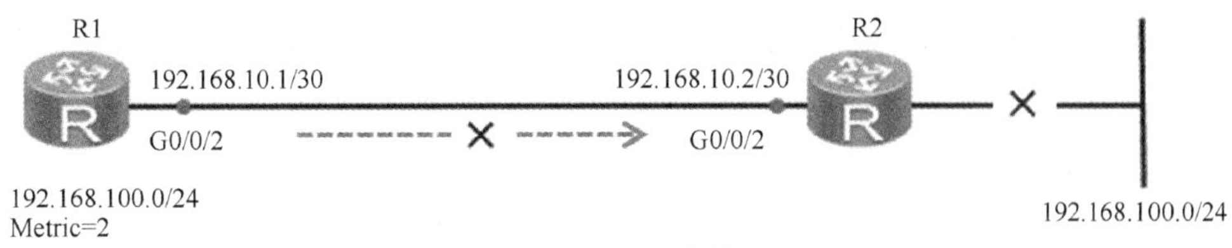

图 4.13　水平分割

（3）路由中毒

定义最大值可从一定程度上解决路由环路问题，但解决得并不彻底，可以看到，在达到最大值之前，路由环路还是存在的。路由中毒（也称为路由毒化）可以彻底解决这个问题，其原理如下：网络中有路由器 R1、R2 和 R3，当网络 192.168.100.0/24 出现故障无法访问的时候，路由器 R3 便向邻居路由器发送相关路由更新信息，并将其度量值设置为无穷大，告诉邻居路由器网络 192.168.100.0/24 不可到达；路由器 R2 收到毒化消息后将该链路路由表项的度量值设置为无穷大，表示该路径已经失效，并向邻居路由器 R1 通告；依次毒化各路由器，告诉邻居路由器 192.168.100.0/24 这个网络已经失效，不再接收更新信息，从而避免了路由环路的产生，如图 4.14 所示。

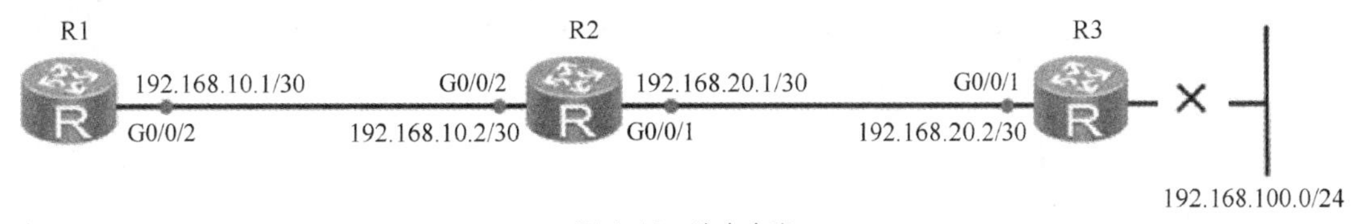

图 4.14　路由中毒

（4）毒化逆转

结合上面的例子，当路由器 R2 看到到达网络 192.168.100.0/24 的度量值为无穷大的时候，就发送一条毒化逆转（也称为反向中毒）的更新信息给路由器 R3，说明 192.168.100.0/24 这个网络不可达，这是超越水平分割的一个特例，这样可以保证所有的路由器都接收到毒化的路由信息，因此可以避免路由环路的产生。

（5）控制更新时间

控制更新时间（即抑制计时器）用于阻止定期更新的消息在不恰当的时间内重置一条已经坏掉的路由。抑制计时器告诉路由器把可能影响路由的任何改变暂时保持一段时间。抑制时间通常比更新信息发送到整个网络的时间要长。当路由器从邻居路由器接收到以前能够访问而现在不能访问的路由更新信息后，就将该路由标记为不可访问，并启动一个抑制计时器，如果再次收到邻居路由器发送来的更新信息，且更新信息包含一个比原来的路由度量值更小的路由，则将该路由标记为可以访问，并取消抑制计时器。如果在抑制计时器超时之前从不同邻居路由器收到的更新信息中包含的路由的度量值比以前的更大，则更新信息将被忽略，这样可以有更多的时间使更新信息传遍整个网络。

（6）触发更新

默认情况下，一台 RIP 路由器每 30s 会发送一次路由表更新给邻居路由器。而触发更新就是立刻发送路由更新信息，以响应某些变化。检测到网络故障的路由器会立即发送一条更新信息给邻居路由器，并依次触发更新来通知它们的邻居路由器，使整个网络上的路由器可以在最短的时间内收到更新信息，从而快速了解整个网络的变化。当路由器 R2 接收到的度量值为 16 时触发更新，路由器 R2 会通告路由器 R1 网络 192.168.100.0/24 不可达，如图 4.15 所示。

但使用触发更新技术也是存在问题的，有可能包含更新信息的数据包被某些网络中的链路丢失或损坏，触发更新不能及时传播到其他路由器，因此就产生了结合抑制的触发更新。抑制规则要求一旦路由无效，在抑制时间内，到达同一目的地的同样的或更大度量值的路由将会被忽略，这样触发更新将有时间传遍整个网络，从而避免已经损坏的路由重新添加到已经收到触发更新的邻居路由器的路由表项中，也就解决了路由环路的问题。

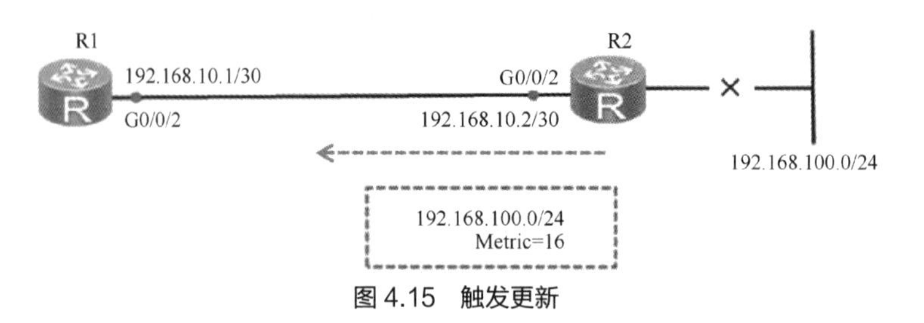

图 4.15 触发更新

任务实施

配置 RIP 路由，相关端口与 IP 地址配置如图 4.16 所示，进行网络拓扑连接。

V4-3 配置 RIP 路由

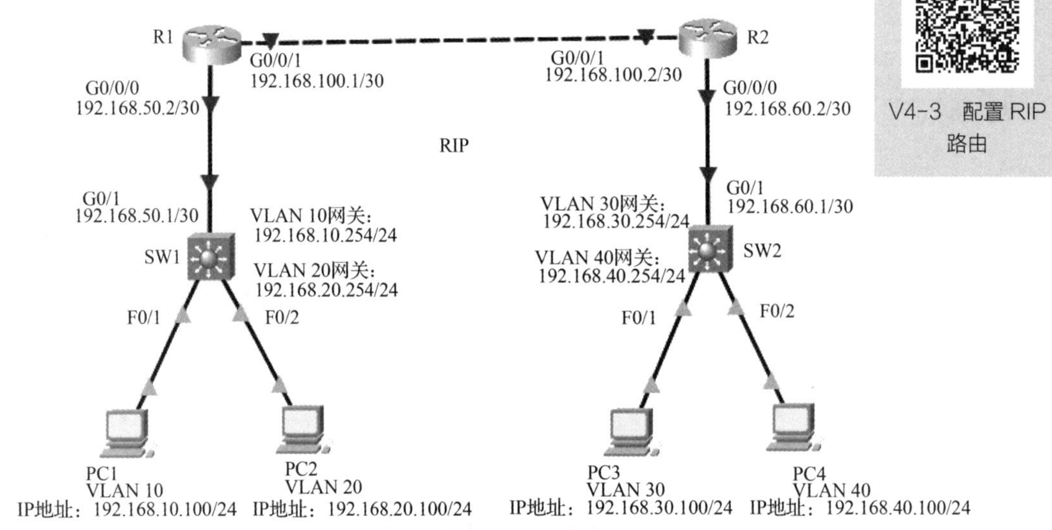

图 4.16 配置 RIP 路由

（1）配置交换机 SW1，相关实例代码如下。

```
Switch>enable
Switch#terminal  no  monitor
Switch#conf  t
Switch(config)#hostname  SW1
SW1(config)#vlan  10
SW1(config-vlan)#exit
SW1(config)#vlan 20
SW1(config-vlan)#exit
SW1(config)#int  f0/1
SW1(config-if)#switchport  access  vlan  10
SW1(config-if)#int  f0/2
SW1(config-if)# switchport  access  vlan  20
SW1(config-if)#exit
SW1(config)#int  vlan  10
SW1(config-if)#ip  address  192.168.10.254  255.255.255.0
```

```
SW1(config-if)#no  shutdown
SW1(config-if)#int  vlan  20
SW1(config-if)#ip  address  192.168.20.254  255.255.255.0
SW1(config-if)#no  shutdown
SW1(config-if)#int  g 0/1
SW1(config-if)#no  switchport                              //关闭交换功能
SW1(config-if)#ip  address  192.168.50.1  255.255.255.252
SW1(config-if)#no  shutdown
SW1(config-if)#exit
SW1(config)#ip  routing                                    //启用三层路由功能
SW1(config)#router  rip                                    //启动 RIP 进程
SW1(config-router)#version  2                              //使用版本 2
SW1(config-router)#no  auto-summary                        //关闭自动汇总功能
SW1(config-router)#network  192.168.10.0                   //发布网段
SW1(config-router)#network  192.168.20.0
SW1(config-router)#network  192.168.50.0
SW1(config-router)#end
SW1#
```

（2）配置交换机 SW2，相关实例代码如下。

```
Switch>enable
Switch#terminal  no  monitor
Switch#conf  t
Switch(config)#hostname  SW2
SW2(config)#vlan  30
SW2(config-vlan)#exit
SW2(config)#vlan 40
SW2(config-vlan)#exit
SW2(config)#int  f 0/1
SW2(config-if)#switchport  access  vlan  30
SW2(config-if)#int  f 0/2
SW2(config-if)# switchport  access  vlan  40
SW2(config-if)#exit
SW2(config)#int  vlan  30
SW2(config-if)#ip  address  192.168.30.254  255.255.255.0
SW2(config-if)#no  shutdown
SW2(config-if)#int  vlan  40
SW2(config-if)#ip  address  192.168.40.254  255.255.255.0
SW2(config-if)#no  shutdown
SW2(config-if)#int  g 0/1
SW2(config-if)#no  switchport                              //关闭交换功能
SW2(config-if)#ip  address  192.168.60.1  255.255.255.252
SW2(config-if)#no  shutdown
SW2(config-if)#exit
SW2(config)#ip  routing                                    //启用三层路由功能
SW2(config)#router  rip                                    //启动 RIP 进程
SW2(config-router)#version  2                              //使用版本 2
SW2(config-router)#no  auto-summary                        //关闭自动汇总功能
SW2(config-router)#network  192.168.30.0                   //发布网段
SW2(config-router)#network  192.168.40.0
```

```
SW2(config-router)#network  192.168.60.0
SW2(config-router)#end
SW2#
```

（3）配置路由器 R1，相关实例代码如下。

```
Router>enable
Router#terminal  no  monitor
Router#conf  t
Router(config)#hostname  R1
R1(config)#int  g 0/0/0
R1(config-if)#ip  address  192.168.50.2  255.255.255.252
R1(config-if)#no  shutdown
R1(config-if)#int  g 0/0/1
R1(config-if)#ip  address  192.168.100.1  255.255.255.252
R1(config-if)#no  shutdown
R1(config-if)#exit
R1(config)#router  rip
R1(config-router)#version  2
R1(config-router)#no  auto-summary
R1(config-router)#network  192.168.50.0
R1(config-router)#network  192.168.100.0
R1(config-router)#end
R1#
```

（4）配置路由器 R2，相关实例代码如下。

```
Router>enable
Router#terminal  no  monitor
Router#conf  t
Router(config)#hostname  R2
R2(config)#int  g 0/0/0
R2(config-if)#ip  address  192.168.60.2  255.255.255.252
R2(config-if)#no  shutdown
R2(config-if)#int  g 0/0/1
R2(config-if)#ip  address  192.168.100.2  255.255.255.252
R2(config-if)#no  shutdown
R2(config-if)#exit
R2(config)#router  rip
R2(config-router)#version  2
R2(config-router)#no  auto-summary
R2(config-router)#network  192.168.60.0
R2(config-router)#network  192.168.100.0
R2(config-router)#end
R2#
```

（5）显示交换机 SW1、SW2 的配置信息。以交换机 SW1 为例，主要相关实例代码如下。

```
SW1#show  running-config
!
hostname SW1
!
ip routing
!
interface FastEthernet 0/1
```

```
 switchport access vlan 10
!
interface FastEthernet 0/2
 switchport access vlan 20
!
interface GigabitEthernet0/1
 no switchport
 ip address 192.168.50.1   255.255.255.252
 duplex auto
 speed auto
!
interface Vlan10
 mac-address 00d0.9717.a101
 ip address 192.168.10.254 255.255.255.0
!
interface Vlan20
 mac-address 00d0.9717.a102
 ip address 192.168.20.254 255.255.255.0
!
router rip
 version 2
 network 192.168.10.0
 network 192.168.20.0
 network 192.168.50.0
 no auto-summary
!
SW1#
```

（6）显示路由器 R1、R2 的配置信息。以路由器 R1 为例，主要相关实例代码如下。

```
R1#show   running-config
!
hostname R1
!
interface GigabitEthernet0/0/0
 ip address 192.168.50.2 255.255.255.252
 duplex auto
 speed auto
!
interface GigabitEthernet0/0/1
 ip address 192.168.100.1 255.255.255.252
 duplex auto
 speed auto
!
router rip
 version 2
 network 192.168.50.0
 network 192.168.100.0
 no auto-summary
!
R1#
```

（7）查看路由器 R1、R2 的路由表信息。以路由器 R1 为例，如图 4.17 所示。

```
R1#show  ip  route
Codes: L - local, C - connected, S - static, R - RIP, M - mobile, B - BGP
       D - EIGRP, EX - EIGRP external, O - OSPF, IA - OSPF inter area
       N1 - OSPF NSSA external type 1, N2 - OSPF NSSA external type 2
       E1 - OSPF external type 1, E2 - OSPF external type 2, E - EGP
       i - IS-IS, L1 - IS-IS level-1, L2 - IS-IS level-2, ia - IS-IS inter area
       * - candidate default, U - per-user static route, o - ODR
       P - periodic downloaded static route

Gateway of last resort is not set

R    192.168.10.0/24 [120/1] via 192.168.50.1, 00:00:08, GigabitEthernet0/0/0
R    192.168.20.0/24 [120/1] via 192.168.50.1, 00:00:08, GigabitEthernet0/0/0
R    192.168.30.0/24 [120/2] via 192.168.100.2, 00:00:02, GigabitEthernet0/0/1
R    192.168.40.0/24 [120/2] via 192.168.100.2, 00:00:02, GigabitEthernet0/0/1
     192.168.50.0/24 is variably subnetted, 2 subnets, 2 masks
C       192.168.50.0/30 is directly connected, GigabitEthernet0/0/0
L       192.168.50.2/32 is directly connected, GigabitEthernet0/0/0
     192.168.60.0/30 is subnetted, 1 subnets
R       192.168.60.0/30 [120/1] via 192.168.100.2, 00:00:02, GigabitEthernet0/0/1
     192.168.100.0/24 is variably subnetted, 2 subnets, 2 masks
C       192.168.100.0/30 is directly connected, GigabitEthernet0/0/1
L       192.168.100.1/32 is directly connected, GigabitEthernet0/0/1

R1#
```

图 4.17　路由器 R1 的路由表信息

（8）使用主机 PC2 测试路由验证结果。主机 PC2 分别访问主机 PC3 与主机 PC4 的测试结果如图 4.18 所示。

图 4.18　主机 PC2 分别访问主机 PC3 与主机 PC4 的测试结果

任务 4.3　配置 OSPF 动态路由

任务描述

随着公司规模的不断扩大，网络办公越来越普及，考虑到公司未来的发展需求，公司决定对网络进行升级改造，同时不影响现有的公司业务。小李是该公司的网络工程师，公司领导安排小李对公司的网络进行优化。小李需要考虑公司网络的安全性、稳定性及网络的可扩展性，同时需要使公司网络满足未来的发展需求。小李根据公司的要求制订了一份合理的网络实施方案，那么他将如何完成网络设备的相应配置呢？

知识准备

4.3.1 OSPF 路由概述

OSPF 是目前广泛使用的一种动态路由协议，具有路由变化收敛速度快、无路由环路、支持 VLSM 和汇总，以及层次区域划分等优点。在网络中使用 OSPF 后，大部分路由将由 OSPF 自行计算和生成，无须网络管理员手动配置。当网络拓扑发生变化时，此协议可以自动计算、更正路由，极大地方便了网络管理。

OSPF 是一种链路状态路由协议。每台路由器负责发现、维护与邻居的关系，描述已知的邻居列表和链路状态更新（Link State Update，LSU）报文，通过可靠的泛洪以及与 AS 内其他路由器的周期性交互，学习到整个 AS 的网络拓扑结构，并通过 AS 边界的路由器注入其他 AS 的路由信息得到整个网络的路由信息。每隔一个特定时间或当链路状态发生变化时，重新生成链路状态通告（Link State Advertisement，LSA）数据包，路由器通过泛洪机制将新 LSA 数据包通告出去，以实现路由实时更新。

OSPF 是一种内部网关协议，用于在单一 AS 内决策路由。OSPF 是基本链路状态的路由协议。链路状态是指路由器端口或链路的参数，这些参数是端口物理条件，包括端口状态是 UP 还是 DOWN、端口的 IP 地址、分配给端口的子网掩码、端口所连接的网络及路由器进行网络连接的相关费用。OSPF 路由器与其他路由器交换信息，但交换的不是路由而是链路状态，即 OSPF 路由器没有告知其他路由器可以到达哪些网络及它们与那些网络的距离，而是告知它们网络链路状态、这些端口所连接的网络及使用这些端口的开销。各路由器都有其自身的链路状态，这种链路状态称为本地链路状态，本地链路状态在 OSPF 区域内传播，直到所有的 OSPF 路由器都有完整且等同的链路状态数据库为止。一旦每台路由器都接收到所有的链路状态，每台路由器就可以构造一棵树，以它自己为根，分支表示到 AS 中所有网络最短的或开销值最低的路由。

OSPF 通常将规模较大的网络划分成多个 OSPF 区域，要求路由器与同一区域内的路由器交换链路状态，并要求在区域边界路由器上交换区域内的汇总链路状态，这样可以减少传播的信息量，且可降低最短路径的计算强度。在区域划分时，必须有一个骨干区域（即区域 0），其他非 0 或非骨干区域与骨干区域必须有物理连接或者逻辑连接。当有物理连接时，必须存在这样一台路由器：它的一个端口在骨干区域，而另一个端口在非骨干区域。当非骨干区域不可能物理连接到骨干区域时，必须定义一个逻辑或虚拟链路。虚拟链路由两个端点和一个传输区来定义，其中一个端点是路由器端口，属于骨干区域的一部分；另一个端点也是一个路由器端口，但在与骨干区域没有物理连接的非骨干区域中；传输区是一个区域，介于骨干区域与非骨干区域之间。

OSPF 号为 89，采用组播方式进行 OSPF 包交换，组播地址为 224.0.0.5（全部 OSPF 路由器）和 224.0.0.6（指定路由器）。

4.3.2 OSPF 路由的基本概念

1. OSPF 的常用术语

OSPF 的常用术语如下。

（1）路由器 ID（Router ID）：用于标识每台路由器的 32 位数，通常将最高的 IP 地址分配给路由器 ID，如果在路由器上使用了回环端口，则路由器 ID 是回环端口的最高 IP 地址，此时不用考虑物理端口的 IP 地址。

（2）端口：用于连接网络设备，如 RJ-45 端口、SC 光纤端口等。

（3）邻居路由器（Neighbor Router）：带有可连接到公有网络的端口的路由器。

（4）广播网络（Broadcast Network）：支持广播的网络，以太网是一个广播网络。

（5）非广播网络（Non-Broadcast Network）：支持多于两台连接路由器，但是没有广播能力的网络，如帧中继和 X.25 等网络；在非广播网络中，有非广播多点访问（Non-Broadcast Multiple Access，NBMA）网络（在同一个网络中，但不能通过广播访问到）和点到多点（Point to MultiPoint，P2MP）网络。

（6）指定路由器（Designated Router，DR）：在广播和 NBMA 网络中用于向公有网络传播链路状态信息的路由器。

（7）备份指定路由器（Backup Designated Router，BDR）：用于在 DR 发生故障时替换 DR。

（8）区域边界路由器（Area Border Router，ABR）：用于连接多个 OSPF 区域的路由器。

（9）自治系统边界路由器（Autonomous System Border Router，ASBR）：一台 OSPF 路由器，但它连接到另一个 AS，或者在同一个 AS 的网络区域中，运行不同于 OSPF 的 IGP。

（10）链路状态通告（Link State Advertisement，LSA）：路由器的本地链路状态通过该通告在整个 OSPF 区域内传播。

（11）链路状态数据库（Link State Database，LSDB）：收到 LSA 的路由器都可以根据 LSA 提供的信息建立自己的 LSDB，并可在 LSDB 的基础上使用最短通路优先（Shortest Path First，SPF）算法进行运算，以建立起到达每个网络的最短路径树。

（12）邻接关系（Adjacency）：可以在点到点的两台路由器之间形成，也可以在广播或 NBMA 网络的 DR 和 BDR 之间形成，还可以在 BDR 和非指定路由器之间形成；OSPF 路由状态信息只能通过邻接关系被传送和接收。

（13）泛洪（Flooding）：在 OSPF 区域内扩散某一链路状态，以同步路由器之间的 LSDB。

（14）区域内路由（Intra Area Routing）：相同 OSPF 区域的网络之间的路由，这些路由仅依据从区域内所接收的信息形成。

（15）区域间路由（Inter Area Routing）：两个不同的 OSPF 区域的网络之间的路由；区域间的路径由 3 部分组成，即从区域到源区域的 ABR 的区域内路径、从源 ABR 到目的 ABR 的骨干路径和从目的 ABR 到目的区域的路径。

（16）外部路由（External Routing）：从另一个 AS 或另一种路由协议得知的路由可以作为外部路由放到 OSPF 路由的路由表中。

（17）路由汇总（Route Summarization）：要通告的路由可能是一个区域的路由，也可能是另一个 AS 的路由及由另一种路由协议得知的路由，这些路由都可以由 OSPF 汇总成一个路由通告，路由汇总仅可以在 ABR 或 ASBR 上发生。

（18）Stub 区域（Stub Area）：只有一个出口的区域。它是一个末梢区域，其特点之一就是区域内的路由器不能注入其他路由条目，所以不会生成相应的 5 类 LSA。

（19）末梢节区域（Not-So-Stubby Area，NSSA）：与 Stub 区域类似，是一个末梢区域，只是它取消了不能注入其他路由条目的限制，也就是说，它可以注入外部路由。

2. OSPF 的特点

OSPF 的特点如下。

（1）无环路。OSPF 是一种基于链路状态的路由协议，它从设计上保证了无路由环路。OSPF 支持区域的划分，区域内部的路由器使用 SPF 算法保证了区域内部无环路。OSPF 利用区域间的连接规则保证了区域之间无路由环路。

（2）收敛速度快。OSPF 支持触发更新，能够快速检测并通告 AS 内的网络拓扑变化。

（3）扩展性好。OSPF 可以解决网络扩容带来的问题。在网络上路由器越来越多，路由信息流量急剧增长的时候，OSPF 可以将每个 AS 划分为多个区域，并限制每个区域的范围。OSPF 的这种划分区域的特点使得其特别适用于大、中型网络。

（4）提供认证功能。OSPF 路由器之间的报文可以配置为必须经过认证才能进行交换。

（5）具有更高的优先级和可信度。在 RIP 中，路由的管理距离值为 100；而 OSPF 具有更高的优先级和可信度，路由的管理距离值为 10。

3. OSPF 的邻居与邻接关系及其工作原理

（1）邻居与邻接关系。邻居与邻接关系建立的过程如图 4.19 所示。

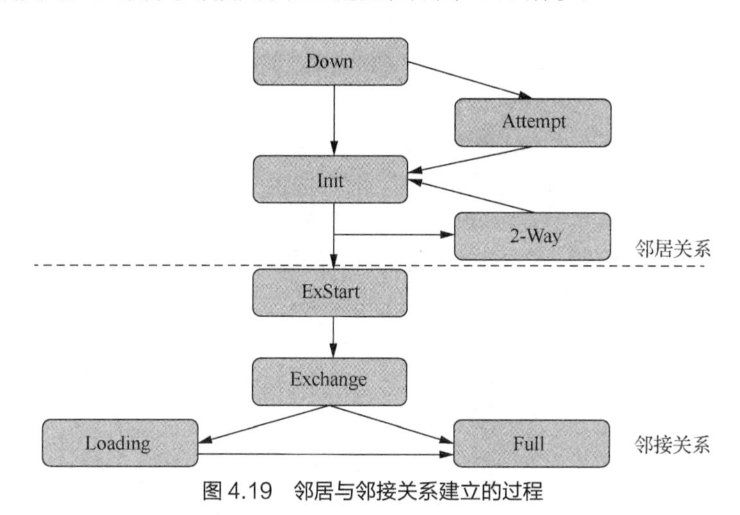

图 4.19　邻居与邻接关系建立的过程

对各状态的说明如下。

① Down：此状态是邻居的初始状态，表示没有在邻居失效时间间隔内收到来自邻居路由器的 Hello 报文。

② Attempt：此状态只在 NBMA 网络上存在，表示没有收到邻居的任何信息，但是已经周期性地向邻居发送报文，发送间隔为 HelloInterval；如果在 RouterDeadInterval 间隔内未收到邻居的 Hello 报文，则转换为 Down 状态。

③ Init：在此状态下，路由器已经从邻居处收到了 Hello 报文，但是它自己不在所收到的 Hello 报文的邻居列表中，尚未与邻居建立双向通信关系。

④ 2-Way：在此状态下，双向通信关系已经建立，但是没有与邻居建立邻接关系；此状态是建立邻接关系以前的最高级状态。

⑤ ExStart：此状态是形成邻接关系的第一个状态，邻居的状态转换为此状态以后，路由器开始向邻居发送数据库描述（Database Description，DD）报文；主从关系是在此状态下形成的，初始 DD 序列号也是在此状态下决定的，在此状态下发送的 DD 报文不包含链路状态描述。

⑥ Exchange：在此状态下，路由器相互发送包含链路状态信息摘要的 DD 报文，以描述本地 LSDB 的内容。

⑦ Loading：在此状态下，路由器相互发送链路状态请求（Link State Request，LSR）报文请求 LSA，发送 LSU 报文通告 LSA。

⑧ Full：此状态表示路由器的 LSDB 已经同步。

路由器 ID 是一个 32 位的值，它唯一标识了 AS 内的路由器，网络管理员可以为每台运行 OSPF 的路由器手动配置一个路由器 ID。如果未手动指定，则设备会按照以下规则自动选择路由器 ID：如果设备存在多个逻辑端口地址，则路由器使用逻辑端口地址中最大的 IP 地址作为路由器 ID；如果没有配置逻辑端口，则路由器使用物理端口地址中最大的 IP 地址作为路由器 ID。在为一台运行 OSPF 的路由器配置新的路由器 ID 后，可以在路由器上通过重置 OSPF 进程来更新路由器 ID。通常建议手动配置路由器 ID，以防止路由器 ID 因为端口地址的变化而改变。

运行 OSPF 的路由器之间需要交换链路状态信息和路由信息，在交换这些信息之前，路由器之间需要建立邻接关系。

① 邻居（Neighbor）关系。OSPF 路由器启动后，便会通过 OSPF 端口向外发送 Hello 报文以发现邻居。收到 Hello 报文的 OSPF 路由器会检查报文中定义的一些参数，如果双方的参数一致，则会形成邻居关系，状态转换为 2-Way 即可称为建立了邻居关系。

② 邻接关系。形成邻居关系的双方不一定都能形成邻接关系，这要根据网络类型而定；只有当双方成功交换 DD 报文，并同步 LSDB 后，才能形成真正意义上的邻接关系。

（2）OSPF 的工作原理。

OSPF 要求每台运行 OSPF 的路由器都了解整个网络的链路状态信息，这样才能计算出到达目的地的最优路径。OSPF 的收敛过程由 LSA 泛洪开始，LSA 中包含路由器已知的端口 IP 地址、掩码、开销和网络类型等信息。收到 LSA 的路由器都可以根据 LSA 提供的信息建立自己的 LSDB，并在 LSDB 的基础上使用 SPF 算法进行运算，建立起到达每个网络的最短路径树。最后，通过最短路径树得出到达目的网络的最优路由，并将其加入路由表中，如图 4.20 所示。

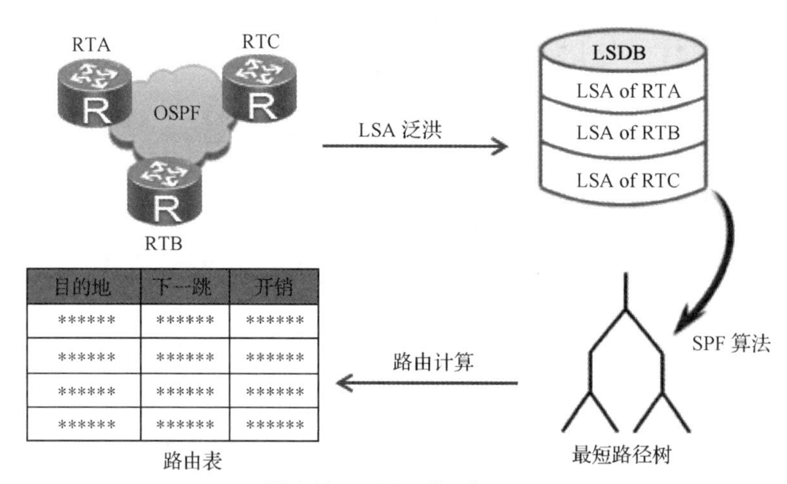

图 4.20　OSPF 的工作原理

4. OSPF 开销

OSPF 基于端口带宽计算开销，计算公式为端口开销=带宽参考值÷带宽。带宽参考值可配置，默认为 100Mbit/s。因此，一个带宽参考值为 64kbit/s 的串口的开销约为 1562，一个 E1 端口（带宽参考值为 2.048Mbit/s）的开销约为 48。

可以使用 bandwidth-reference 命令来调整带宽参考值，从而改变端口开销，带宽参考值越大，得到的端口开销越准确。在支持 10Gbit/s 传输速率的情况下，推荐将带宽参考值提高到 10000Mbit/s 来分别为传输速率为 1Gbit/s、10Gbit/s 和 100Mbit/s 的链路提供 1、10 和 100 的开销。注意，带宽参考值需要在整个 OSPF 网络中统一进行调整与配置。

另外，可以使用 ospf cost 命令手动为一个端口调整开销，开销值范围为 1~65535，默认值为 1。

4.3.3　OSPF 报文类型

OSPF 报文信息用来保证路由器之间可互相传播各种信息。OSPF 报文共有 5 种类型，如表 4.2 所示。任意一种 OSPF 报文都需要加上 OSPF 的报文头，最后封装在 IP 中传送。一个 OSPF 报文的最大长度为 1500 字节，其结构如图 4.21 所示。OSPF 直接运行在 IP 之上，使用的 IP 端口号为 89。

表 4.2　OSPF 报文类型及报文功能

报文类型	功能描述
Hello 报文	周期性发送，发现和维护 OSPF 邻居关系
DD 报文	邻居间同步数据库内容
LSR 报文	向对端路由器请求缺少的 LSA 报文
LSU 报文	向对端路由器发送所需要的 LSA 报文
LSACK 报文	对接收到的 LSA 报文进行确认

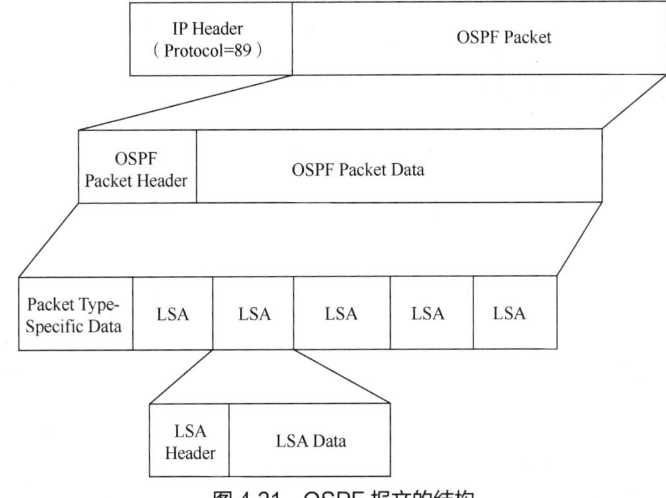

图 4.21　OSPF 报文的结构

（1）Hello 报文：一种常用的报文，用于发现、维护邻居关系，并在广播和 NBMA 网络中选择 DR 和 BDR。

（2）DD 报文：当两台路由器进行 LSDB 同步时，使用 DD 报文来描述自己的 LSDB；DD 报文的内容包括 LSDB 中每一条 LSA 报文的头部（LSA 报文的头部可以唯一标识 LSA 报文）；LSA 报文头部只占一条 LSA 报文的整个数据量的一小部分，因此使用 DD 报文可以减少路由器之间的协议报文流量。

（3）LSR 报文：两台路由器互相交换过 DD 报文之后，知道对端路由器中包括本地 LSDB 缺少的 LSA 报文，此时需要发送 LSR 报文向对方请求缺少的 LSA 报文，LSR 报文中只包含所需要的 LSA 报文的摘要信息。

（4）LSU 报文：用来向对端路由器发送所需要的 LSA 报文。

（5）链路状态确认（Link State Acknowledgment，LSACK）报文：用来对接收到的 LSA 报文进行确认。

4.3.4　OSPF 支持的网络类型

OSPF 定义了 4 种网络类型，它们分别是点到点网络、广播网络、NBMA 网络和 P2MP 网络。

（1）点到点网络是指只把两台路由器直接相连的网络。一个运行点到点协议（Point-to-Point Protocol，PPP）的 64K 串行线路就是一个点到点网络的例子，如图 4.22 所示。

（2）广播网络是指支持两台以上路由器，并具有广播能力的网络。一个含有 3 台路由器的以太网就是一个广播网络的例子，如图 4.23 所示。

图 4.22　点到点网络

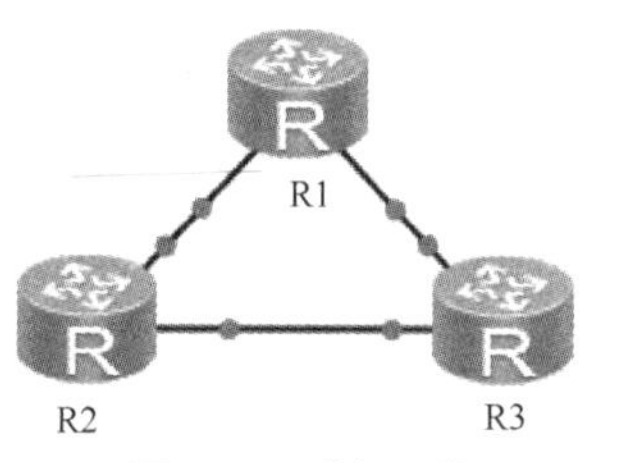

图 4.23　广播网络

OSPF 可以在不支持广播的多路访问网络上运行，此类网络包括在 Hub-spoke 拓扑上运行的帧中继（Frame Relay，FR）和异步传输模式（Asynchronous Transfer Mode，ATM）网络，这些网络的通信依赖于虚拟电路。OSPF 定义了两种支持多路访问的网络：NBMA 网络和 P2MP 网络。

（3）NBMA 网络。在 NBMA 网络上，OSPF 模拟在广播网络上的操作，但是每台路由器的邻居都需要手动配置，NBMA 方式要求网络中的路由器组成全连接，如图 4.24 所示。

（4）P2MP 网络。将整个网络看作一组 P2MP 网络，对不能组成全连接的网络应当使用 P2MP 方式，如只使用 PVC 的不完全连接的帧中继网络，如图 4.25 所示。

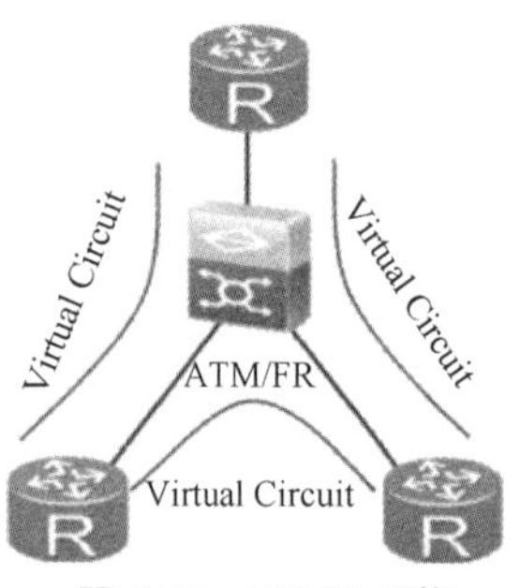

图 4.24　NBMA 网络

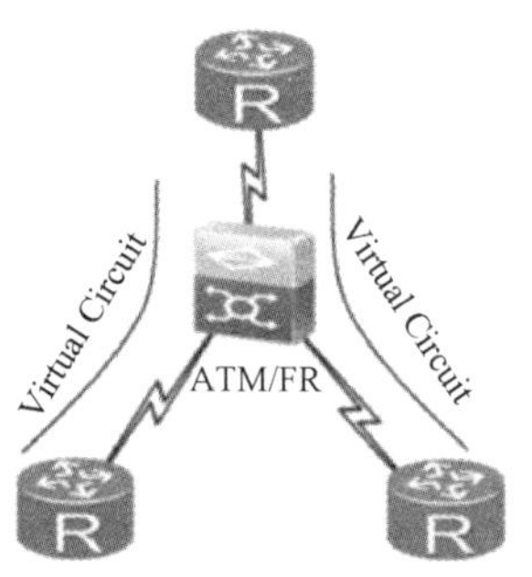

图 4.25　P2MP 网络

4.3.5　DR 与 BDR 的选举

每一个含有至少两台路由器的广播网络和 NBMA 网络中都有一个 DR 和 BDR。DR 和 BDR 可以减少邻接关系的数量，从而减少链路状态信息及路由信息的交换次数，这样可以节省带宽，缓解处理路由器的压力。

一台既不是 DR 又不是 BDR 的路由器，只与 DR 和 BDR 形成邻接关系并交换链路状态信息及路由信息，大大减少了大型广播网络和 NBMA 网络中的邻接关系数量。在没有 DR 的广播网络上，邻接关系的数量可以根据公式 $n(n-1)/2$ 计算得出，其中，n 代表参与 OSPF 的路由器端口的数量。

一个广播网络上的所有路由器之间有 10 个邻接关系。当指定 DR 后，所有路由器都会与 DR 建立起邻接关系，DR 就成为该广播网络上的中心点。BDR 会在 DR 发生故障时接管其业务，因此一个广播网络上的所有路由器都必须同 BDR 建立邻接关系。

在邻居发现完成之后，路由器会根据网段类型进行 DR 的选举。在广播和 NBMA 网络上，路由器会根据参与选择的每个端口的优先级进行 DR 的选举。端口优先级的取值范围为 0~255，值越大表示优先级越高。默认情况下，端口优先级为 1；如果一个端口的优先级为 0，那么该端口将不会参与 DR 或 BDR 的选举；如果端口优先级相同，则比较路由器 ID，值越大表示优先级越高。为了给 DR 做备份，每个广播和 NBMA 网络上都要选举一个 BDR。BDR 也会与网络上所有的路由器建立邻接关系。为了维护网络上邻接关系的稳定性，如果网络中已经存在 DR 和 BDR，则新添加到该网络中的路由器不会成为 DR 和 BDR，不管该路由器的优先级是否最高。如果当前 DR 发生故障，则当前 BDR 自动成为新的 DR，再在网络中重新选举 BDR；如果当前 BDR 发生故障，则 DR 不变，重新选择 BDR。DR 与 BDR 的选举如图 4.26

所示。这种选择机制的作用是保持邻接关系的稳定性，使拓扑结构的改变对邻接关系的影响尽量小。

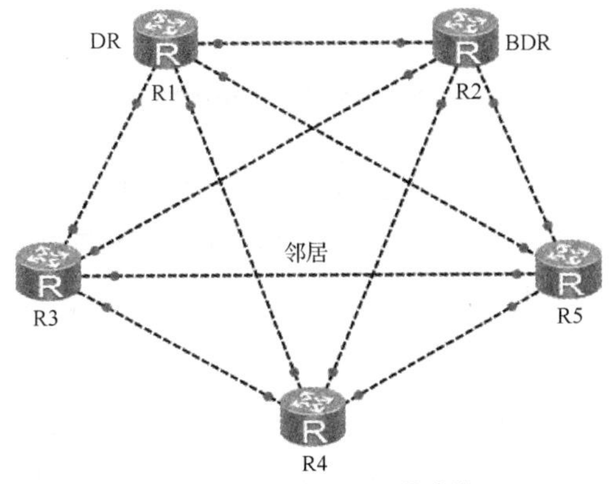

图 4.26　DR 与 BDR 的选举

4.3.6　OSPF 区域划分

OSPF 支持将一组网段组合在一起，这样的一个组合称为一个区域。划分 OSPF 区域可以缩小路由器的 LSDB 规模，减少网络流量。区域内的详细拓扑信息不向其他区域发送，区域间传递的是抽象的路由信息，而不是详细的描述拓扑结构的链路状态信息。每个区域都有自己的 LSDB，不同区域的 LSDB 是不同的。路由器会为每一个自己连接到的区域维护一个单独的 LSDB。详细链路状态信息不会被发布到区域外，因此 LSDB 的规模被大大缩小了。

OSPF 区域划分如图 4.27 所示。Area 0 为骨干区域，为了避免产生区域间路由环路，非骨干区域之间不允许直接相互发布路由信息。因此，每个区域都必须连接到骨干区域。

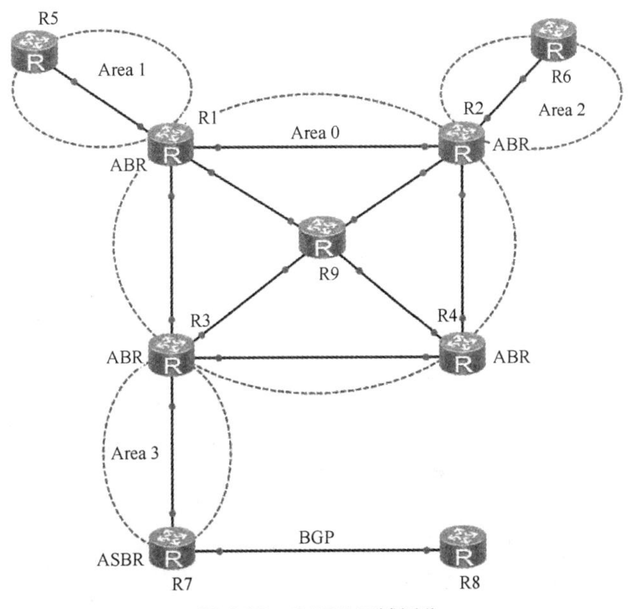

图 4.27　OSPF 区域划分

运行在区域之间的路由器叫作 ABR，它包含所有相连区域的 LSDB。ASBR 是和其他 AS 中的路由器交换路由信息的路由器，这种路由器会向整个 AS 通告 AS 外部路由信息。

在规模较小的公司网络中，可以把所有的路由器都划分到同一个 OSPF 区域中，同一个 OSPF 区域的路由器中的 LSDB 是完全一致的。OSPF 区域号可以手动配置，为了方便将来的网络扩展，推荐将该区域号设置为 0，即骨干区域。

任务实施

配置多区域 OSPF 路由，相关端口与 IP 地址配置如图 4.28 所示，进行网络拓扑连接。配置路由器 R1 和路由器 R2，使得路由器 R1 为 DR，路由器 R2 为 BDR，并且路由器 R1 和路由器 R2 所在的区域为骨干区域 Area 0，其他区域为非骨干区域。

V4-4 配置多区域 OSPF 路由

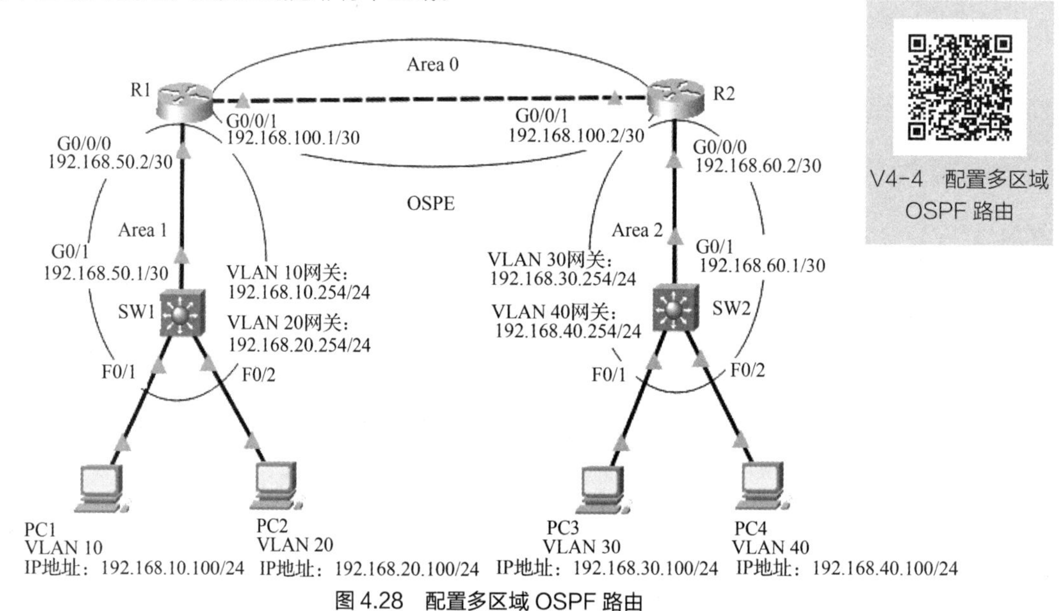

图 4.28 配置多区域 OSPF 路由

（1）配置交换机 SW1，相关实例代码如下。

```
Switch>enable
Switch#terminal  no  monitor
Switch#conf  t
Switch(config)#hostname  SW1
SW1(config)#vlan  10
SW1(config-vlan)#exit
SW1(config)#vlan 20
SW1(config-vlan)#exit
SW1(config)#int  f 0/1
SW1(config-if)#switchport   access   vlan   10
SW1(config-if)#int  f 0/2
SW1(config-if)# switchport   access   vlan   20
SW1(config-if)#exit
SW1(config)#int  vlan  10
SW1(config-if)#ip   address  192.168.10.254  255.255.255.0
SW1(config-if)#no  shutdown
SW1(config-if)#int  vlan  20
SW1(config-if)#ip  address  192.168.20.254  255.255.255.0
SW1(config-if)#no  shutdown
SW1(config-if)#int  g 0/1
```

```
SW1(config-if)#no  switchport                                     //关闭交换功能
SW1(config-if)#ip  address  192.168.50.1  255.255.255.252
SW1(config-if)#no  shutdown
SW1(config-if)#exit
SW1(config)#ip  routing                                           //启用三层路由功能
SW1(config-if)#router  ospf  1                                    //启动 OSPF 进程
SW1(config-router)#network  192.168.10.0  0.0.0.255  area 1
SW1(config-router)#network  192.168.20.0  0.0.0.255  area 1
SW1(config-router)#network  192.168.50.0  0.0.0.255  area 1
SW1(config-router)#end
SW1#
```

（2）配置交换机 SW2，相关实例代码如下。

```
Switch>enable
Switch#terminal  no  monitor
Switch#conf  t
Switch(config)#hostname  SW2
SW2(config)#vlan  30
SW2(config-vlan)#exit
SW2(config)#vlan 40
SW2(config-vlan)#exit
SW2(config)#int  f 0/1
SW2(config-if)#switchport  access  vlan  30
SW2(config-if)#int  f 0/2
SW2(config-if)# switchport  access  vlan  40
SW2(config-if)#exit
SW2(config)#int  vlan  30
SW2(config-if)#ip  address  192.168.30.254  255.255.255.0
SW2(config-if)#no  shutdown
SW2(config-if)#int  vlan  40
SW2(config-if)#ip  address  192.168.40.254  255.255.255.0
SW2(config-if)#no  shutdown
SW2(config-if)#int  g 0/1
SW2(config-if)#no  switchport                                     //关闭交换功能
SW2(config-if)#ip  address  192.168.60.1  255.255.255.252
SW2(config-if)#no  shutdown
SW2(config-if)#exit
SW2(config)#ip  routing                                           //启用三层路由功能
SW2(config-if)#router  ospf  1                                    //启动 OSPF 进程
SW2(config-router)#network  192.168.30.0  0.0.0.255  area  2
SW2(config-router)#network  192.168.40.0  0.0.0.255  area  2
SW2(config-router)#network  192.168.60.0  0.0.0.255  area  2
SW2(config-router)#end
SW2#
```

（3）配置路由器 R1，相关实例代码如下。

```
Router>enable
Router#terminal  no  monitor
Router#conf  t
Router(config)#hostname  R1
R1(config)#int  g 0/0/0
```

```
R1(config-if)#ip  address  192.168.50.2  255.255.255.252
R1(config-if)#no  shutdown
R1(config-if)#int  g 0/0/1
R1(config-if)#ip  address  192.168.100.1  255.255.255.252
R1(config-if)#no  shutdown
R1(config-if)#exit
R1(config)#router  ospf  1
R1(config-router)#network  192.168.50.0   0.0.0.255   area  1
R1(config-router)#network  192.168.100.0  0.0.0.255   area  0
R1(config-router)#end
R1#
```

（4）配置路由器 R2，相关实例代码如下。

```
Router>enable
Router#terminal  no  monitor
Router#conf  t
Router(config)#hostname  R2
R2(config)#int  g 0/0/0
R2(config-if)#ip  address  192.168.60.2  255.255.255.252
R2(config-if)#no  shutdown
R2(config-if)#int  g 0/0/1
R2(config-if)#ip  address  192.168.100.2  255.255.255.252
R2(config-if)#no  shutdown
R2(config-if)#exit
R2(config)#router  ospf  1
R2(config-router)#network  192.168.60.0   0.0.0.255  area  2
R2(config-router)#network  192.168.100.0  0.0.0.255  area  0
R2(config-router)#end
R2#
```

（5）显示交换机 SW1、SW2 的配置信息。以交换机 SW1 为例，主要相关实例代码如下。

```
SW1#show  running-config
!
hostname SW1
!
ip routing
!
interface FastEthernet 0/1
 switchport access vlan 10
!
interface FastEthernet 0/2
 switchport access vlan 20
!
interface GigabitEthernet0/1
 no switchport
 ip address 192.168.50.1 255.255.255.252
 duplex auto
 speed auto
!
interface Vlan10
 mac-address 00d0.9717.a101
```

```
 ip address 192.168.10.254 255.255.255.0
!
interface Vlan20
 mac-address 00d0.9717.a102
 ip address 192.168.20.254 255.255.255.0
!
router ospf 1
 log-adjacency-changes
 network 192.168.10.0 0.0.0.255 area 1
 network 192.168.20.0 0.0.0.255 area 1
 network 192.168.50.0 0.0.0.255 area 1
!
SW1#
```

（6）显示路由器 R1、R2 的配置信息。以路由器 R1 为例，主要相关实例代码如下。

```
R1#show   running-config
!
hostname R1
!
interface GigabitEthernet0/0/0
 ip address 192.168.50.2 255.255.255.252
 duplex auto
 speed auto
!
interface GigabitEthernet0/0/1
 ip address 192.168.100.1 255.255.255.252
 duplex auto
 speed auto
!
router ospf 1
 log-adjacency-changes
 network 192.168.50.0   0.0.0.255 area 1
 network 192.168.100.0 0.0.0.255 area 0
!
R1#
```

（7）查看路由器 R1、R2 的路由表信息。以路由器 R1 为例，如图 4.29 所示。

```
R1#show  ip  route
Codes: L - local, C - connected, S - static, R - RIP, M - mobile, B - BGP
       D - EIGRP, EX - EIGRP external, O - OSPF, IA - OSPF inter area
       N1 - OSPF NSSA external type 1, N2 - OSPF NSSA external type 2
       E1 - OSPF external type 1, E2 - OSPF external type 2, E - EGP
       i - IS-IS, L1 - IS-IS level-1, L2 - IS-IS level-2, ia - IS-IS inter area
       * - candidate default, U - per-user static route, o - ODR
       P - periodic downloaded static route

Gateway of last resort is not set

O    192.168.10.0/24 [110/2] via 192.168.50.1, 00:02:54, GigabitEthernet0/0/0
O    192.168.20.0/24 [110/2] via 192.168.50.1, 00:02:54, GigabitEthernet0/0/0
     192.168.50.0/24 is variably subnetted, 2 subnets, 2 masks
C       192.168.50.0/30 is directly connected, GigabitEthernet0/0/0
L       192.168.50.2/32 is directly connected, GigabitEthernet0/0/0
     192.168.60.0/30 is subnetted, 1 subnets
O IA    192.168.60.0/30 [110/2] via 192.168.100.2, 00:01:50, GigabitEthernet0/0/1
     192.168.100.0/24 is variably subnetted, 2 subnets, 2 masks
C       192.168.100.0/30 is directly connected, GigabitEthernet0/0/1
L       192.168.100.1/32 is directly connected, GigabitEthernet0/0/1

R1#
```

图 4.29　路由器 R1 的路由表信息

（8）使用主机 PC1 测试路由验证结果。主机 PC1 访问主机 PC3 的测试结果如图 4.30 所示。

图 4.30　主机 PC1 访问主机 PC3 的测试结果

练习题

1. 选择题

（1）静态路由的默认管理距离值为（　　）。

A. 0　　B. 1　　C. 60　　D. 100

（2）RIP 网络中允许的最大跳数为（　　）。

A. 8　　B. 15　　C. 32　　D. 64

（3）路由表中的 0.0.0.0 代表的是（　　）。

A. 默认路由　　B. 动态路由　　C. RIP　　D. OSPF

（4）思科网络设备中，定义 RIP 网络的默认管理距离值为（　　）。

A. 1　　B. 60　　C. 100　　D. 120

（5）RIP 网络中，每台路由器会周期性地向邻居路由器通告自己的整张路由表中的路由信息，默认周期为（　　）。

A. 30s　　B. 60s　　C. 120s　　D. 150s

（6）RIP 网络中，为防止产生路由环路，路由器不会把从邻居路由器学到的路由再发回去，这种技术被称为（　　）。

A. 定义最大值　　B. 水平分割　　C. 控制更新时间　　D. 触发更新

（7）路由器在转发数据包时，依靠数据包的（　　）寻找下一跳地址。

A. 数据帧中的目的 MAC 地址　　B. UDP 头中的目的 IP 地址

C. TCP 头中的目的 IP 地址　　D. IP 头中的目的 IP 地址

（8）网络中有 6 台路由器，最多可以形成的邻接关系的数量为（　　）。

A. 8　　B. 10　　C. 15　　D. 30

（9）OSPF 号为（　　）。

A. 68　　B. 69　　C. 88　　D. 89

（10）属于路由信息的生成方式的是（　　）。

A. 通过动态路由协议生成　　B. 路由器的直连网段自动生成

C. 通过手动配置产生　　D. 以上都是

2. 简答题

（1）简述路由器的工作原理。

（2）简述静态路由、默认路由的特点及应用场合。

（3）简述 RIP 的工作原理。

（4）简述 RIP 的局限性、RIP 路由环路及 RIP 防止路由环路的机制。

（5）简述 OSPF 的工作原理。

（6）简述 OSPF 的路由区域报文类型。

（7）简述 DR 与 BDR 的选举过程。

（8）为什么要进行 OSPF 区域划分?

项目5 网络安全配置与管理

知识目标

- 了解交换机安全端口。
- 了解标准 ACL、扩展 ACL 的特性。

技能目标

- 掌握标准 ACL、扩展 ACL 的配置方法。

素养目标

- 培养学生的创新能力、组织能力和决策能力。
- 培养学生的实践能力，使学生树立爱岗敬业精神。

任务 5.1 交换机端口接入安全配置

任务描述

小李是某公司的网络工程师。随着该公司的规模不断扩大，公司网络的子网数量不断增加。因此，公司网络的安全性与可靠性越来越重要，于是，公司领导安排小李对公司的网络进行优化，要求既要对接入终端进行相应的端口安全管理与配置，又要满足不同用户的访问需求。小李根据公司的要求制订了一份合理的网络实施方案，那么他是如何完成网络设备的相应配置的呢?

知识准备

5.1.1 交换机安全端口概述

交换机端口是连接网络终端设备的重要端口，加强交换机端口的安全管理工作是提高整个网络的安全性的关键。默认情况下，交换机的所有端口都是完全开放的，没有任何安全检查措施，允许所有数据流通过。因此，交换机安全端口技术是网络安全防范中常用的接入安全技术之一。通过为交换机的端口增加安全访问功能，可以有效保护网络内用户的安全。通常，交换机的端口安全保护是工作在交换机二层端口上的安全特性。

5.1.2 安全端口地址绑定

网络中的不安全因素非常多，大部分网络攻击采用欺骗源 IP 地址或源 MAC 地址的方法，对网络核心设备进行连续数据包的攻击，从而消耗网络核心设备的资源。常见的网络攻击有 MAC 地址攻击、ARP 攻击、DHCP 攻击等。这些针对交换机端口的攻击行为，可以通过启用交换机端口的安全功能来进行防范。为了防范这些攻击，可以采取如下措施。

1. 绑定交换机安全端口地址

端口安全功能通过报文的源 MAC 地址、源 MAC 地址+源 IP 地址或者仅源 IP 地址来控制报文是否可以进入交换机的端口。用户可以静态设置特定的 MAC 地址、静态 IP 地址+MAC 地址绑定或者仅 IP 地址绑定，也可以动态学习限定个数的 MAC 地址来控制报文是否可以进入端口。使用端口安全功能的端口称为安全端口。只有当报文的 MAC 地址匹配端口安全地址表中预先配置的绑定条目（包括绑定的 IP 地址与其对应的 MAC 地址、单独的已学习并绑定的 MAC 地址）时，报文才被允许进入交换机进行通信。所有未匹配上述条件的其他报文都将被交换机丢弃。绑定交换机安全端口地址如图 5.1 所示。

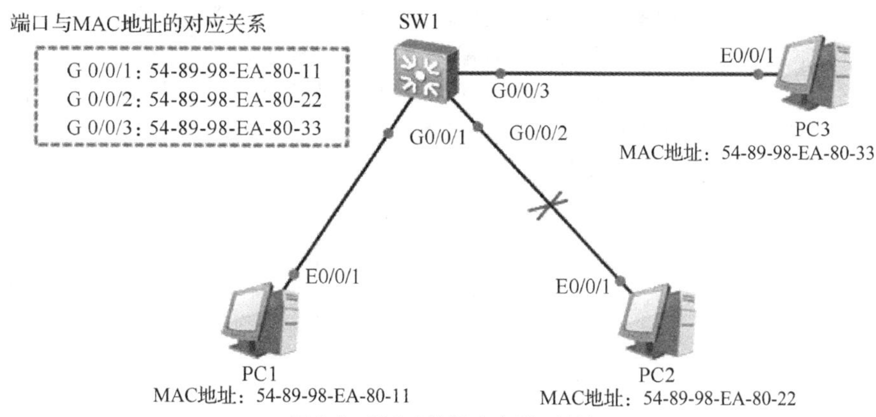

图 5.1 绑定交换机安全端口地址

2. 设置安全端口最大连接数

交换机的端口安全功能还表现在可以限制一个端口上安全地址的连接数上。如果一个端口被配置为安全端口，并且配置了最大连接数，则当连接的安全地址的数目达到允许的最大连接数时，或者当该端口收到的源地址不属于该端口的安全地址时，交换机将给出一个安全违规通知，并会按照事先定义的安全违规模式进行操作。

为安全端口设置最大连接数可以防止过多用户接入网络。如果只为交换机上的某个端口配置一个安全地址，则连接到这个端口的计算机将独享该端口的全部带宽。

3. 采用安全违规模式

当出现安全违规情况时，可以针对不同的网络安全需要，采用不同的安全违规模式，如表 5.1 所示。

表 5.1 端口的安全违规模式

安全违规模式	违规模式说明
Shutdown（默认）	端口的状态立刻转换为错误禁用（Error-Disabled）状态，关闭端口 LED 并发送一条系统日志消息； 该模式会让安全违规（Security Violation）计数器的值增加； 当安全端口处于错误禁用状态时，必须执行 shutdown 和 no shutdown 命令重新启用该端口
Restrict	端口会丢弃携带未知源地址的数据包，直到网络管理员删除了足够数量的安全 MAC 地址，使其数量降到了最大值以下，或者直到网络管理员增加了安全 MAC 地址数量的最大值； 该模式会让安全违规计数器的值增加，并且发送一条系统日志消息
Protect	这是最不安全的安全违规模式； 端口会丢弃携带未知源地址的数据包，直到网络管理员删除了足够数量的安全 MAC 地址，使其数量降到了最大值以下，或者直到网络管理员增加了安全 MAC 地址数量的最大值； 该模式不会发送系统日志消息

安全违规模式的比较如表 5.2 所示。

表 5.2 安全违规模式的比较

安全违规模式	丢弃违规流量	发送系统日志（syslog）消息	增加安全违规计数器的值
Shutdown（默认）	是	是	是
Restrict	是	是	是
Protect	是	否	否

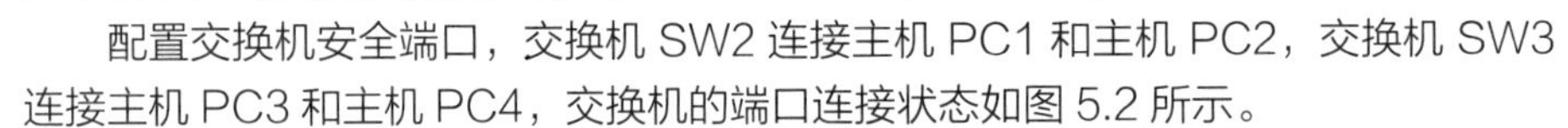

任务实施

在网络中，MAC 地址是设备中不变的物理地址，只要控制了 MAC 地址接入，就控制了交换机的端口接入，所以，端口安全就是 MAC 地址的安全。在交换机中，内容可寻址内存（Content Addressable Memory，CAM）表又叫 MAC 地址表，其中记录了与交换机相连的设备的 MAC 地址、端口号、所属 VLAN 等。

V5-1 配置交换机安全端口

配置交换机安全端口，交换机 SW2 连接主机 PC1 和主机 PC2，交换机 SW3 连接主机 PC3 和主机 PC4，交换机的端口连接状态如图 5.2 所示。

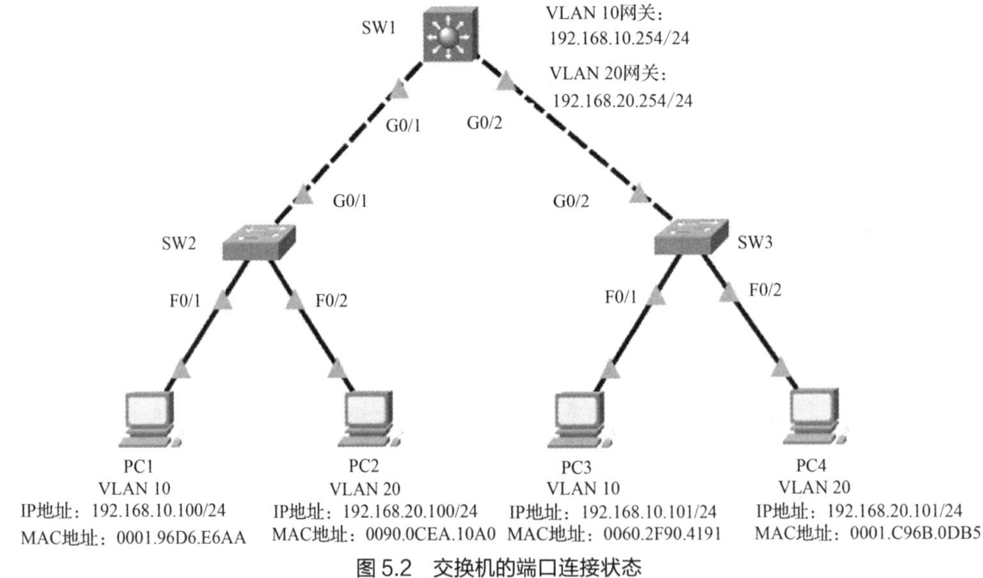

图 5.2 交换机的端口连接状态

1. 启用端口安全功能

（1）在交换机 SW2 的 F0/1 端口上启用端口安全功能，相关实例代码如下。

```
Switch>enable
Switch#conf  t
Switch(config)#hostname  SW2
SW2(config)#vlan  10
SW2(config-vlan)#exit
SW2(config)#int  f0/1
SW2(config-if)#switchport  port-security
Command rejected: FastEthernet 0/1 is a dynamic port.        //提示命令被拒绝
SW2(config-if)#switchport  mode  access
```

```
SW2(config-if)#switchport   access   vlan   10
SW2(config-if)#switchport   port-security
SW2(config-if)#end
SW2#
```

端口安全功能只能配置在手动配置的接入端口或中继端口上。在默认情况下，第 2 层交换机端口都会被设置为 dynamic auto 模式。因此，需要使用 switchport mode access 命令对端口进行配置。

（2）显示当前端口安全状态，相关实例代码如下。

```
SW2#show   port-security      interface    f 0/1
Port Security                 : Enabled
Port Status                   : Secure-up
Violation Mode                : Shutdown
Aging Time                    : 0 mins
Aging Type                    : Absolute
SecureStatic Address Aging    : Disabled
Maximum MAC Addresses         : 1
Total MAC Addresses           : 0
Configured MAC Addresses      : 0
Sticky MAC Addresses          : 0
Last Source Address:Vlan      : 0000.0000.0000:0
Security Violation Count      : 0
SW2#
```

从以上结果可以看到，端口安全功能已经启用；端口状态为 Secure-up，这意味着有设备连接该端口，并且没有出现安全违规情况；安全违规模式为 Shutdown；MAC 地址的最大数量为 1。如果有一台设备连接到了这个端口，则交换机会自动将设备的 MAC 地址添加为一个安全的 MAC 地址。

需要注意的是，如果使用 switchport port-security 命令配置了一个活动（Active）端口，同时有多台设备连接到了这个端口，那么这个端口就会转换为错误禁用状态。

2. 限制 MAC 地址的最大数量和学习 MAC 地址

要设置端口允许的 MAC 地址的最大数量，可以使用以下命令。

```
Switch(config-if)# switchport   port-security   maximum   value
```

默认的端口安全值为 1，最大值为 132，可以配置的安全 MAC 地址的最大数量取决于交换机和 IOS 版本。

在配置后，交换机可以使用下面 3 种方式在安全端口上学习 MAC 地址。

① 手动配置。网络管理员通过使用下述命令为端口上的每个安全 MAC 地址手动配置静态 MAC 地址。

```
Switch(config-if)# switchport   port-security   mac-address   mac-address
```

② 动态获取。在端口上使用 switchport port-security 命令之后，连接该端口的设备的当前源 MAC 地址自动受到保护，但该 MAC 地址不会添加到启动配置文件中。如果交换机重启，则该端口必须重新学习这台设备的 MAC 地址。

③ 动态获取-黏滞（Sticky）。网络管理员通过使用以下命令，可使这台交换机动态获取 MAC 地址，并且把这个 MAC 地址黏滞到设备的运行配置文件中。

```
Switch(config-if)# switchport   port-security   mac-address   sticky
```

在保存运行配置文件后，就可以把动态获取的 MAC 地址写入非易失性随机访问存储器（Non-Volatile Random Access Memory，NVRAM）中。

在图 5.2 中，将交换机 SW2 上的 F0/2 端口配置为安全端口，该端口连接了一台主机。网络管理员把 MAC 地址的最大数量设置为 3，并手动配置了一个安全 MAC 地址，然后将端口配置为动态获取其他的安全 MAC 地址，直至达到 3 个安全 MAC 地址的上限。使用 show   port-security   interface 和

show port-security address 命令可验证该配置。

（1）在交换机 SW2 的 F0/2 端口上限制 MAC 地址的最大数量并学习 MAC 地址，相关实例代码如下。

```
SW2(config)#vlan 20
SW2(config)#int f 0/2
SW2(config-if)#switchport mode access
SW2(config-if)#switchport access vlan 20
SW2(config-if)#switchport port-security
SW2(config-if)#switchport port-security maximum 3
SW2(config-if)#switchport port-security mac-address sticky
SW2(config-if)#switchport port-security mac-address aaaa.bbbb.cccc
SW2(config-if)#switchport port-security mac-address 0090.0CEA.10A0
SW2(config-if)#end
SW2#
```

（2）显示当前端口安全状态，相关实例代码如下。

```
SW2#show port-security interface f 0/2
Port Security                  : Enabled
Port Status                    : Secure-up
Violation Mode                 : Shutdown
Aging Time                     : 0 mins
Aging Type                     : Absolute
SecureStatic Address Aging     : Disabled
Maximum MAC Addresses          : 3
Total MAC Addresses            : 2
Configured MAC Addresses       : 2
Sticky MAC Addresses           : 0
Last Source Address:Vlan       : 0000.0000.0000:0
Security Violation Count       : 0
SW2#
SW2#show port-security address
          Secure Mac Address Table
-----------------------------------------------------------------------------
Vlan Mac Address      Type               Ports              Remaining Age (mins)
---- -----------      ----               -----              -------------
10   0001.96D6.E6AA   DynamicConfigured  FastEthernet 0/1       -
20   0090.0CEA.10A0   SecureSticky       FastEthernet 0/2       -
20   AAAA.BBBB.CCCC   SecureConfigured   FastEthernet 0/2       -
-----------------------------------------------------------------------------
Total Addresses in System (excluding one mac per port)     : 1
Max Addresses limit in System (excluding one mac per port) : 1024
SW2#
```

3. 端口安全老化

端口安全老化可用于设置端口上静态安全地址和动态安全地址的老化时间。每个端口支持以下两种类型的老化。

① 绝对（Absolute）老化：在指定的老化时间到期后删除端口上的安全地址。

② 非活动（Inactivity）老化：只有当端口上的安全地址在指定的老化时间内处于非活动状态时，该地址才会被删除。

使用老化功能可以删除安全端口上的安全 MAC 地址，而无须将其手动删除；可以增加老化时间的限制，以确保即使在添加新的 MAC 地址时，也可以保留之前的安全 MAC 地址；还可以为每个端口启用或禁用静态配置的安全 MAC 地址的老化。

使用 switchport port-security aging 命令可以为安全端口启用或禁用静态老化，或者设置老化时间与老化类型。

```
Switch(config-if)# switchport  port-security  aging {static | time time | type{absolute | inactivity}}
```

该命令的参数功能描述如表 5.3 所示。

表 5.3 端口安全老化命令的参数功能描述

参数	功能描述
static	为该端口上静态配置的安全地址启用老化功能
time *time*	为该端口指定老化时间，取值范围为 0～1440min。如果时间为 0，则表示该端口禁用老化功能
type absolute	设置绝对老化时间。该端口上的所有安全地址在指定的时间（单位为 min）之后完全老化，并从安全地址列表中删除
type inactivity	设置非活动老化类型。只有在指定的时间段内没有来自安全源地址的数据流量时，该端口上的安全地址才会老化

（1）在交换机 SW3 的 F0/1 端口上配置端口安全老化时间，相关实例代码如下。

```
Switch>enable
Switch#conf  t
Switch(config)#hostname  SW3
SW3(config)#vlan  10
SW3(config-vlan)#exit
SW3(config)#int  f 0/1
SW3(config-if)#switchport   port-security
SW3(config-if)#switchport   mode  access
SW3(config-if)#switchport   access   vlan  10
SW3(config-if)#switchport   port-security  aging   time  10     //配置老化时间为 10min
SW3(config-if)#end
SW3#
```

（2）显示交换机 SW3 当前端口安全状态，相关实例代码如下。

```
SW3#show  port-security      interface  f 0/1
Port Security                : Enabled
Port Status                  : Secure-up
Violation Mode               : Shutdown
Aging Time                   : 10 mins
Aging Type                   : Absolute
SecureStatic Address Aging   : Disabled
Maximum MAC Addresses        : 1
Total MAC Addresses          : 0
Configured MAC Addresses     : 0
Sticky MAC Addresses         : 0
Last Source Address:Vlan     : 0000.0000.0000:0
Security Violation Count     : 0
SW3#
```

4．设置端口安全违规模式

如果连接到端口的设备的 MAC 地址与安全地址列表中的不一致，则会发生端口安全违规。默认情况下，这个端口将转换为错误禁用状态。

要设置端口安全违规模式，可以使用下述命令。

```
Switch(config-if)# switchport  port-security  violation  {shutdown | restrict | protect}
```

（1）在交换机 SW3 的 F0/2 端口上配置安全违规模式，相关实例代码如下。

```
SW3(config)#vlan  20
SW3(config-vlan)#exit
SW3(config)#int  f 0/2
SW3(config-if)#switchport  mode  access
SW3(config-if)#switchport  access  vlan  20
SW3(config-if)#switchport  port-security
SW3(config-if)#switchport port-security  violation  restrict      //配置安全违规模式为 restrict
SW3(config-if)#end
SW3#
```

（2）显示交换机 SW3 当前端口安全状态，相关实例代码如下。

```
SW3#show  port-security   interface  f 0/2
Port Security                    : Enabled
Port Status                      : Secure-up
Violation Mode                   : Restrict
Aging Time                       : 0 mins
Aging Type                       : Absolute
SecureStatic Address Aging       : Disabled
Maximum MAC Addresses            : 1
Total MAC Addresses              : 0
Configured MAC Addresses         : 0
Sticky MAC Addresses             : 0
Last Source Address:Vlan         : 0000.0000.0000:0
Security Violation Count         : 0
SW3#
```

5. 缓解 VLAN 跳转攻击

可以通过配置动态中继协议（Dynamic Trunking Protocol，DTP）和本地 VLAN 来缓解 VLAN 跳转攻击。

使用下述步骤可缓解 VLAN 跳转攻击。

步骤 1：使用 switchport mode access 命令在非中继端口上禁用 DTP 协商。

步骤 2：使用 shutdown 命令禁用未使用的端口，并将其放在未使用的 VLAN 中。

步骤 3：使用 switchport mode trunk 命令在中继端口上手动启用中继链路。

步骤 4：使用 switchport nonegotiate 命令在中继端口上禁用 DTP 协商。

步骤 5：使用 switchport trunk native vlan *vlan_ number* 命令将本地 VLAN 设置为 VLAN 1 之外的其他 VLAN。

例如，可以在交换机 SW1 上进行以下操作。

> **注意** 端口 F0/1～F0/10 都是活动的接入端口；端口 F0/11～F0/20 当前未使用；端口 F0/21～F0/24 为中继端口。

（1）在交换机 SW1 上配置相关操作，缓解 VLAN 跳转攻击，相关实例代码如下。

```
Switch>enable
Switch#conf  t
Switch(config)#hostname  SW1
SW1#conf  t
```

```
SW1(config)#interface   range  f 0/1-10
SW1(config-if-range)#switchport   mode  access
SW1(config-if-range)#exit
SW1(config)#vlan  100
SW1(config-vlan)#interface   range  f 0/11-20
SW1(config-if-range)#switchport   access  vlan  100
SW1(config-if-range)#shutdown
SW1(config-if-range)#exit
SW1(config)#interface   range  f 0/21-24
SW1(config-if-range)#switchport  trunk  encapsulation  dot1q
SW1(config-if-range)#switchport  mode  trunk
SW1(config-if-range)#switchport  nonegotiate                    //禁用 DTP 协商
SW1(config-if-range)#switchport  trunk  native  vlan  1000      //配置本地 VLAN 为 VLAN 1000
SW1(config-if-range)#exit
SW1(config)#vlan  10
SW1(config-vlan)#exit
SW1(config)#vlan  20
SW1(config-vlan)#exit
SW1(config)#int  vlan  10
SW1(config-if)#ip  add  192.168.10.254  255.255.255.0
SW1(config-if)#no  shutdown
SW1(config-if)#int  vlan  20
SW1(config-if)#ip  add  192.168.20.254  255.255.255.0
SW1(config-if)#no  shutdown
SW1(config-if)#exit
SW1(config)#router  rip
SW1(config-router)#network  192.168.10.0
SW1(config-router)#network  192.168.20.0
SW1(config-router)#end
SW1#
```

（2）显示当前交换机 SW1 的配置信息，相关实例代码如下。

```
SW1#show  running-config
!
hostname SW1
!
ip routing
!
interface FastEthernet 0/1
 switchport mode access
 switchport nonegotiate
!
interface FastEthernet 0/11
 switchport access vlan 100
 switchport mode access
 switchport nonegotiate
!
interface FastEthernet 0/21
```

```
 switchport trunk native vlan 1000
 switchport trunk encapsulation dot1q
 switchport mode trunk
 switchport nonegotiate
!
interface FastEthernet 0/22
 switchport trunk native vlan 1000
 switchport trunk encapsulation dot1q
 switchport mode trunk
 switchport nonegotiate
!
interface FastEthernet 0/23
 switchport trunk native vlan 1000
 switchport trunk encapsulation dot1q
 switchport mode trunk
 switchport nonegotiate
!
interface FastEthernet 0/24
 switchport trunk native vlan 1000
 switchport trunk encapsulation dot1q
 switchport mode trunk
 switchport nonegotiate
!
interface GigabitEthernet0/1
 switchport trunk encapsulation dot1q
 switchport mode trunk
!
interface GigabitEthernet0/2

 switchport trunk encapsulation dot1q
 switchport mode trunk
!
interface Vlan10
 mac-address 0009.7cbe.c301
 ip address 192.168.10.254 255.255.255.0
!
interface Vlan20
 mac-address 0009.7cbe.c302
 ip address 192.168.20.254 255.255.255.0
!
router rip
 network 192.168.10.0
 network 192.168.20.0
!
SW1#
```

（3）测试主机 PC1 的连通性。主机 PC1 分别访问主机 PC3、主机 PC4 的测试结果如图 5.3 所示。

```
PC1
物理 配置 桌面 程序设计 属性
命令提示符
C:\>
C:\>ping  192.168.10.101

Pinging 192.168.10.101 with 32 bytes of data:

Reply from 192.168.10.101: bytes=32 time<1ms TTL=128
Reply from 192.168.10.101: bytes=32 time<1ms TTL=128
Reply from 192.168.10.101: bytes=32 time<1ms TTL=128
Reply from 192.168.10.101: bytes=32 time<1ms TTL=128

Ping statistics for 192.168.10.101:
    Packets: Sent = 4, Received = 4, Lost = 0 (0% loss),
Approximate round trip times in milli-seconds:
    Minimum = 0ms, Maximum = 0ms, Average = 0ms

C:\>
C:\>
C:\>ping  192.168.20.101

Pinging 192.168.20.101 with 32 bytes of data:

Reply from 192.168.20.101: bytes=32 time<1ms TTL=127
Reply from 192.168.20.101: bytes=32 time<1ms TTL=127
Reply from 192.168.20.101: bytes=32 time<1ms TTL=127
Reply from 192.168.20.101: bytes=32 time<1ms TTL=127

Ping statistics for 192.168.20.101:
    Packets: Sent = 4, Received = 4, Lost = 0 (0% loss),
Approximate round trip times in milli-seconds:
    Minimum = 0ms, Maximum = 0ms, Average = 0ms

C:\>
C:\>
C:\>
C:\>
C:\>
C:\>
置顶
```

图 5.3　主机 PC1 分别访问主机 PC3、主机 PC4 的测试结果

任务 5.2　配置 ACL

任务描述

小李是某公司的网络工程师。随着公司的规模不断扩大，公司网络的安全性与可靠性越来越重要。公司领导安排小李对公司的网络进行优化，要求既要针对不同部门的业务流量制订相应的访问策略，又要满足不同用户的访问需求。小李根据公司的要求制订了一份合理的网络实施方案，那么他该如何完成网络设备的相应配置呢？

知识准备

5.2.1　ACL 概述

访问控制列表（Access Control List，ACL）是由一条或多条路由规则组成的集合。所谓的规则是指描述报文匹配条件的判断语句，这些条件可以是报文的源地址、目的地址、端口号等。ACL 本质上是一种报文过滤器，规则则是过滤器的“滤芯”。设备基于这些规则进行报文匹配，可以过滤出特定的报文，并根据应用 ACL 的业务模块的处理策略来允许或阻止特定的报文通过。

ACL 是一种基于包过滤的访问控制技术，它可以根据设定的条件对端口上的数据包进行过滤，允许数据包通过或将其丢弃。ACL 被广泛地应用于路由器和三层交换机中，借助 ACL，可以有效地控制用户对网络的访问，告诉路由器哪些数据可以接收，哪些数据需要被拒绝并丢弃，从而最大限度地保障网络安全。

ACL 的定义是基于协议的，它适用于所有路由协议，如 IP、互联网分组交换（Internetwork Packet Exchange，IPX）协议等。ACL 在路由器上读取数据包头中的信息，如源地址、目的地址、使用的协议、源端口、目的端口等，并根据预先定义好的规则对数据包进行过滤，从而对网络访问进行精确、灵活的控制。

ACL 由一系列包过滤规则组成，每条规则都明确地定义了对指定类型数据进行的操作（允许、拒绝等）。ACL 可关联于三层端口、VLAN，并且具有方向性。当设备收到一个需要 ACL 处理的数据分组时，会按照 ACL 的列表项自上而下进行顺序处理。如果在列表中找到匹配项，则不再处理列表中的后续语句；如果在列表中没有找到匹配项，则将此分组丢弃。

ACL 可以应用于诸多业务模块，其中最基本的 ACL 应用就是在简化流策略中应用 ACL，使设备能够基于全局、VLAN 或端口下发 ACL，实现对转发报文的过滤。此外，ACL 可以应用于 Telnet、文件传送协议（File Transfer Protocol，FTP）和路由等模块。

1. 匹配过程

路由器端口的访问控制取决于应用在其上的 ACL。数据在进（出）网络前，路由器会根据 ACL 对其进行匹配，若匹配成功，则对数据进行过滤或转发；若匹配失败，则丢弃数据。

ACL 实质上是一系列带有自上而下逻辑顺序的判断语句。当数据到达路由器端口时，ACL 首先将数据与第 1 条语句进行比较，如果符合条件，则直接进入控制策略，后面的语句将被忽略，不再检查；如果不符合条件，则将数据与第 2 条语句进行比较，若符合条件则直接进入控制策略，若不符合条件则继续与下一条语句进行比较。以此类推，如果数据到达最后一条语句仍然不匹配，即所有判断语句条件都不符合，则拒绝并丢弃该数据。ACL 工作流程如图 5.4 所示。

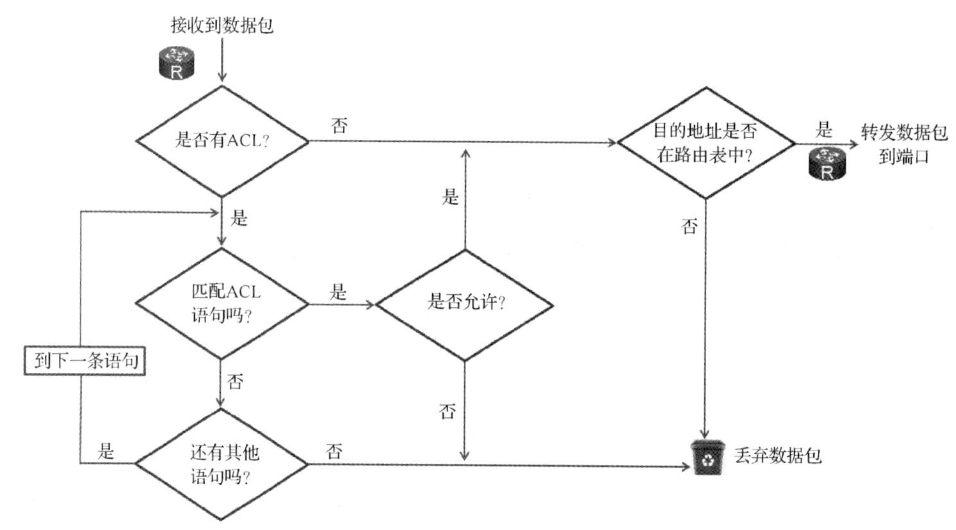

图 5.4　ACL 工作流程

2. ACL 的作用

ACL 的主要作用如下。

（1）允许或拒绝特定的数据流通过网络设备，如防止攻击、访问控制、节省带宽等。

（2）对特定的数据流、报文和路由条目等进行匹配和标识，以用于其他目的路由过滤，如服务质量（Quality of Service，QoS）等。

5.2.2 标准 ACL

标准 ACL 的重要特征：一是通过取值范围为 1～99、1300～1999 的编号来区分不同的 ACL；二是通过检查 IP 数据包中的源地址信息，对匹配成功的数据包采取允许或拒绝的操作。

标准 ACL 通过检查收到的 IP 数据包中的源 IP 地址信息，来控制网络中数据包的流向。如果要允许或拒绝来自某一特定网络的数据包通过，则可以使用标准 ACL 来实现，标准 ACL 只能过滤 IP 数据包头中的源 IP 地址，如图 5.5 所示。

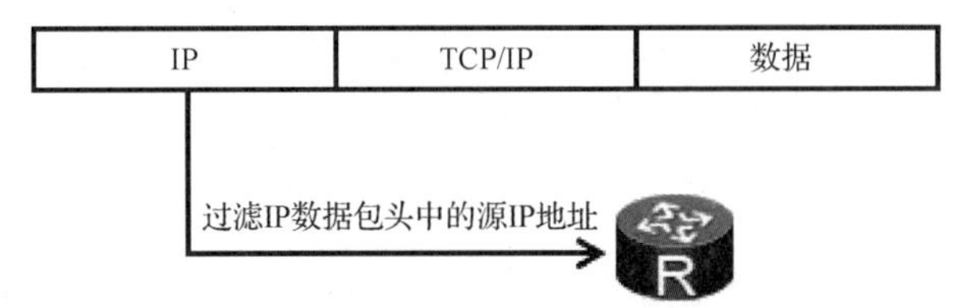

图 5.5　标准 ACL 过滤 IP 数据包头中的源 IP 地址

1. ACL 的常用配置原则

配置 ACL 规则时，可以遵循以下两个原则。

（1）如果配置的 ACL 规则存在包含关系，则排序时应注意条件严格的规则编号需要靠前，条件宽松的规则编号需要靠后，以避免报文因命中条件宽松的规则而停止向下继续匹配，从而无法命中条件严格的规则。

（2）由于各业务模块 ACL 默认动作不同，ACL 的配置原则也不同。例如，在默认动作为 permit 的业务模块中，如果只希望过滤掉 deny 部分 IP 地址的报文，则只需配置具体 IP 地址的 deny 规则，无须在结尾处添加任意 IP 地址的 permit 规则；而在默认动作为 deny 的业务模块中的配置原则恰好与其相反。

2. 标准 ACL 配置

标准 ACL 配置包括两个步骤：创建 ACL 和应用 ACL。创建 ACL 就是根据需要定义一条或几条 ACL 语句，这些 ACL 语句共同构成 ACL 规则。创建 ACL 后必须将 ACL 应用到某一个端口上，该 ACL 才能发挥作用。

定义的每个 ACL 都必须命名，以便后续应用时调用。ACL 既可以用编号命名，又可以用字符串命名。用编号命名的 ACL 称为编号 ACL，用字符串命名的 ACL 称为字符串 ACL。

（1）创建标准 ACL 规则。

① 创建编号 ACL 规则的命令格式如下。

```
Router(config)#access-list  [access-list-number]  {permit | deny}  source  { source  mask}
Router(config)#access-list  10  ?
  deny     Specify packets to reject
  permit   Specify packets to forward
  remark   Access list entry comment
Router(config)#access-list  10  permit  ?
  A.B.C.D  Address to match
  any      Any source host
  host     A single host address
Router(config)#
```

其中，*access-list-number* 为 ACL 编号，标准 ACL 编号的取值范围是 1～99、1300～1999；permit 表示允许满足条件的数据包通过；deny 表示拒绝满足条件的数据包通过；source 为要被过滤数据包的源 IP 地址；source mask 为通配屏蔽码，1 表示不检查位，0 表示必须匹配位。

提 示　**使用 no access-list *access-list-number* 命令可以删除指定的 ACL。例如，要删除已定义的 ACL 10，可以使用 Router（config）# no access-list 10 命令。**

为了方便配置，source { source mask } 有 2 条简化语句 any 和 host，它们不需要通配屏蔽码。any 命令等同于通配屏蔽码 255.255.255.255，host 命令等同于通配屏蔽码 0.0.0.0。例如，表示任意主机地址既可以使用 192.168.1.1　255.255.255.255，又可以使用 any；表示主机地址 192.168.1.10 既可以使用 192.168.1.10　0.0.0.0，又可以使用 host 192.168.1.10。

示例：允许源地址为 192.168.1.1～192.168.1.254 的数据包通过，拒绝其他数据包通过。

```
Router(config)#access-list  10  permit  192.168.1.0  0.0.0.255
```

示例：只允许源主机为 192.168.1.10 的报文通过，拒绝其他主机的报文通过。

```
Router(config)#access-list  1  permit  host  192.168.1.10
```

示例：除拒绝源主机为 192.168.2.10 的报文通过外，允许其他主机的报文通过。

```
Router(config)#access-list  2  deny  host  192.168.2.10
Router(config)#access-list  2  permit  any
```

② 创建字符串 ACL 规则的命令格式如下。

```
Router(config)#ip  access-list  standard  access-list-name
Router(config-std-nacl)#?
  <1-2147483647> Sequence Number
  default        Set a command to its defaults
  deny           Specify packets to reject
  exit           Exit from access-list configuration mode
  no             Negate a command or set its defaults
  permit         Specify packets to forward
  remark         Access list entry comment
Router(config-std-nacl)#
```

（2）应用编号或字符串命名的标准 ACL。

应用编号或字符串命名的标准 ACL 就是将已经定义好的 ACL 应用到某端口上。每个端口的每个方向（入方向 in 或出方向 out）只能应用一个 ACL。

应用编号或字符串命名的标准 ACL 的命令格式如下。

```
Router(config-if)#ip  access-group  [access-list-number| access-group-name]  {in | out}
Router(config-if)#ip  access-group  ?
  <1-199>     IP access list (standard or extended)
  WORD        Access-list name
Router(config-if)#ip access-group  rule01  ?
  in   inbound packets
  out  outbound packets
Router(config-if)#ip access-group  rule01  out
```

其中，*access-list-number* 为标准 ACL 的编号（取值范围为 1～99、1300～1999）；in 表示对进入该端口的报文进行过滤；out 表示对从该端口输出的报文进行过滤。

提示　使用 no ip access-group [*access-list-number* | *access-group-name*] { in | out } 命令可以取消 ACL 与端口的关联，如使用 Router（config-if）# no ip access-group 2 out 命令可以取消 ACL 2 与端口的关联。

示例：在路由器的 F0/1 端口上应用 ACL 10，对进入的数据包进行过滤。

```
Router(config)#interface  FastEthernet  0/1
Router(config-if)#ip  access-group  10  in
```

示例：取消在路由器的 F0/1 端口上应用 ACL 10。

```
Router(config)#interface  FastEthernet  0/1
Router(config-if)#no  ip  access-group  10  in
```

（3）查看编号或字符串命名的标准 ACL 信息。

查看编号或字符串命名的标准 ACL 信息的命令格式如下。

```
Router#show  access-lists  [access-lists-number| access-lists-name]
Router#show  access-lists  ?
  <1-199>     ACL number
```

```
    WORD         ACL name
    |            Output Modifiers
    <cr>
Router#show  access-lists
```

其中，*access-lists-number* 为标准 ACL 编号（取值范围为 1～99、1300～1999），如省略编号，则表示显示交换机的所有 ACL 配置信息。

5.2.3 扩展 ACL

扩展 ACL 的重要特征：一是通过取值范围为 100～199、2000～2699 的编号来区分不同的 ACL；二是不仅要检查 IP 数据包中的源地址信息，还要检查数据包中的目的 IP 地址、源端口、目的端口、网络连接和 IP 优先级等 IP 数据包特征信息，对匹配成功的数据包采取允许或拒绝的操作。

扩展 ACL 通过检查收到的 IP 数据包特征信息来控制网络中数据包的流向，如图 5.6 所示。

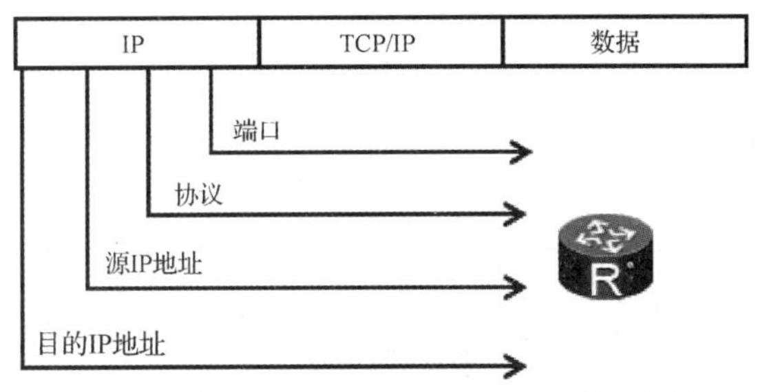

图 5.6　扩展 ACL 检查收到的 IP 数据包特征信息

扩展 ACL 根据源 IP 地址、目的 IP 地址、IP 类型、TCP 源/目的端口、UDP 源/目的端口号、分片信息和生效时间段等信息来定义规则，并对 IPv4 报文进行过滤。

扩展 ACL 提供了比标准 ACL 更准确、丰富、灵活的规则定义方法。例如，如果希望同时根据源 IP 地址和目的 IP 地址对报文进行过滤，则需要配置扩展 ACL。

1. 扩展 ACL 配置

扩展 ACL 配置同标准 ACL 配置一样，也包括两个步骤：创建 ACL 和应用 ACL。创建 ACL 就是根据需要定义一条或几条 ACL 语句，这些 ACL 共同构成 ACL 规则。创建 ACL 后必须将 ACL 应用到某一个端口上，该 ACL 才能发挥作用。

定义的每个 ACL 都必须命名，以便应用时调用。ACL 既可以用编号命名，又可以用字符串命名。用编号命名的 ACL 称为编号 ACL，用字符串命名的 ACL 称为命名 ACL。

（1）创建扩展 ACL 规则。

① 创建编号 ACL 规则的命令格式如下。

```
Router(config)#access-list access-list-number {deny|permit} protocol { any |source-address source-wildcard}[ operator port] {any | destination-address destination-wildcard}[ operator port]
```

其中，各参数说明如下。

access-list-number：表示 ACL 编号，扩展 ACL 编号的取值范围为 100～199 或 2000～2699。

deny|permit：表示对符合匹配语句的数据包采取的动作。其中，permit 表示允许数据包通过，deny 表示拒绝数据包通过。

protocol：表示数据包采用的协议，可以是协议号为 0～255 的任意协议，如 IP、TCP、UDP、互联网组管理协议（Internet Group Management Protocol，IGMP）等。

source-address：表示数据包的源 IP 地址，可以是某个网络、某个子网或某台主机的 IP 地址。

source-wildcard：表示数据包的源 IP 地址的通配符掩码。

destination-address：表示数据包的目的 IP 地址，可以是某个网络、某个子网或某台主机的 IP 地址。

destination-wildcard：表示数据包的目的 IP 地址的通配符掩码。

operator：用于指定逻辑操作，可以是 eq（等于）、neq（不等于）、gt（大于）、lt（小于）或一个范围。

port：用于指定被匹配的应用层端口号，默认为全部端口号（取值范围为 0～65535），只有 TCP 和 UDP 需要指定端口号，如 Telnet 为 23、Web 为 80、FTP 为 20 和 21 等。

② 创建字符串命名 ACL 规则的命令格式如下。

```
Router(config)#ip   access-list   extended    access-list-name
Router(config-ext-nacl)#?
  <1-2147483647>      Sequence Number
  default             Set a command to its defaults
  deny                Specify packets to reject
  exit                Exit from access-list configuration mode
  no                  Negate a command or set its defaults
  permit              Specify packets to forward
  remark              Access list entry comment
Router(config-ext-nacl)#
```

（2）应用编号或字符串命名的扩展 ACL。

应用编号或字符串命名的扩展 ACL 就是将已经定义好的 ACL 应用到某端口上。每个端口的每个方向（入方向 in 或出方向 out）只能应用一个 ACL，这里不赘述。

应用编号或字符串命名的扩展 ACL 的命令格式如下。

```
Router(config-if)#ip   access-group   [access-list-number | access-group-name]   {in | out}
Router(config-if)#ip access-group   ?
  <1-199>   IP access list (standard or extended)
  WORD      Access-list name
Router(config-if)#ip access-group   rule01   ?
  in    inbound packets
  out   outbound packets
Router(config-if)#ip access-group   rule01   out   ?
  <cr>
Router(config-if)#ip access-group   rule01   out
```

其中，*access-list-number* 为扩展 ACL 编号（取值范围为 100～199、2000～2699）；in 表示对进入该端口的报文进行过滤；out 表示对从该端口输出的报文进行过滤。

（3）查看编号或字符串命名的扩展 ACL 信息。

查看编号或字符串命名的扩展 ACL 信息的命令格式如下。

```
Router#show   access-lists   [access-lists-number | access-lists-name]
Router#show   access-lists   ?
  <1-199>     ACL number
  WORD        ACL name
  |           Output Modifiers
  <cr>
Router#show   access-lists
```

其中，*access-lists-number* 为扩展 ACL 编号（取值范围为 100～199、2000～2699），如省略编号，则表示显示交换机的所有 ACL 配置信息。

2. 扩展 ACL 常用 TCP/UDP 端口号

源端口号格式：source-port { eq *port* | gt *port* | lt *port* | range *port-start port-end* }。

目的端口号格式：destination-*port*{ eq *port* | gt *port* | lt *port* | range *port-start port-end* }。

在扩展 ACL 中，当协议类型指定为 TCP 或 UDP 时，设备支持基于 TCP/UDP 的源/目的端口号过滤报文。

其中，TCP/UDP 端口号的比较符含义如下。

eq *port*：指定等于源/目的端口。

neq *port*：指定不等于源/目的端口。

gt *port*：指定大于源/目的端口。

lt *port*：指定小于源/目的端口。

range *port-start port-end*：指定源/目的端口的范围；其中，*port-start* 表示端口范围的起始，*port-end* 表示端口范围的结束。

TCP/UDP 端口号可以用数字表示，也可以用字符串（助记符）表示。例如，access-list 100 deny tcp destination eq 80 可以用 access-list 100 deny tcp destination eq www 代替。常见的 UDP 端口号及其对应的协议和功能描述如表 5.4 所示，常见的 TCP 端口号及其对应的协议和功能描述如表 5.5 所示。

表 5.4　常见的 UDP 端口号及其对应的协议和功能描述

端口号	协议	功能描述
7	echo	Echo 服务
9	discard	用于连接测试的空服务
37	time	时间协议
42	nameserver	主机名服务
53	dns	域名服务
69	tftp	简易文件传送协议
137	netbios-ns	NETBIOS 名称服务
138	netbios-dgm	NETBIOS 数据报服务
139	netbios-ssn	NETBIOS 会话服务
161	snmp	简单网络管理协议
434	mobilip-ag	移动 IP 代理
435	mobilip-mn	移动 IP 管理
513	who	登录的用户列表
517	talk	远程对话服务器和客户端
520	rip	RIP

表 5.5　常见的 TCP 端口号及其对应的协议和功能描述

端口号	协议	功能描述
7	echo	Echo 服务
9	discard	用于连接测试的空服务
20	ftp-data	FTP 数据端口
21	ftp	FTP 端口
23	telnet	Telnet 服务
25	smtp	简单邮件传送协议
37	time	时间协议
43	whois	目录服务
53	dns	域名服务
80	http	万维网（World Wide Web，WWW）服务，用于网页浏览
109	pop2	邮局协议第 2 版

续表

端口号	协议	功能描述
110	pop3	邮局协议第 3 版
179	bgp	边界网关协议
513	login	远程登录
514	cmd	远程命令，不必登录的远程 Shell 和远程复制
517	talk	远程对话服务和用户
543	klogin	Kerberos 版本 5（v5）远程登录
544	kshell	Kerberos 版本 5（v5）远程 Shell

3. IP 承载的协议类型

指定协议类型格式：protocol　ahp | icmp | tcp | udp | gre | esp| eigrp | ip | ospf。

扩展 ACL 支持基于协议类型过滤报文。常用的协议类型包括 ICMP（协议号为 1）、TCP（协议号为 6）、UDP（协议号为 17）、通用路由封装（Generic Routing Encapsulation，GRE；协议号为 47）、IGMP（协议号为 2）、IP（任何 IP 层协议）、OSPF（协议号为 89）。协议号的取值范围为 1～255。

例如，当设备某个端口下的用户存在大量的攻击者时，如果希望能够禁止这个端口下的所有用户接入网络，则可以通过指定协议类型为 IP 来屏蔽这些用户的 IP 流量。

任务实施

5.2.4　配置标准 ACL

V5-2　配置标准 ACL

配置标准 ACL，相关端口与 IP 地址配置如图 5.7 所示，进行网络拓扑连接。

配置网段 192.168.1.0 中的主机，这些主机只允许访问 FTP 服务器，不可以访问 Web 服务器；配置网段 192.168.2.0 中的主机，这些主机既可以访问 FTP 服务器，又可以访问 Web 服务器；全网使用 RIP。

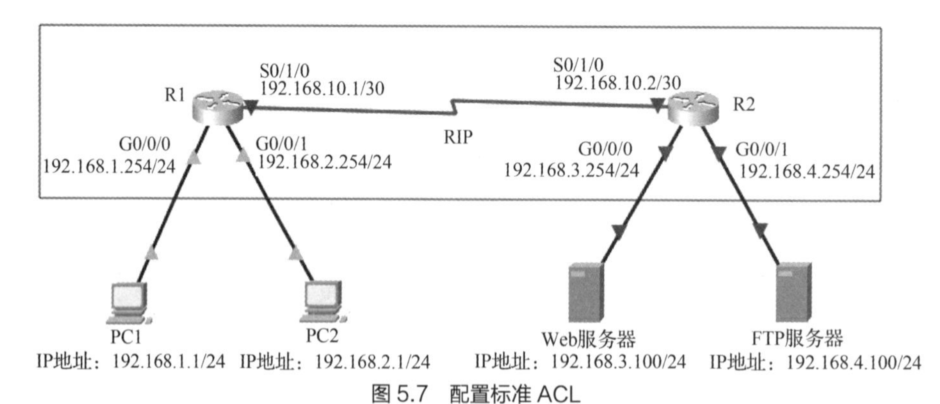

图 5.7　配置标准 ACL

（1）配置路由器 R1，相关实例代码如下。

```
Router>enable
Router#terminal  no  monitor
Router#conf  t
Router(config)#hostname  R1
R1(config)#int  g 0/0/0
R1(config-if)#ip  address  192.168.1.254  255.255.255.0
```

```
R1(config-if)#no  shutdown
R1(config-if)#int  g 0/0/1
R1(config-if)#ip  address  192.168.2.254  255.255.255.0
R1(config-if)#no  shutdown
R1(config-if)#int  s 0/1/0
R1(config-if)#ip  address  192.168.10.1  255.255.255.252
R1(config-if)#no  shutdown
R1(config-if)#exit
R1(config)#router  rip
R1(config-router)#network  192.168.1.0
R1(config-router)#network  192.168.2.0
R1(config-router)#network  192.168.10.0
R1(config-router)#version  2
R1(config-router)#end
R1#
```

（2）配置路由器 R2，相关实例代码如下。

```
Router>enable
Router#terminal  no  monitor
Router#conf  t
Router(config)#hostname  R2
R2(config)#int  g 0/0/0
R2(config-if)#ip  address  192.168.3.254  255.255.255.0
R2(config-if)#no  shutdown
R2(config-if)#int  g 0/0/1
R2(config-if)#ip  address  192.168.4.254  255.255.255.0
R2(config-if)#no  shutdown
R2(config-if)#int  s 0/1/0
R2(config-if)#ip  address  192.168.10.2  255.255.255.252
R2(config-if)#no  shutdown
R2(config-if)#exit
R2(config)#router  rip
R2(config-router)#network  192.168.3.0
R2(config-router)#network  192.168.4.0
R2(config-router)#network  192.168.10.0
R2(config-router)#version  2
R2(config-router)#exit
R2(config)#ip  access-list  standard  10                        //命名标准 ACL
R2(config-std-nacl)#permit  192.168.1.0  0.0.0.255
R2(config-std-nacl)#permit  192.168.2.0  0.0.0.255
R2(config-std-nacl)#exit
R2(config)#access-list  20  permit  192.168.2.0  0.0.0.255      //创建标准 ACL 规则
R2(config)#access-list  20  deny   192.168.1.0  0.0.0.255
R2(config)#int  g 0/0/0
R2(config-if)#ip  access-group  20  out                         //将标准 ACL 应用在端口上
R2(config-if)#int  g 0/0/1
R2(config-if)#ip  acc
R2(config-if)#ip  access-group  10  out                         //将标准 ACL 应用在端口上
R2(config-if)#end
R2#
```

（3）显示路由器 R1、R2 的配置信息。以路由器 R2 为例，主要相关实例代码如下。

```
R2#show  running-config
!
hostname R2
!
interface GigabitEthernet0/0/0
 ip address 192.168.3.254 255.255.255.0
 ip access-group 20 out
 duplex auto
 speed auto
!
interface GigabitEthernet0/0/1
 ip address 192.168.4.254 255.255.255.0
 ip access-group 10 out
 duplex auto
 speed auto
!
interface Serial0/1/0
 ip address 192.168.10.2 255.255.255.252
!
router rip
 version 2
 network 192.168.3.0
 network 192.168.4.0
 network 192.168.10.0
!
access-list 10 permit 192.168.1.0 0.0.0.255
access-list 10 permit 192.168.2.0 0.0.0.255
access-list 20 permit 192.168.2.0 0.0.0.255
access-list 20 deny   192.168.1.0 0.0.0.255
!
R2#
```

（4）查看路由器 R1、R2 的路由表信息。以路由器 R2 为例，主要相关实例代码如下。

```
R2#show  ip  route
Codes: L - local, C - connected, S - static, R - RIP, M - mobile, B - BGP
       D - EIGRP, EX - EIGRP external, O - OSPF, IA - OSPF inter area
       N1 - OSPF NSSA external type 1, N2 - OSPF NSSA external type 2
       E1 - OSPF external type 1, E2 - OSPF external type 2, E - EGP
       i - IS-IS, L1 - IS-IS level-1, L2 - IS-IS level-2, ia - IS-IS inter area
       * - candidate default, U - per-user static route, o - ODR
       P - periodic downloaded static route
Gateway of last resort is not set
R    192.168.1.0/24 [120/1] via 192.168.10.1, 00:00:26, Serial0/1/0
R    192.168.2.0/24 [120/1] via 192.168.10.1, 00:00:26, Serial0/1/0
     192.168.3.0/24 is variably subnetted, 2 subnets, 2 masks
C       192.168.3.0/24 is directly connected, GigabitEthernet0/0/0
L       192.168.3.254/32 is directly connected, GigabitEthernet0/0/0
     192.168.4.0/24 is variably subnetted, 2 subnets, 2 masks
C       192.168.4.0/24 is directly connected, GigabitEthernet0/0/1
```

```
L        192.168.4.254/32 is directly connected, GigabitEthernet0/0/1
     192.168.10.0/24 is variably subnetted, 2 subnets, 2 masks
C        192.168.10.0/30 is directly connected, Serial0/1/0
L        192.168.10.2/32 is directly connected, Serial0/1/0
R2#
```

（5）测试主机 PC1 的连通性，结果如图 5.8 所示。当主机 PC1（IP 地址为 192.168.1.1）访问 Web 服务器（IP 地址为 192.168.3.100）时，可以看到主机 PC1 无法访问 Web 服务器；当主机 PC1 访问 FTP 服务器（IP 地址为 192.168.4.100）时，可以看到主机 PC1 能够访问 FTP 服务器。

图 5.8　测试主机 PC1 的连通性

（6）测试主机 PC2 的连通性，结果如图 5.9 所示。当主机 PC2（IP 地址为 192.168.2.1）访问 Web 服务器（IP 地址为 192.168.3.100）时，可以看到主机 PC2 能够访问 Web 服务器；当主机 PC2 访问 FTP 服务器（IP 地址为 192.168.4.100）时，可以看到主机 PC2 能够访问 FTP 服务器。

图 5.9　测试主机 PC2 的连通性

5.2.5 配置扩展 ACL

V5-3 配置扩展 ACL

配置扩展 ACL，相关端口与 IP 地址配置如图 5.10 所示，进行网络拓扑连接。

配置网段 192.168.1.0 中的主机，这些主机只允许访问 FTP 服务器，不可以访问 Web 服务器；配置网段 192.168.2.0 中的主机，这些主机既可以访问 FTP 服务器，又可以访问 Web 服务器；全网使用 OSPF。

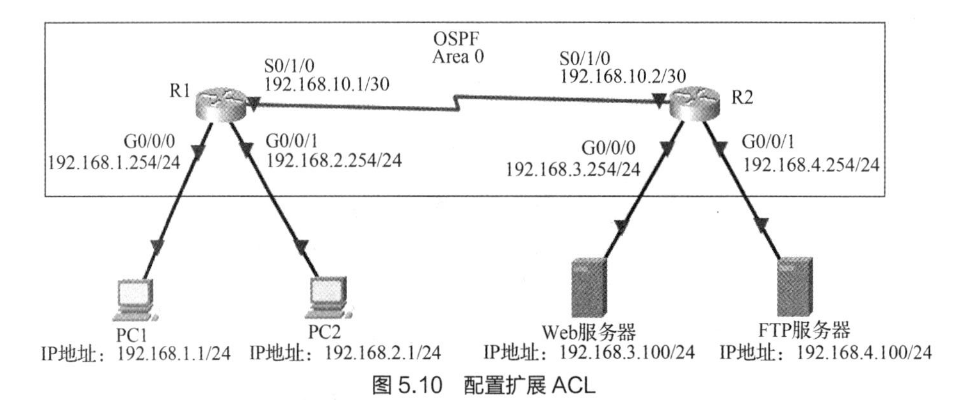

图 5.10 配置扩展 ACL

（1）配置路由器 R1，相关实例代码如下。

```
Router>enable
Router#terminal  no  monitor
Router#conf  t
Router(config)#hostname  R1
R1(config)#int  g 0/0/0
R1(config-if)#ip  address  192.168.1.254  255.255.255.0
R1(config-if)#no  shutdown
R1(config-if)#int  g 0/0/1
R1(config-if)#ip  address  192.168.2.254  255.255.255.0
R1(config-if)#no  shutdown
R1(config-if)#int  s 0/1/0
R1(config-if)#ip  address  192.168.10.1  255.255.255.252
R1(config-if)#no  shutdown
R1(config-if)#exit
R1(config)#router  ospf  1
R1(config-router)#network  192.168.1.0    0.0.0.255    area  0
R1(config-router)#network  192.168.2.0    0.0.0.255    area  0
R1(config-router)#network  192.168.10.0   0.0.0.3      area  0
R1(config-router)#end
R1#
```

（2）配置路由器 R2，相关实例代码如下。

```
Router>enable
Router#terminal  no  monitor
Router#conf  t
Router(config)#hostname  R2
R2(config)#int  g 0/0/0
R2(config-if)#ip  address  192.168.3.254  255.255.255.0
```

```
R2(config-if)#no   shutdown
R2(config-if)#int   g 0/0/1
R2(config-if)#ip   address   192.168.4.254   255.255.255.0
R2(config-if)#no   shutdown
R2(config-if)#int   s 0/1/0
R2(config-if)#ip   address   192.168.10.2   255.255.255.252
R2(config-if)#no   shutdown
R2(config-if)#exit
R2(config)#router   ospf   1
R2(config-router)#network   192.168.3.0    0.0.0.255   area   0
R2(config-router)#network   192.168.4.0    0.0.0.255   area   0
R2(config-router)#network   192.168.10.0   0.0.0.3     area   0
R2(config-router)#exit
R2(config)#ip   access-list   extended   100
R2(config-ext-nacl)#deny    ip    192.168.1.0   0.0.0.255 host   192.168.3.100
R2(config-ext-nacl)#permit  ip    192.168.2.0   0.0.0.255 host   192.168.3.100
R2(config-ext-nacl)#permit  tcp   192.168.1.0   0.0.0.255   eq   ftp   host 192.168.4.100   eq   ftp
R2(config-ext-nacl)#permit  tcp   192.168.2.0   0.0.0.255   eq   ftp   host 192.168.4.100   eq   ftp
R2(config-ext-nacl)# permit  ip   any   any
R2(config)#int   s 0/1/0
R2(config-if)#ip   access-group   100   in
R2(config-if)#end
R2#
```

（3）显示路由器 R1、R2 的配置信息。以路由器 R2 为例，主要相关实例代码如下。

```
R2#show   running-config
!
hostname R2
!
interface GigabitEthernet0/0/0
 ip address 192.168.3.254 255.255.255.0
 duplex auto
 speed auto
!
interface GigabitEthernet0/0/1
 ip address 192.168.4.254 255.255.255.0
 duplex auto
 speed auto
!
interface Serial0/1/0
 ip address 192.168.10.2 255.255.255.252
 ip access-group 100   in
!
router ospf 1
 log-adjacency-changes
 network 192.168.3.0     0.0.0.255 area 0
 network 192.168.4.0     0.0.0.255 area 0
 network 192.168.10.0    0.0.0.3 area 0
!
access-list 100 permit tcp 192.168.1.0 0.0.0.255 eq ftp host 192.168.4.100 eq ftp
```

```
access-list 100 deny ip 192.168.1.0 0.0.0.255 host 192.168.3.100
access-list 100 permit ip 192.168.2.0 0.0.0.255 host 192.168.3.100
access-list 100 permit tcp 192.168.2.0 0.0.0.255 eq ftp host 192.168.4.100 eq ftp
access-list 100 permit ip any any
!
R2#
```

（4）查看路由器 R1、R2 的路由表信息。以路由器 R1 为例，主要相关实例代码如下。

```
R1#show   ip   route
Codes: L - local, C - connected, S - static, R - RIP, M - mobile, B - BGP
       D - EIGRP, EX - EIGRP external, O - OSPF, IA - OSPF inter area
       N1 - OSPF NSSA external type 1, N2 - OSPF NSSA external type 2
       E1 - OSPF external type 1, E2 - OSPF external type 2, E - EGP
       i - IS-IS, L1 - IS-IS level-1, L2 - IS-IS level-2, ia - IS-IS inter area
       * - candidate default, U - per-user static route, o - ODR
       P - periodic downloaded static route
Gateway of last resort is not set
     192.168.1.0/24 is variably subnetted, 2 subnets, 2 masks
C        192.168.1.0/24 is directly connected, GigabitEthernet0/0/0
L        192.168.1.254/32 is directly connected, GigabitEthernet0/0/0
     192.168.2.0/24 is variably subnetted, 2 subnets, 2 masks
C        192.168.2.0/24 is directly connected, GigabitEthernet0/0/1
L        192.168.2.254/32 is directly connected, GigabitEthernet0/0/1
O     192.168.3.0/24 [110/65] via 192.168.10.2, 00:22:37, Serial0/1/0
O     192.168.4.0/24 [110/65] via 192.168.10.2, 00:22:37, Serial0/1/0
     192.168.10.0/24 is variably subnetted, 2 subnets, 2 masks
C        192.168.10.0/30 is directly connected, Serial0/1/0
L        192.168.10.1/32 is directly connected, Serial0/1/0
R1#
```

（5）测试主机 PC1 和 PC2 连通性，结果如图 5.8 和图 5.9 所示。

练习题

1. 选择题

（1）端口的安全违规模式默认为（　　）。

A. protect　　B. restrict　　C. shutdown　　D. reset

（2）端口允许的 MAC 地址数量的默认值为（　　）。

A. 1　　B. 2　　C. 4　　D. 8

（3）标准 ACL 的编号的取值范围为（　　）。（多选）

A. 1～99　　B. 100～199　　C. 1300～1999　　D. 2000～2699

（4）扩展 ACL 的编号的取值范围为（　　）。（多选）

A. 1～99　　B. 100～199　　C. 1300～1999　　D. 2000～2699

2. 简答题

（1）如何进行交换机端口安全配置？

（2）如何配置标准 ACL 与扩展 ACL？

项目6 广域网接入配置

知识目标

- 了解常见的广域网接入技术及广域网中的数据链路层协议。
- 理解 NAT 技术基本概念及 NAT 技术实现方式。
- 了解 IPv6 基本概念、IPv6 报头结构与格式及其地址类型。
- 理解 IPv6 地址自动配置协议及 IPv6 路由协议。

技能目标

- 掌握广域网技术的配置方法。
- 掌握静态 NAT 技术、动态 NAT 技术、PAT 技术的配置方法。
- 掌握 IPv6 的 RIPng 的配置方法、OSPFv3 的配置方法。
- 掌握 DHCPv6 的配置方法。

素养目标

- 培养学生的创新能力、组织能力和决策能力。
- 培养学生的实践能力，使学生树立爱岗敬业精神。

任务 6.1 广域网技术

任务描述

小李是某公司的网络工程师。随着该公司的规模不断扩大，公司下设了多个分公司，并且总公司与分公司不在同一城市。为了顺利开展公司业务，总公司的网络与分公司的网络之间通过路由器相连，以保持网络连通，但需要在链路上配置相应的认证方式。小李根据公司的要求制订了一份合理的网络实施方案，那么他该如何完成网络设备的相应配置呢？

知识准备

6.1.1 常见的广域网接入技术

常见的广域网接入技术如下。

1. 点到点链路

点到点链路提供的是一条预先建立的从客户端经过运营商网络到达远端目的网络的广域网通信路

径。一条点到点链路就是一条租用的专线，可以在数据收发双方之间建立起永久的固定连接。网络服务供应商负责点到点链路的维护和管理。点到点链路可以提供两种数据传送方式：一种是数据报传送方式（该方式主要将数据分割成一个个小的数据帧进行传送，其中每一个数据帧都带有自己的地址信息，都需要进行地址校验）；另一种是数据流传送方式（与数据报传送方式不同，该方式以数据流取代一个个数据帧作为数据传送单位，整个数据流具有一个地址信息，只需要进行一次地址校验）。

2. 电路交换

电路交换是广域网上经常使用的一种交换技术，它可以通过服务供应商网络为每一次会话过程建立、维持和终止一条专用的物理电路。电路交换也可以提供数据报和数据流两种数据传送方式。电路交换在服务供应商网络中被广泛使用，其操作过程与电话拨号过程非常相似。综合业务数字网（Integrated Service Digital Network，ISDN）就是一种采用电路交换的广域网技术。

3. 包交换

包交换也是广域网上经常使用的一种交换技术。通过包交换，网络设备可以共享一条点到点链路，设备间通过服务供应商网络进行数据包的传送。包交换主要采用统计复用技术在多台设备之间实现电路共享。ATM、帧中继、交换式多兆位数据服务（Switched Multimegabit Data Service，SMDS）及X.25 等都是采用包交换的广域网技术。

4. 虚拟电路

虚拟电路是一种逻辑电路，可以在两台网络设备之间实现可靠通信。虚拟电路有两种不同形式，这两种形式分别是交换虚拟电路（Switching Virtual Circuit，SVC）和永久虚拟电路（Permanent Virtual Circuit，PVC）。

SVC 是一种按照需求动态建立的虚拟电路，当数据传送结束时，该电路将会被自动终止。SVC 上的通信过程包括 3 个阶段：电路创建、数据传输和电路终止。其中，电路创建阶段主要是在通信双方设备之间建立起虚拟电路；数据传输阶段通过虚拟电路在设备之间传送数据；电路终止阶段则是撤销在通信设备之间已经建立起来的虚拟电路。SVC 主要适用于非经常性的数据传送网络，这是因为在电路创建阶段和电路终止阶段 SVC 需要占用较多的带宽。

PVC 是一种永久建立的虚拟电路，只具有数据传输一个阶段。PVC 可以应用于数据传送频繁的网络环境，这是因为 PVC 不需要因创建或终止电路而占用额外的带宽，所以它的带宽利用率更高。相对于 SVC 来说，PVC 的成本较高。

报文在数据链路层进行数据传输时，网络设备必须以帧格式进行数据封装。广域网数据链路层接入协议主要有 HDLC、PPP、平衡型链路接入规程（Link Access Procedure Balanced，LAPB）、Frame-Relay、SDLC、SMDS、X.25 等，不同协议使用的帧格式也不相同。常见的广域网封装类型如图 6.1 所示。

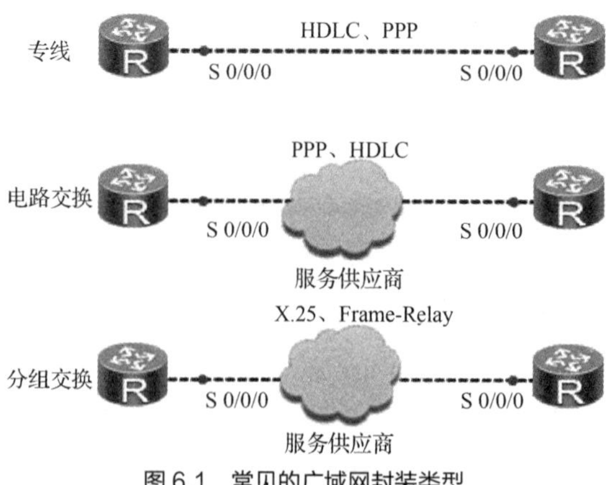

图 6.1　常见的广域网封装类型

6.1.2 广域网数据链路层协议

串行链路普遍用于广域网中，串行链路中定义了两种数据传输方式：异步传输和同步传输。

异步传输是以字节为单位来传输数据的，并且需要采用额外的起始位和停止位来标记每个字节的开始和结束。起始位为二进制值 0，停止位为二进制值 1。在这种传输方式下，起始位和停止位在发送数据中占据相当大的比例，每个字节的发送都需要额外的开销。

同步传输是以帧为单位来传输数据的，在通信时需要使用时钟来同步本端和对端设备的通信。DCE 提供了一个用于同步 DCE 和 DTE 之间数据传输的时钟信号。DTE 通常使用 DCE 产生的时钟信号。

1. 点到点协议

点到点协议（Point to Point Protocol，PPP）为在点到点连接上传输多协议数据包提供了一种标准方法。PPP 最初是为两个对等节点之间的 IP 流量传输提供一种封装协议而设计的，它是面向字符类型的协议。PPP 是为在同等单元之间传输数据包这样的简单链路设计的链路层协议，这种链路提供全双工操作，并按照顺序传递数据包，通过拨号或专线方式建立点到点连接发送数据，这使得 PPP 成为各种主机、网桥和路由器之间简单连接的一种共通的解决方案。

（1）PPP 包含的组件

PPP 包含两个组件：链路控制协议（Link Control Protocol，LCP）和网络控制协议（Network Control Protocol，NCP）。

为了能适应多种多样的链路类型，PPP 定义了 LCP。LCP 可以自动检测链路环境，如是否存在环路等；还可以协商链路参数，如最大数据包长度、使用的认证协议等。与其他数据链路层协议相比，PPP 的一个重要特点是可以提供认证功能，链路两端可以协商使用何种认证协议来实施认证过程，只有认证成功之后才会建立连接。

PPP 还定义了一组 NCP，每一个 NCP 都对应了一种网络层协议，用于协商网络层地址等参数，如网际协议控制协议（Internet Protocol Control Protocol，IPCP）用于协商、控制 IP 等。

（2）PPP 采用的帧格式

PPP 采用的帧格式与 HDLC 协议采用的帧格式类似，如图 6.2 所示。

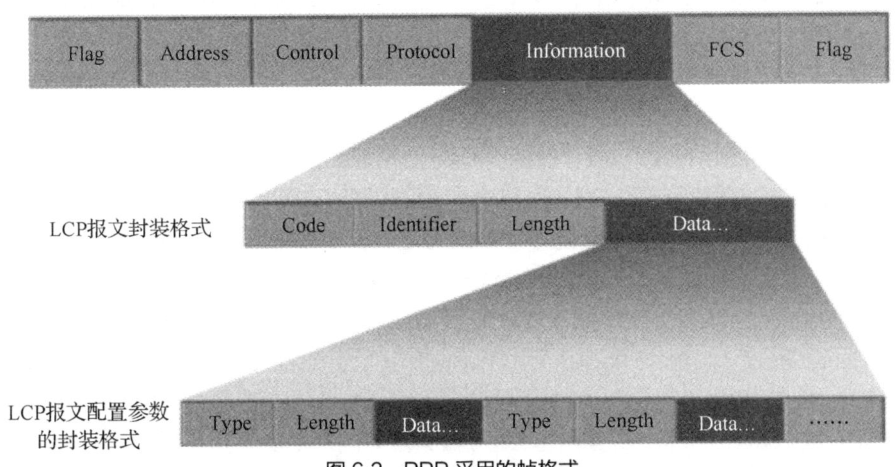

图 6.2 PPP 采用的帧格式

① Flag 域用于标识一个物理帧的起始和结束，该字节为二进制序列 01111110（0x7E）。

② PPP 帧的 Address 域与 HDLC 帧的 Address 域有差异，PPP 帧的 Address 域字节固定为 11111111 （0xFF），是一个广播地址。

③ PPP 数据帧的 Control 域默认为 00000011（0x03），表示无序号帧。

④ FCS 是 16 位的校验和，用于检查 PPP 帧的完整性。

⑤ Protocol 域用来说明 PPP 封装的协议报文类型，例如：0xC021（代表 LCP 报文）、0xC023（代表 PAP 报文）、0xC223（代表 CHAP 报文）。

⑥ Information 域包含 Protocol 域中指定协议的数据包。Data 域的默认最大长度（不包括 Protocol 域）称为最大接收单元（Maximum Receive Unit，MRU），MRU 的默认值为 1500 字节。

如果 Protocol 域被设为 0xC021，则说明通信双方正通过 LCP 报文进行 PPP 链路的协商和建立，LCP 报文封装格式如下。

a．Code 域主要用来标识 LCP 报文的类型，例如：配置信息报文（Configure-Packets，域值为 0x01）、配置成功信息报文（Configure-Ack，域值为 0x02）、终止请求报文（Terminate-Request，域值为 0x05）。

b．Identifier 域为 1 字节，用来匹配请求和响应。

c．Length 域的值就是该 LCP 报文的总字节数据。

d．Data 域承载了各种 TLV（Type/Length/Value）参数，用于协商配置选项，包括 MRU、认证协议等。

（3）PPP 的功能和特点

① PPP 具有动态分配 IP 地址的能力，允许在连接时协商 IP 地址。

② PPP 支持多种网络协议，如 TCP/IP、NetBEUI、NWLink 等。

③ PPP 具有错误检测能力，但不具备纠错能力，所以 PPP 是不可靠传输协议。

④ PPP 无重传的机制，网络开销小，传输速率快。

⑤ PPP 具有身份验证功能。

⑥ PPP 可以用于多种类型的物理介质，包括串口线、电话线、移动电话和光纤，PPP 也可用于 Internet 接入。

2．高级数据链路控制协议

高级数据链路控制（High level Data Link Control，HDLC）协议是一组用于在网络节点间传送数据的协议，它是由 ISO 颁布的一种具有高可靠性、高效率的数据链路控制规程，其特点是各项数据和控制信息都以位为单位，采用“帧”的格式传输。

在 HDLC 协议中，数据被组成一个个单元（称为帧）通过网络发送，并由接收方确认收到。HDLC 协议也能够管理数据流和数据发送的间隔。HDLC 协议是数据链路层中使用最广泛的协议之一。数据链路层是 OSI 网络标准模型的第二层；OSI 网络标准模型的第一层是物理层，负责产生与收发物理电子信号；OSI 网络标准模型的第三层是网络层，可用于通过访问路由表来确定路由等。在传送数据时，网络层的数据帧中包含源节点与目的节点的网络地址，在数据链路层通过 HDLC 协议对网络层的数据帧进行封装，以增加数据链路控制信息。

按照 ISO 的标准，HDLC 协议是基于国际商业机器（International Business Machines，IBM）公司的同步数据链路控制（Synchronous Data Link Control，SDLC）协议制定的，SDLC 协议被广泛用于 IBM 的大型机环境中。在 HDLC 中，属于 SDLC 的被称为正常响应方式（Normal Response Mode，NRM）。在 NRM 中，基站（通常是大型机）通过专线在多路或多点网络中发送数据给本地或远程的二级站。这种网络并不是我们平时所说的网络，它是一种非公众的封闭网络，网络间采用半双工模式进行通信。

（1）HDLC 协议的特点

① 透明传输。HDLC 协议对任意位组合的数据均能实现透明传输。“透明”是一个很重要的术语，

它表示某一个实际存在的事物看起来好像不存在一样；“透明传输”表示经实际电路传送后的数据信息没有发生变化。对所传送的数据信息来说，由于这个电路并没有对其产生影响，因此可以说该数据信息“看不见”这个电路，也可以说这个电路对该数据信息来说是透明的。这样，任意组合的数据信息都可以在这个电路上传送。

② 可靠性高。所有帧均采用循环冗余校验（Cyclic Redundancy Check，CRC），在 HDLC 协议中，差错控制的范围是除了 Flag 域的整个帧，而基本型传输控制规程中不包括前缀和部分控制字符。另外，HDLC 协议对信息帧进行编号传输，有效地防止了帧的重收和漏收。

③ 传输效率高。HDLC 协议使用全双工模式进行通信，遵循面向位的通信规则，且可同步数据控制协议；HDLC 协议中额外的开销少，允许高效的差错控制和流量控制。

④ 适应性强。HDLC 协议不依赖于任何一种字符编码集，能适应各种类型的工作站和链路。

⑤ 结构灵活。在 HDLC 协议中，传输控制功能和处理功能分离，HDLC 协议的层次清楚，应用非常灵活。

（2）HDLC 帧

完整的 HDLC 帧由标志（Flag）域、地址（Address）域、控制（Control）域、信息（Information）域、FCS 域等组成。

① 标志域为 01111110，用以标识帧的起始与结束，也可以作为帧与帧之间的填充字符。

② 地址域携带的是地址信息。

③ 控制域用于构成各种命令及响应，以便对链路进行监视与控制。发送方利用控制域来通知接收方执行约定的操作；接收方将控制域作为对命令的响应，并报告已经完成的操作或状态的变化。

④ 信息域可以包含任意长度的二进制数，其上限由 FCS 域或通信节点的缓存容量决定，目前使用较多的二进制数的长度是 1000～2000 位，其下限可以是 0，即无信息域。

⑤ FCS 域可以使用 16 位 CRC 对两个标志域之间的内容进行校验。

HDLC 有 3 种类型的帧，如图 6.3 所示。

① 信息帧用于传送有效信息或数据，通常简称为 I 帧。

② 监控帧用于实现差错控制和流量控制，通常简称为 S 帧。S 帧的标志是控制域前两位为 10。

③ 无编号帧用于提供链路的建立、拆除及控制等功能，通常简称为 U 帧。

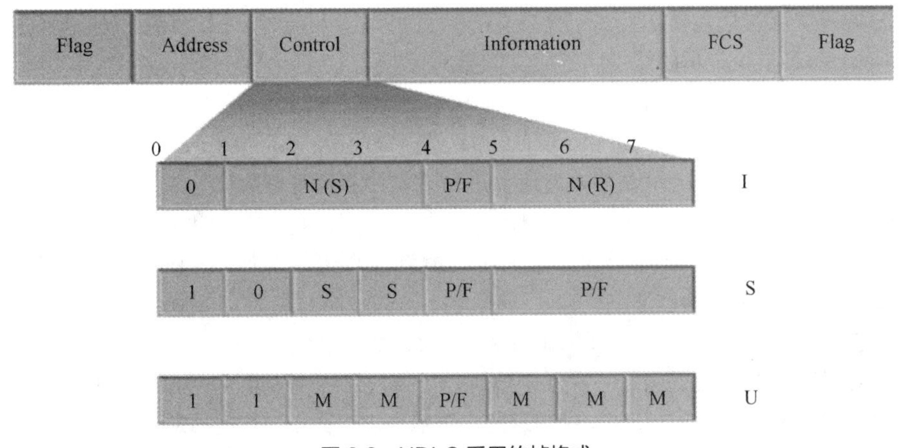

图 6.3 HDLC 采用的帧格式

3. 帧中继

帧中继是于 1992 年兴起的一种新的公共数据网通信协议，并于 1994 年开始迅速发展。帧中继是一种有效的数据传输技术，它可以在一对一或者一对多的应用中快速地传输数字信息，且价格低廉。它可以用于语音、数据通信，而且既可用于局域网的通信，又可用于广域网的通信。对终端用户来说，帧中继网络通过一条经常改变且对用户不可见的信道来处理与其他用户间的数据传输。

帧中继网络的主要特点：用户信息以帧（Frame）为单位进行传送，网络在传送过程中对帧结构、传送差错等进行检查，并将出错帧直接丢弃；同时，通过对帧中地址段数据链路连接标识符（Data Link Connection Identifier，DLCI）进行识别，实现用户信息的统计复用。

帧中继网络是一种数据包交换通信网络，一般用在数据链路层中。PVC 是通过物理网络 SVC 构成端到端逻辑链接的，类似于公共电话交换网中的电路交换，它也是帧中继描述中的一部分，只是现在已经很少在实际中使用了。另外，帧中继最初是为紧凑格式版 X.25 协议而设计的。

DLCI 是用来标识各端点的一个具有局部意义的数值。多个 PVC 可以连接到同一个物理终端，PVC 一般会指定承诺的信息速率（Committed Information Rate，CIR）和额外信息速率（Excessive Information Rate，EIR）。

帧中继被设计为可以更有效地利用现有的物理资源，由于绝大多数用户不可能百分之百地利用数据服务，因此允许给服务供应商的用户提供超过供应的数据服务。

帧中继正逐渐被 ATM、IP 等（包括 IP 虚拟专用网）替代。

6.1.3 PPP 认证模式

建立 PPP 链路之前，必须先在串行端口上配置数据链路层协议。思科路由器默认在串行端口上运行 PPP。如果端口上运行的不是 PPP，则需要使用 link-protocol ppp 命令来使用数据链路层的 PPP。

PPP 有两种认证模式，一种是密码认证协议（Password Authentication Protocol，PAP）模式，另一种是挑战握手认证协议（Challenge Handshake Authentication Protocol，CHAP）模式。

（1）PAP 的工作原理较为简单。PAP 为挑战两次握手认证协议，密码以明文方式在链路上发送。LCP 协商完成后，认证方要求被认证方使用 PAP 进行认证。被认证方将配置的用户名和密码信息通过 Authenticate-Request 报文以明文方式发送给认证方。

认证方收到被认证方发送的用户名和密码信息之后，根据本地配置的用户名和密码数据库检查用户名和密码信息是否匹配，如果匹配，则返回 Authenticate-Ack 报文，表示认证成功；否则，返回 Authenticate-Nak 报文，表示认证失败。

（2）CHAP 认证过程需要进行 3 次报文的交互。为了匹配请求报文和回应报文，报文中含有 Identifier 字段，一次认证过程中所使用的报文均要具有相同的 Identifier 信息。

① LCP 协商完成后，认证方发送一个 Challenge 报文给被认证方，报文中含有 Identifier 信息和一个随机产生的 Challenge 字符串，此 Identifier 即后续报文使用的 Identifier。

② 被认证方收到此 Challenge 报文之后，进行一次加密运算，运算公式为 MD5(Identifier+密码+Challenge)，即将 Identifier、密码和 Challenge 这 3 个部分连接成一个字符串，并对此字符串进行 MD5 运算，得到一个长度为 16 字节的摘要信息，再将此摘要信息和端口上配置的 CHAP 用户名一起封装在 Response 报文中发给认证方。

③ 认证方接收到被认证方发送的 Response 报文之后，按照其中的用户名信息在本地查找相应的密码信息，得到密码信息之后，进行一次加密运算，运算公式和被认证方的加密运算公式相同。将加密运算得到的摘要信息和 Response 报文中封装的摘要信息进行比较，若相同则认证成功，若不相同则认证失败。

使用 CHAP 模式时，被认证方的密码是加密后才进行传输的，极大地提高了网络安全性。

任务实施

6.1.4 配置 HDLC

V6-1 配置 HDLC

用户只需要在串行端口视图下执行 encapsulation hdlc 命令就可以使用端口的 HDLC 协议。思科网络设备的串行端口上默认运行 PPP。用户必须在串行链路两端的端口上配置相同的链路协议，才能实现双方通信。

配置 HDLC，相关端口与 IP 地址配置如图 6.4 所示，进行网络拓扑连接。

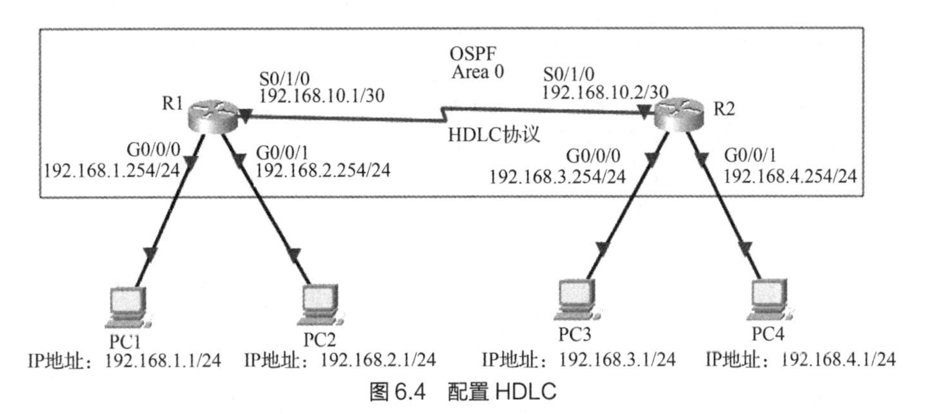

图 6.4 配置 HDLC

（1）配置路由器 R1，相关实例代码如下。

```
Router>enable
Router#terminal  no  monitor
Router#conf  t
Router(config)#hostname  R1
R1(config)#int  g 0/0/0
R1(config-if)#ip  address  192.168.1.254  255.255.255.0
R1(config-if)#no  shutdown
R1(config-if)#int  g 0/0/1
R1(config-if)#ip  address  192.168.2.254  255.255.255.0
R1(config-if)#no  shutdown
R1(config-if)#int  s 0/1/0
R1(config-if)#ip  address  192.168.10.1  255.255.255.252
R1(config-if)#no  shutdown
R1(config-if)#encapsulation  hdlc                    //封装 HDLC 协议
R1(config-if)#exit
R1(config)#router  ospf  1
R1(config-router)#network  192.168.1.0     0.0.0.255     area  0
R1(config-router)#network  192.168.2.0     0.0.0.255     area  0
R1(config-router)#network  192.168.10.0    0.0.0.3       area  0
R1(config-router)#end
R1#
```

（2）配置路由器 R2，相关实例代码如下。

```
Router>enable
Router#terminal  no  monitor
Router#conf  t
```

```
Router(config)#hostname  R2
R2(config)#int  g 0/0/0
R2(config-if)#ip  address  192.168.3.254  255.255.255.0
R2(config-if)#no  shutdown
R2(config-if)#int  g 0/0/1
R2(config-if)#ip  address  192.168.4.254  255.255.255.0
R2(config-if)#no  shutdown
R2(config-if)#int  s 0/1/0
R2(config-if)#ip  address  192.168.10.2  255.255.255.252
R2(config-if)#no  shutdown
R1(config-if)#encapsulation  hdlc                                //封装 HDLC 协议
R2(config-if)#exit
R2(config)#router  ospf  1
R2(config-router)#network  192.168.3.0    0.0.0.255    area  0
R2(config-router)#network  192.168.4.0    0.0.0.255    area  0
R2(config-router)#network  192.168.10.0   0.0.0.3      area  0
R2(config-router)# end
R2#
```

（3）显示路由器 R1、R2 的配置信息。以路由器 R1 为例，主要相关实例代码如下。

```
R1#show  running-config
!
hostname R1
!
interface GigabitEthernet0/0/0
 ip address 192.168.1.254 255.255.255.0
 duplex auto
 speed auto
!
interface GigabitEthernet0/0/1
 ip address 192.168.2.254 255.255.255.0
 duplex auto
 speed auto
!
interface Serial0/1/0
 ip address 192.168.10.1 255.255.255.252
 clock rate 2000000
!
router ospf 1
 log-adjacency-changes
 network 192.168.1.0    0.0.0.255    area 0
 network 192.168.2.0    0.0.0.255    area 0
 network 192.168.10.0   0.0.0.3      area 0
!
R1#
```

（4）显示路由器 R1、R2 的端口 IP 信息。以路由器 R1 为例，主要相关实例代码如下。

```
R1#show  ip  interface  brief
Interface              IP-Address      OK?    Method    Status              Protocol
GigabitEthernet0/0/0   192.168.1.254   YES    manual    up                  up
GigabitEthernet0/0/1   192.168.2.254   YES    manual    up                  up
```

```
GigabitEthernet0/0/2    unassigned      YES  NVRAM   administratively down   down
Serial0/1/0             192.168.10.1    YES  manual                     up   up
Serial0/1/1             unassigned      YES  NVRAM   administratively down   down
Vlan1                   unassigned      YES  unset   administratively down   down
R1#
```

（5）测试主机 PC1 的连通性。主机 PC1 访问主机 PC3 和主机 PC4 的结果如图 6.5 所示。

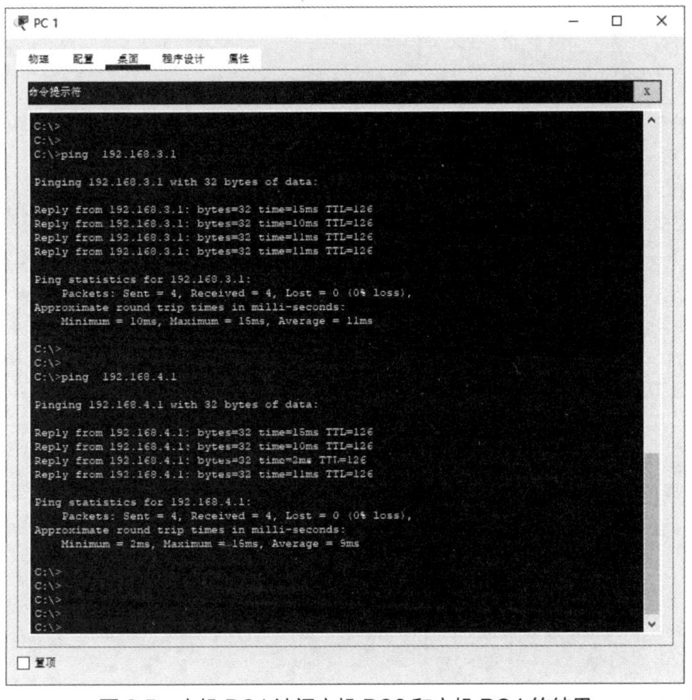

图 6.5 主机 PC1 访问主机 PC3 和主机 PC4 的结果

V6-2 配置 PAP

6.1.5 配置 PAP

配置 PAP，相关端口与 IP 地址配置如图 6.6 所示，进行网络拓扑连接。

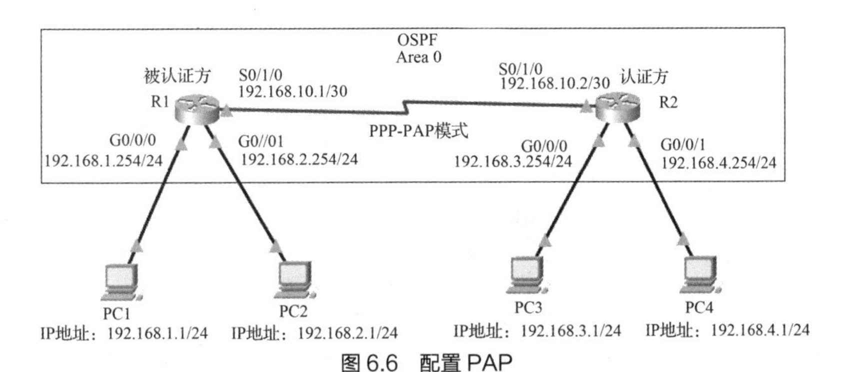

图 6.6 配置 PAP

（1）配置路由器 R1，相关实例代码如下。

```
Router>enable
Router#terminal  no  monitor
Router#conf  t
```

```
Router(config)#hostname   R1
R1(config)#username   R2   password   lncc123          //创建本地用户，用户名为 R2，密码为 lncc123
R1(config)#int   g 0/0/0
R1(config-if)#ip   address   192.168.1.254   255.255.255.0
R1(config-if)#no   shutdown
R1(config-if)#int   g 0/0/1
R1(config-if)#ip   address   192.168.2.254   255.255.255.0
R1(config-if)#no   shutdown
R1(config-if)#int   s 0/1/0
R1(config-if)#ip   address   192.168.10.1   255.255.255.252
R1(config-if)#no   shutdown
R1(config-if)#encapsulation   ppp                                    //封装 PPP
R1(config-if)#ppp   authentication   pap                             //启用 PAP 模式
R1(config-if)#ppp   pap   sent-username   R1   password   lncc123    //用户名为 R1,密码为 lncc123
R1(config-if)#exit
R1(config)#router   ospf   1
R1(config-router)#network   192.168.1.0      0.0.0.255      area   0
R1(config-router)#network   192.168.2.0      0.0.0.255      area   0
R1(config-router)#network   192.168.10.0     0.0.0.3        area   0
R1(config-router)#end
R1#
```

（2）显示路由器 R1 的配置信息，主要相关实例代码如下。

```
R1#show   running-config
!
hostname R1
!
username R2 password 0 lncc123
!
interface GigabitEthernet0/0/0
 ip address 192.168.1.254 255.255.255.0
 duplex auto
 speed auto
!
interface GigabitEthernet0/0/1
 ip address 192.168.2.254 255.255.255.0
 duplex auto
 speed auto
!
interface Serial0/1/0
 ip address 192.168.10.1 255.255.255.252
 encapsulation ppp
 ppp authentication pap
 ppp pap sent-username R1 password 0 lncc123
!
router ospf 1
 log-adjacency-changes
 network 192.168.1.0     0.0.0.255 area 0
 network 192.168.2.0     0.0.0.255 area 0
 network 192.168.10.0    0.0.0.3    area 0
```

```
!
R1#
```

（3）配置路由器 R2，相关实例代码如下。

```
Router>enable
Router#terminal  no  monitor
Router#conf  t
Router(config)#hostname  R2
R2(config)#username  R1  password  lncc123        //创建本地用户，用户名为 R1，密码为 lncc123
R2(config)#int  g 0/0/0
R2(config-if)#ip  address  192.168.3.254  255.255.255.0
R2(config-if)#no  shutdown
R2(config-if)#int  g 0/0/1
R2(config-if)#ip  address  192.168.4.254  255.255.255.0
R2(config-if)#no  shutdown
R2(config-if)#int  s 0/1/0
R2(config-if)#ip  address  192.168.10.2  255.255.255.252
R2(config-if)#no  shutdown
R2(config-if)#encapsulation  ppp                          //封装 PPP
R2(config-if)#ppp  authentication  pap                    //启用 PAP 模式
R2(config-if)#ppp  pap  sent-username  R2  password  lncc123  //用户名为 R2，密码为 lncc123
R2(config-if)#exit
R2(config)#router  ospf  1
R2(config-router)#network  192.168.3.0    0.0.0.255    area  0
R2(config-router)#network  192.168.4.0    0.0.0.255    area  0
R2(config-router)#network  192.168.10.0   0.0.0.3      area  0
R2(config-router)# end
R2#
```

（4）显示路由器 R2 的配置信息，主要相关实例代码如下。

```
R2#show  running-config
!
hostname R2
!
username R1 password 0 lncc123
!
interface GigabitEthernet0/0/0
 ip address 192.168.3.254 255.255.255.0
 duplex auto
 speed auto
!
interface GigabitEthernet0/0/1
 ip address 192.168.4.254 255.255.255.0
 duplex auto
 speed auto
!
interface Serial0/1/0
 ip address 192.168.10.2 255.255.255.252
 encapsulation ppp
 ppp authentication pap
 ppp pap sent-username R2 password 0 lncc123
```

```
 clock rate 2000000
!
router ospf 1
 log-adjacency-changes
 network 192.168.3.0    0.0.0.255 area 0
 network 192.168.4.0    0.0.0.255 area 0
 network 192.168.10.0   0.0.0.3   area 0
!
R2#
```

（5）测试主机 PC1 的连通性。主机 PC1 访问主机 PC3 的结果如图 6.7 所示。

图 6.7　主机 PC1 访问主机 PC3 的结果

6.1.6　配置 CHAP

V6-3　配置 CHAP

配置 CHAP，相关端口与 IP 地址配置如图 6.8 所示，进行网络拓扑连接。

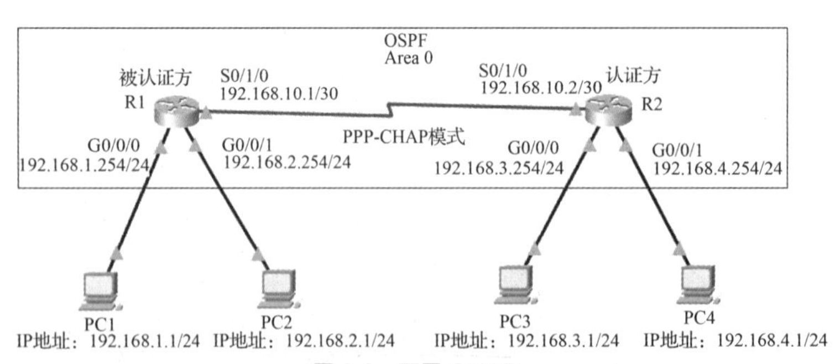

图 6.8　配置 CHAP

（1）配置路由器 R1，相关实例代码如下。

```
Router>enable
```

```
Router#terminal  no  monitor
Router#conf  t
Router(config)#hostname  R1
R1(config)#username  R2  password  lncc123        //创建本地用户，用户名为 R2，密码为 lncc123
R1(config)#int  g 0/0/0
R1(config-if)#ip  address  192.168.1.254  255.255.255.0
R1(config-if)#no  shutdown
R1(config-if)#int  g 0/0/1
R1(config-if)#ip  address  192.168.2.254  255.255.255.0
R1(config-if)#no  shutdown
R1(config-if)#int  s 0/1/0
R1(config-if)#ip  address  192.168.10.1  255.255.255.252
R1(config-if)#no  shutdown
R1(config-if)#encapsulation  ppp                           //封装 PPP
R1(config-if)#ppp  authentication  chap                    //启用 CHAP 模式
R1(config-if)#exit
R1(config)#router  ospf  1
R1(config-router)#network  192.168.1.0    0.0.0.255  area  0
R1(config-router)#network  192.168.2.0    0.0.0.255  area  0
R1(config-router)#network  192.168.10.0   0.0.0.3    area  0
R1(config-router)#end
R1#
```

（2）显示路由器 R1 的配置信息，主要相关实例代码如下。

```
R1#show  running-config
!
hostname R1
!
username R2 password 0 lncc123
!
interface GigabitEthernet0/0/0
 ip address 192.168.1.254 255.255.255.0
 duplex auto
 speed auto
!
interface GigabitEthernet0/0/1
 ip address 192.168.2.254 255.255.255.0
 duplex auto
 speed auto
!
interface Serial0/1/0
 ip address 192.168.10.1 255.255.255.252
 encapsulation ppp
 ppp authentication chap
 clock rate 2000000
!
router ospf 1
 log-adjacency-changes
 network 192.168.1.0 0.0.0.255 area 0
 network 192.168.2.0 0.0.0.255 area 0
```

```
 network 192.168.10.0 0.0.0.3 area 0
!
R1#
```

（3）配置路由器 R2，相关实例代码如下。

```
Router>enable
Router#terminal   no   monitor
Router#conf   t
Router(config)#hostname   R2
R2(config)#username   R1   password   lncc123          //创建本地用户，用户名为 R1，密码为 lncc123
R2(config)#int   g 0/0/0
R2(config-if)#ip   address   192.168.3.254   255.255.255.0
R2(config-if)#no   shutdown
R2(config-if)#int   g 0/0/1
R2(config-if)#ip   address   192.168.4.254   255.255.255.0
R2(config-if)#no   shutdown
R2(config-if)#int   s 0/1/0
R2(config-if)#ip   address   192.168.10.2   255.255.255.252
R2(config-if)#no   shutdown
R2(config-if)#encapsulation   ppp                              //封装 PPP
R2(config-if)#ppp   authentication   chap                      //启用 CHAP 模式
R2(config-if)#exit
R2(config)#router   ospf   1
R2(config-router)#network   192.168.3.0     0.0.0.255     area   0
R2(config-router)#network   192.168.4.0     0.0.0.255     area   0
R2(config-router)#network   192.168.10.0    0.0.0.3       area   0
R2(config-router)# end
R2#
```

（4）显示路由器 R2 的配置信息，主要相关实例代码如下。

```
R2#show   running-config
!
hostname R2
!
username R1 password 0 lncc123
!
interface GigabitEthernet0/0/0
 ip address 192.168.3.254 255.255.255.0
 duplex auto
 speed auto
!
interface GigabitEthernet0/0/1
 ip address 192.168.4.254 255.255.255.0
 duplex auto
 speed auto
!
interface Serial0/1/0
 ip address 192.168.10.2 255.255.255.252
 encapsulation ppp
 ppp authentication chap
 clock rate 2000000
```

```
!
router ospf 1
 log-adjacency-changes
 network 192.168.3.0    0.0.0.255  area 0
 network 192.168.4.0    0.0.0.255  area 0
 network 192.168.10.0   0.0.0.3    area 0
!
R2#
```

（5）测试主机 PC2 的连通性。主机 PC2 访问主机 PC4 的结果如图 6.9 所示。

图 6.9　主机 PC2 访问主机 PC4 的结果

任务 6.2　NAT 技术

任务描述

小李是某公司的网络工程师。该公司业务不断发展，越来越离不开网络。Internet 中的任何两台主机通信都需要全球唯一的 IP 地址，而越来越多的用户加入 Internet，使得 IP 地址资源越来越紧张。该公司申请了一段公有网络的 C 类 IP 地址，但由于申请的 IP 地址较少，无法满足员工的需求。小李考虑到公司的实际困难，决定使用 NAT 技术来解决员工上网的问题。小李根据公司的要求制订了一份合理的网络实施方案，那么他该如何完成网络设备的相应配置呢？

知识准备

6.2.1　NAT 技术概述

随着计算机网络技术的发展，接入 Internet 的计算机数量不断增加，Internet 中空闲的 IP 地址越来越少，IP 地址资源也越来越紧张。事实上，除了中国教育和科研计算机网（China Education and Research Network，CERNET）外，我国一般用户几乎申请不到整段的 C 类 IP 地址。在其他互联网服务提供商（Internet Service Provider，ISP）那里，即使是拥有几百台计算机的大型局域网用户，当其申请 IP 地址时，所分配到的也不过只有几个或十几个 IP 地址。显然，这么少的 IP 地址根本无法满足网络用户的需求，于是 NAT 技术诞生了。目前 NAT 技术有效地解决了 IP 地址少的问题，使得私有 IP 地址可以访问外部网络。虽然 NAT 技术可以借助某些代理服务器来实现，但考虑到运营成本和网络性能，很多时候 NAT 技术是在路由器上实现的。

6.2.2 NAT 概述

1. NAT 简介

网络地址转换（Network Address Translation，NAT）技术是在 1994 年被提出的。简单来说，NAT 技术就是把内部私有 IP 地址翻译成合法有效的网络公有 IP 地址的技术，可以通过 NAT 技术接入外部网络，如图 6.10 所示。若专用网内部的一些主机本来已经分配到了本地 IP 地址（即仅在本专用网内部使用的专用地址），但现在又想和 Internet 上的主机通信（并不需要加密），则可以使用 NAT 技术，这种技术需要在专用网连接到 Internet 的路由器上安装 NAT 软件。安装有 NAT 软件的路由器叫作 NAT 路由器，它至少有一个有效的外部全球 IP 地址。这样，所有使用本地 IP 地址的主机在和外界通信时，都要在 NAT 路由器上将其本地 IP 地址转换为全球 IP 地址，才能和 Internet 连接。

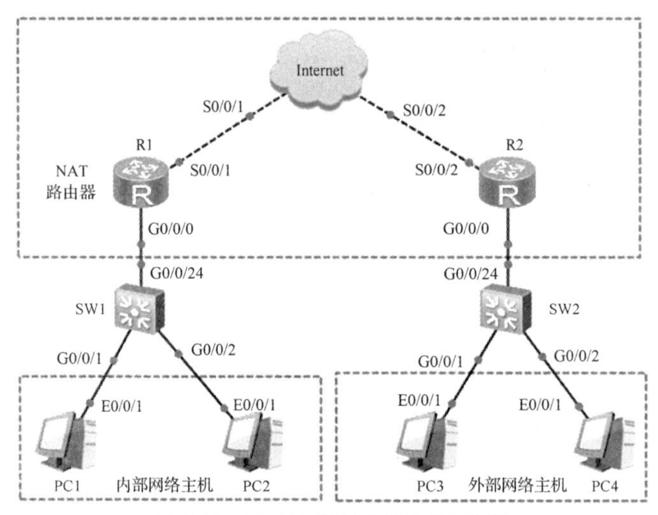

图 6.10　通过 NAT 技术接入外部网络

NAT 技术不仅能解决 IP 地址不足的问题，还能有效地避免来自外部网络的攻击，隐藏并保护内部网络中的计算机。

（1）NAT 技术的作用：通过将内部网络的私有 IP 地址翻译成全球唯一的公有 IP 地址，内部网络可以连接到互联网等外部网络上。

（2）NAT 技术的优点：节省公有合法 IP 地址；处理地址重叠问题；增强灵活性与安全性。

（3）NAT 技术的缺点：增加延迟；增加配置和维护的复杂性；不支持某些应用，但可以通过静态 NAT 映射来支持。

要真正了解 NAT 就必须先了解现在 IP 地址的使用情况，私有 IP 地址是指内部网络或主机的 IP 地址，公有 IP 地址是指在 Internet 上全球唯一的 IP 地址。RFC 1918 为私有网络预留出了 3 个 IP 地址块，如下所示。

A 类：10.0.0.0～10.255.255.255。

B 类：172.16.0.0～172.31.255.255。

C 类：192.168.0.0～192.168.255.255。

上述 IP 地址块中的地址不会在 Internet 上被分配，因此不必向 ISP 或注册中心申请即可在家中或企业内部自由使用这些地址。

2. NAT 术语

（1）内部本地地址（Inside Local Address）：一个内部网络中的设备在内部的 IP 地址，即分配给内部网络中主机的 IP 地址；这种地址通常来自 RFC 1918 指定的私有地址空间，即内部主机的实际地址。

（2）内部全局地址（Inside Global Address）：一个内部网络中的设备在外部的 IP 地址，即内部全局地址对外代表一个或多个内部 IP 地址；这种 IP 地址来自全局唯一的地址空间，通常是 ISP 提供的，即内部主机经 NAT 转换后去往外部的地址。

（3）外部本地地址（Outside Local Address）：一个外部网络中的设备在内部的 IP 地址，即在内部网络中看到的外部主机 IP 地址；这种 IP 地址通常来自 RFC 1918 定义的私有地址空间，即外部主机由 NAT 设备转换后的地址。

（4）外部全局地址（Outside Global Address）：一个外部网络中的设备在外部的 IP 地址，即外部网络中的主机 IP 地址；这种 IP 地址通常来自全局可路由的地址空间，即外部主机的真实地址。内部网络与外部网络示意如图 6.11 所示。

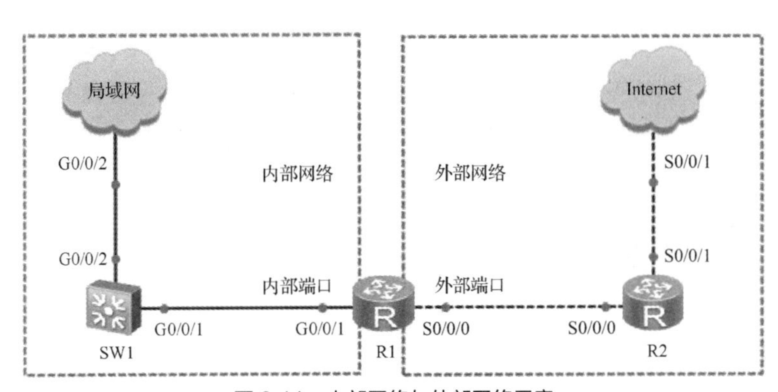

图 6.11　内部网络与外部网络示意

6.2.3　静态 NAT

1. 静态 NAT

静态网络地址转换（Static NAT）是指将内部网络的私有 IP 地址转换为公有 IP 地址。其 IP 地址对是一对一的永久对应关系，某个私有 IP 地址只能转换为某个公有 IP 地址。借助静态 NAT，可以实现外部网络对内部网络中某些特定设备（如服务器）的访问。

2. 静态 NAT 的工作过程

静态 NAT 的转换条目需要预先手动配置，建立内部本地地址和内部全局地址的一对一永久对应关系，即将一个内部本地地址和一个内部全局地址进行绑定。借助静态 NAT，可以隐藏内部服务器的地址信息，提高网络安全性。

当内部主机 PC1 访问外部主机 PC3 的资源时，内部主机静态 NAT 的工作过程如图 6.12 所示。

（1）主机 PC1 以私有 IP 地址 192.168.1.10 为源地址向主机 PC3 发送报文，路由器 R1 在接收到主机 PC1 发送来的报文时，检查 NAT 表，若该地址配置有静态 NAT 映射，则进入下一步；若没有配置静态 NAT 映射，则转换不成功。

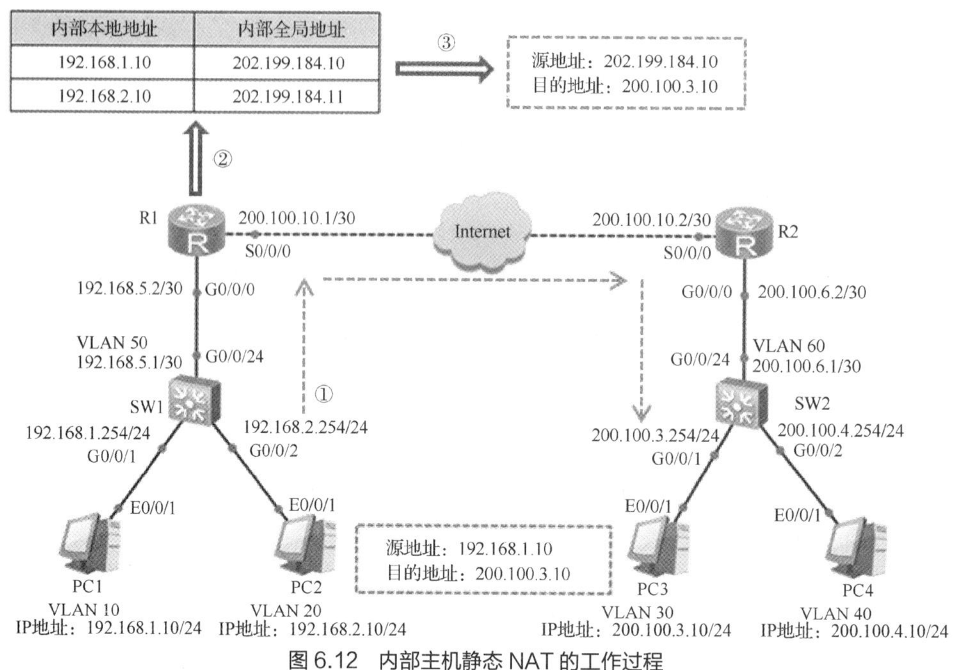

图 6.12　内部主机静态 NAT 的工作过程

（2）当路由器 R1 配置有静态 NAT 时，把源地址（192.168.1.10）替换为对应的转换地址（202.199.184.10），经转换后，数据包的源地址变为 202.199.184.10，此后路由器 R1 转发该数据包。

（3）主机 PC3（IP 地址为 200.100.3.10）接收到数据包后，将向源地址 202.199.184.10 发送响应报文，如图 6.13 所示。

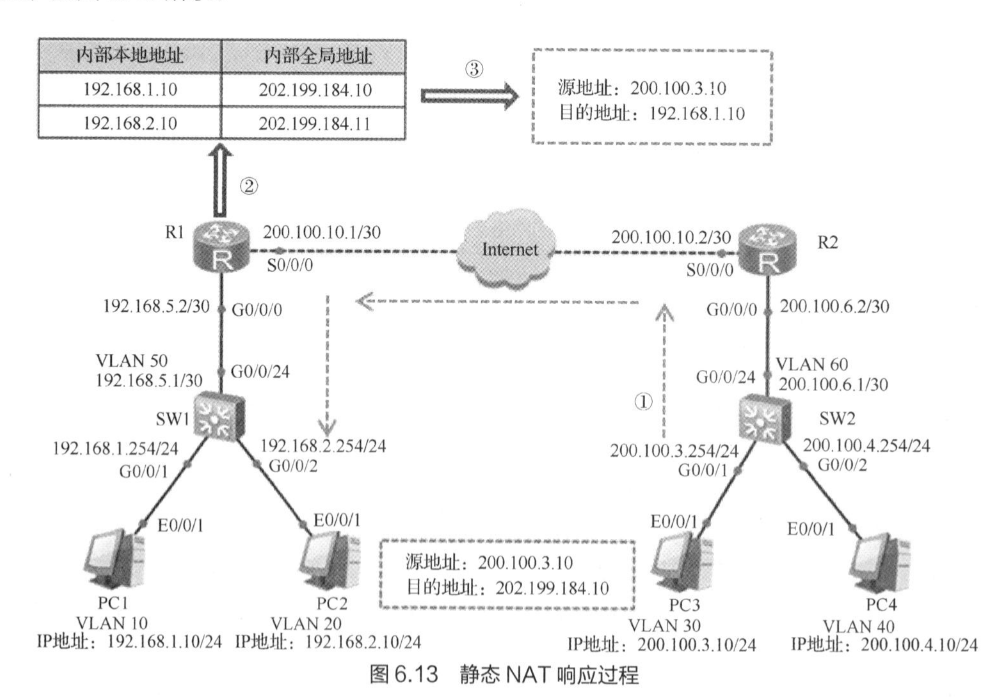

图 6.13　静态 NAT 响应过程

（4）当路由器 R1 接收到内部全局地址的数据包时，将以内部全局地址 202.199.184.10 为关键字查找 NAT 表，再将数据包的目的地址转换为 192.168.1.10，同时将数据包转发给主机 PC1。

（5）主机 PC1 接收到响应报文，继续保持会话，直至会话结束。

6.2.4 动态 NAT

1. 动态 NAT

动态网络地址转换（Dynamic NAT）是指将内部网络的私有 IP 地址转换为公有 IP 地址时，IP 地址是不确定的、随机的，所有被授权访问 Internet 的私有 IP 地址都可随机转换为任何指定的合法 IP 地址。也就是说，只要指定哪些内部地址可以进行转换，以及用哪些合法地址作为外部地址，就可以进行动态 NAT。动态 NAT 可以使用多个合法外部地址集，当 ISP 提供的合法 IP 地址的数量略少于网络内部的计算机数量时，可以采用动态 NAT 的方式。

静态 NAT 是在路由器上手动配置内部本地地址与内部全局地址一对一地进行转换映射，配置完成后，该内部全局地址不允许其他主机使用，在一定程度上造成了 IP 地址资源的浪费。动态 NAT 也是将内部本地地址与内部全局地址一对一地进行转换映射，但是动态 NAT 会从内部全局地址池中动态选择一个未被使用的地址对内部本地地址进行转换映射，NAT 条目是动态创建的，无须预先手动创建。

2. 动态 NAT 工作过程

动态 NAT 在路由器中建立一个地址池来放置可用的内部全局地址，当有内部本地地址需要转换时，查询地址池，取出内部全局地址建立地址映射关系，实现动态 NAT。在内部全局地址使用完成后，释放该映射关系，将这个内部全局地址返回地址池中，以供其他用户使用。

当内部主机 PC1 访问外部主机 PC3 的资源时，内部主机动态 NAT 的工作过程如图 6.14 所示。

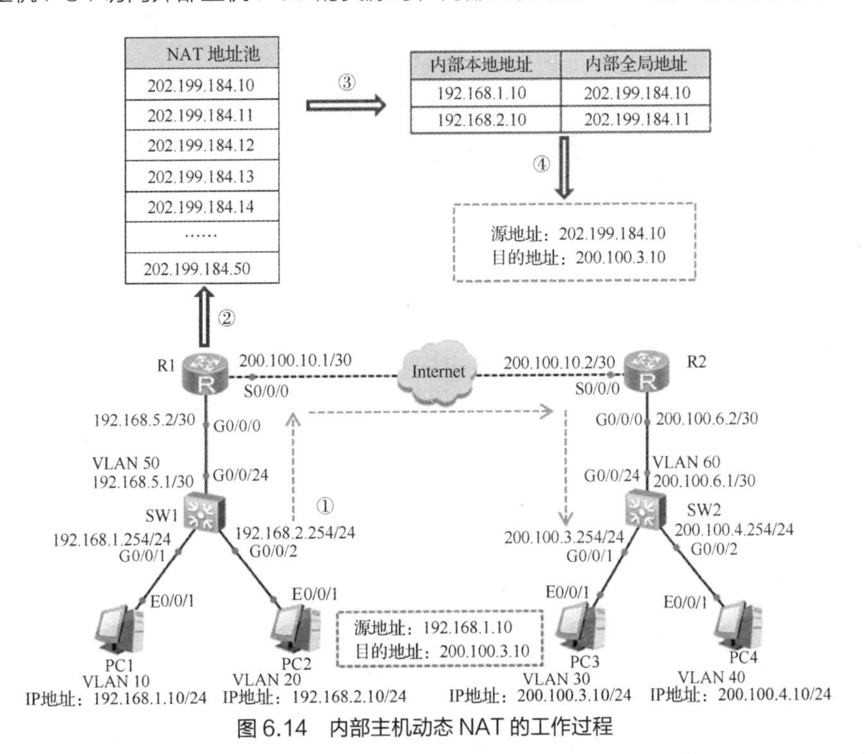

图 6.14 内部主机动态 NAT 的工作过程

（1）主机 PC1 以私有 IP 地址 192.168.1.10 为源地址向主机 PC3 发送报文，路由器 R1 在接收到主机 PC1 发送来的报文时，检查 NAT 地址池，发现需要对该报文的源地址进行转换，并从 NAT 地址池中选择一个未被使用的内部全局地址 202.199.184.10 进行转换。

（2）路由器 R1 将内部本地地址 192.168.1.10 替换为对应的转换地址 202.199.184.10，经转换后，数据包的源地址变为 202.199.184.10，此后路由器 R1 转发该数据包，并创建一个动态 NAT 表项。

（3）当主机 PC3 收到报文后，使用 200.100.3.10 作为源地址、内部全局地址 202.199.184.10 作为目的地址来进行响应，如图 6.15 所示。

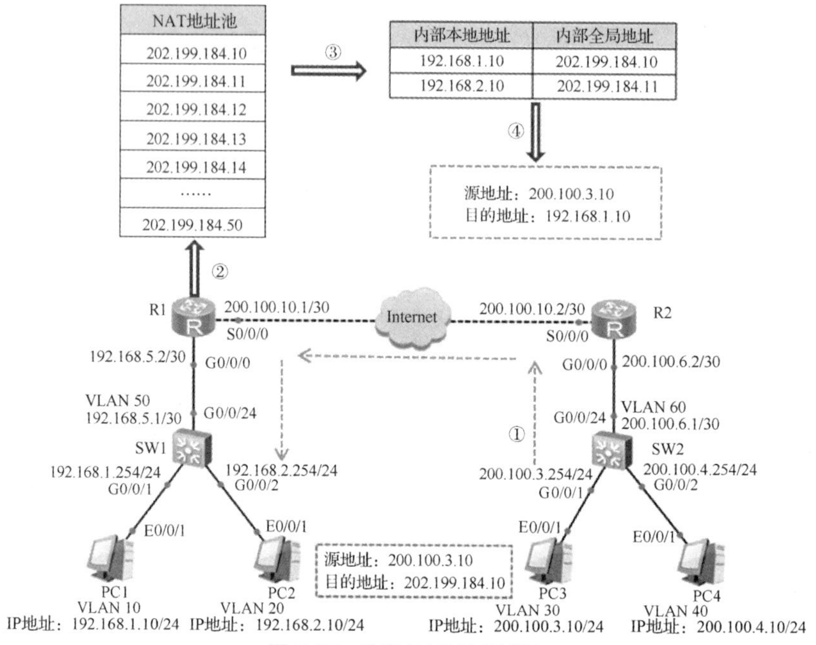

图 6.15　动态 NAT 响应过程

（4）当路由器 R1 接收到内部全局地址的数据包时，将以内部全局地址 202.199.184.10 为关键字查找 NAT 表，再将数据包的目的地址转换为 192.168.1.10，同时将数据包转发给主机 PC1。

（5）主机 PC1 接收到响应报文，继续保持会话，直至会话结束。

6.2.5　PAT 技术概述

1．PAT

端口多路复用是指改变外出数据包的源端口并进行端口地址转换，端口地址转换（Port Address Translation，PAT）采用了端口多路复用方式。内部网络的所有主机均可共享一个合法的外部 IP 地址实现对 Internet 的访问，从而最大限度地节约 IP 地址资源；同时，又可隐藏内部网络的所有主机，有效避免来自 Internet 的攻击。因此，目前网络中应用最多的地址转换技术就是 PAT。

静态 NAT 与动态 NAT 技术实现了内部网络访问外部网络的目的。动态 NAT 虽然解决了内部全局地址没有灵活使用的难题，但是并没有从根本上解决 IP 地址不足的问题，那么如何实现多台主机使用一个公有 IP 地址访问外部网络的目标呢？利用 PAT 技术就可以实现。

PAT 是动态 NAT 的一种实现形式，PAT 利用不同的端口号将多个内部私有 IP 地址转换为一个外部 IP 地址，使得多台主机能使用一个 IP 地址访问外部网络。

2．PAT 的工作过程

PAT 和动态 NAT 的区别在于 PAT 只需要一个内部全局地址就可以映射多个内部本地地址，可以通过端口号来区分不同的主机。PAT 与动态 NAT 一样，在 NAT 地址池中存放了很多内部全局地址，转换时从地址池中获取一个内部全局地址，在 NAT 表中建立内部本地地址及端口号、内部全局地址及端口号等的映射关系。

当内部主机 PC1 访问外部主机 PC3 的资源时，内部主机使用 PAT 技术的工作过程如图 6.16 所示。

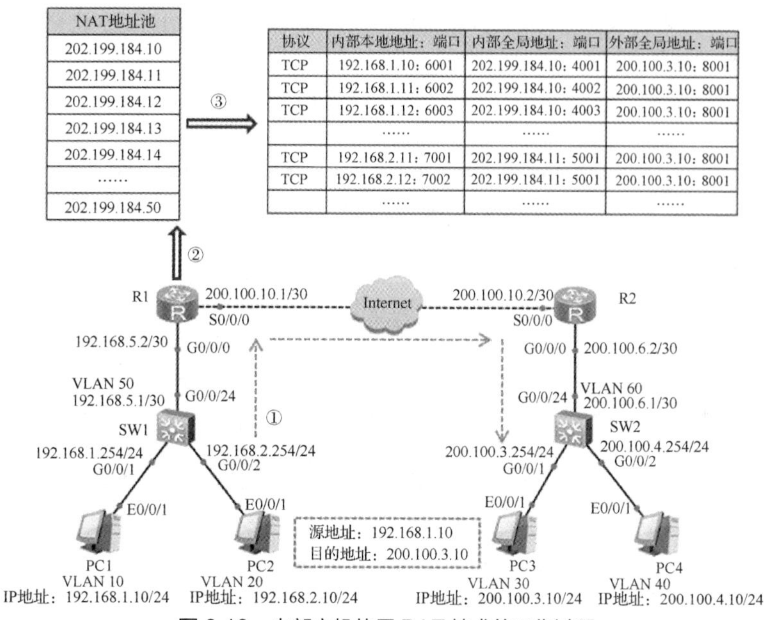

图 6.16　内部主机使用 PAT 技术的工作过程

（1）主机 PC1 以私有 IP 地址 192.168.1.10 为源地址且端口号为 6001，向主机 PC3 发送报文，路由器 R1 在接收到主机 PC1 发送来的报文时，检查 NAT 地址池，发现需要对该报文的源地址进行转换，并从路由器 R1 的地址池中选择一个未被使用的全局地址 202.199.184.10、端口号 4001 进行转换。

（2）路由器 R1 将内部本地地址 192.168.1.10:6001 替换为对应的转换地址 202.199.184.10:4001，经转换后，数据包的源地址变为 202.199.184.10:4001，此后路由器 R1 转发该数据包，并创建一个动态 NAT 表项。

（3）当主机 PC3 收到报文后，使用 200.100.3.10 作为源地址且端口号为 8001，并以内部全局地址 202.199.184.10:4001 作为目的地址来进行响应，如图 6.17 所示。

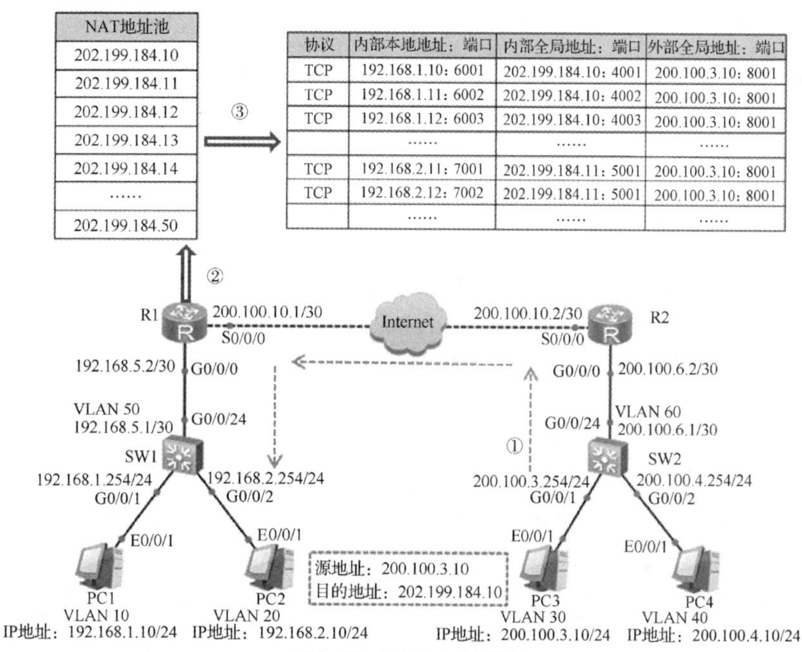

图 6.17　PAT 响应过程

（4）当路由器 R1 接收到内部全局地址的数据包时，将以内部全局地址 202.199.184.10:4001 为关键字查找 NAT 表，再将数据包的目的地址转换为 192.168.1.10:6001，同时将数据包转发给主机 PC1。

（5）主机 PC1 接收到响应报文，继续保持会话，直至会话结束。

任务实施

6.2.6 配置静态 NAT

V6-4 配置静态 NAT

配置静态 NAT，相关端口与 IP 地址配置如图 6.18 所示，进行网络拓扑连接。

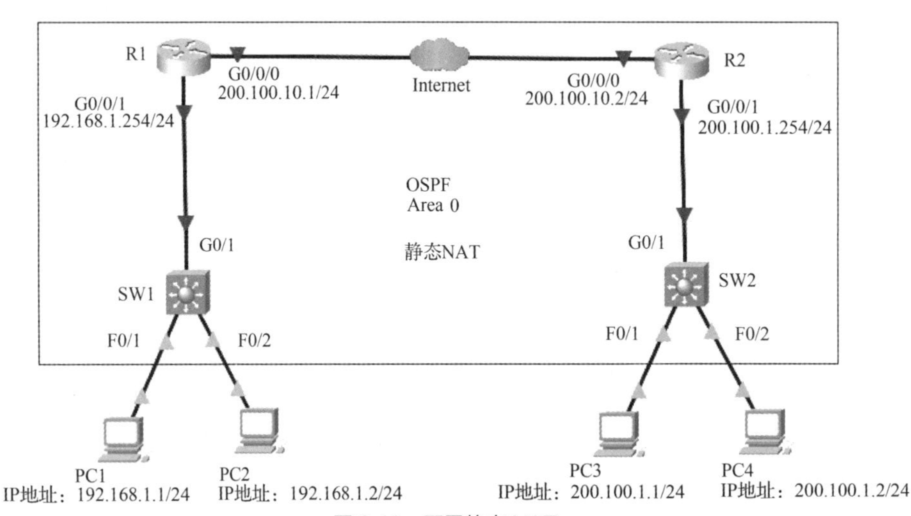

图 6.18 配置静态 NAT

（1）配置路由器 R1，相关实例代码如下。

```
Router>enable
Router#terminal  no  monitor
Router#conf  t
Router(config)#hostname  R1
R1(config)#int  g 0/0/1
R1(config-if)#ip  address  192.168.1.254  255.255.255.0
R1(config-if)#no  shutdown
R1(config-if)#ip  nat  inside                                   //连接内部网络
R1(config-if)#int  g 0/0/0
R1(config-if)#ip  address  200.100.10.1  255.255.255.0
R1(config-if)#no  shutdown
R1(config-if)#ip  nat  outside                                  //连接外部网络
R1(config-if)#exit
R1(config)#router  ospf  1
R1(config-router)#network  200.100.10.0  0.0.0.255  area  0  //只发布外部网络地址
R1(config-router)#exit
R1(config)#ip  nat  inside  source  static  192.168.1.1  200.100.10.101  //配置静态 NAT
R1(config)#ip  nat  inside  source  static  192.168.1.2  200.100.10.102
R1(config)# end
R1#
```

（2）配置路由器 R2，相关实例代码如下。

```
Router>enable
Router#terminal  no  monitor
Router#conf  t
Router(config)#hostname  R2
R2(config)#int  g 0/0/1
R2(config-if)#ip  address  200.100.1.254  255.255.255.0
R2(config-if)#no  shutdown
R2(config-if)#int  g 0/0/0
R2(config-if)#ip  address  200.100.10.2  255.255.255.0
R2(config-if)#no  shutdown
R2(config-if)#exit
R2(config)#router  ospf  1
R2(config-router)#network  200.100.10.0    0.0.0.255    area  0
R2(config-router)#network  200.100.1.0     0.0.0.255    area  0
R2(config-router)#end
R2#
```

（3）显示路由器 R1、R2 的配置信息。以路由器 R1 为例，主要相关实例代码如下。

```
R1#show  running-config
!
hostname R1
!
interface GigabitEthernet0/0/0
 ip address 200.100.10.1 255.255.255.0
 ip nat outside
 duplex auto
 speed auto
!
interface GigabitEthernet0/0/1
 ip address 192.168.1.254 255.255.255.0
 ip nat inside
 duplex auto
 speed auto
!
router ospf 1
 log-adjacency-changes
 network 200.100.10.0 0.0.0.255 area 0
!
ip nat inside source static 192.168.1.1 200.100.10.101
ip nat inside source static 192.168.1.2 200.100.10.102
ip classless
!
R1#
```

（4）验证主机 PC1 的连通性。主机 PC1 访问主机 PC3 和主机 PC4 的结果如图 6.19 所示。

（5）在路由器 R1 上查看 NAT 映射相关信息，相关实例代码如下。

```
R1#show  ip  nat  translations
Pro  Inside global     Inside local     Outside local     Outside global
---  200.100.10.101    192.168.1.1        ---                ---
```

```
---   200.100.10.102     192.168.1.2          ---               ---
R1#
R1#show   ip   nat statistics
Total translations: 2 (2 static, 0 dynamic, 0 extended)
Outside Interfaces: GigabitEthernet0/0/0
Inside Interfaces: GigabitEthernet0/0/1
Hits: 13   Misses: 88
Expired translations: 14
Dynamic mappings:
R1#
```

图 6.19　主机 PC1 访问主机 PC3 和主机 PC4 的结果

6.2.7　配置动态 NAT

V6-5　配置动态 NAT

配置动态 NAT，相关端口与 IP 地址配置如图 6.20 所示，进行网络拓扑连接。

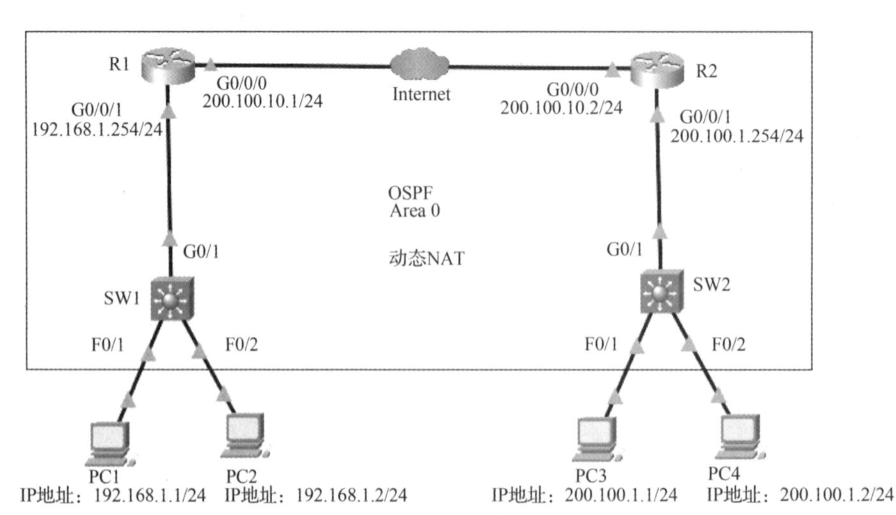

图 6.20　配置动态 NAT

（1）配置路由器 R1，相关实例代码如下。

```
Router>enable
Router#terminal  no  monitor
Router#conf  t
Router(config)#hostname  R1
R1(config)#int  g 0/0/1
R1(config-if)#ip  address  192.168.1.254  255.255.255.0
R1(config-if)#no  shutdown
R1(config-if)#ip  nat  inside                                    //连接内部网络
R1(config-if)#int  g 0/0/0
R1(config-if)#ip  address  200.100.10.1  255.255.255.0
R1(config-if)#no  shutdown
R1(config-if)#ip  nat  outside                                   //连接外部网络
R1(config-if)#exit
R1(config)#router  ospf  1
R1(config-router)#network  200.100.10.0  0.0.0.255  area  0  //只发布外部网络地址
R1(config-router)#exit
R1(config)#access-list  10  permit  192.168.1.0  0.0.0.255     //允许转换的内部地址列表
R1(config)#ip  nat  pool  pool-to-internet  200.100.10.101  200.100.10.110  netmask
255.255.255.0                                  //定义转换的地址池列表 pool-to-internet
R1(config)#ip  nat  inside  source  list  10  pool  pool-to-internet  //关联内部地址列表
R1(config)# end
R1#
```

（2）配置路由器 R2，相关实例代码如下。

```
Router>enable
Router#terminal  no  monitor
Router#conf  t
Router(config)#hostname  R2
R2(config)#int  g 0/0/1
R2(config-if)#ip  address  200.100.1.254  255.255.255.0
R2(config-if)#no  shutdown
R2(config-if)#int  g 0/0/0
R2(config-if)#ip  address  200.100.10.2  255.255.255.0
R2(config-if)#no  shutdown
R2(config-if)#exit
R2(config)#router  ospf  1
R2(config-router)#network  200.100.10.0  0.0.0.255  area  0
R2(config-router)#network  200.100.1.0  0.0.0.255  area  0
R2(config-router)#end
R2#
```

（3）显示路由器 R1、R2 的配置信息。以路由器 R1 为例，主要相关实例代码如下。

```
R1#show  running-config
!
hostname R1
!
interface GigabitEthernet0/0/0
 ip address 200.100.10.1 255.255.255.0
 ip nat outside
```

```
 duplex auto
 speed auto
!
interface GigabitEthernet0/0/1
 ip address 192.168.1.254 255.255.255.0
 ip nat inside
 duplex auto
 speed auto
!
router ospf 1
 log-adjacency-changes
 network 200.100.10.0 0.0.0.255 area 0
!
ip nat pool pool-to-internet 200.100.10.101 200.100.10.110 netmask 255.255.255.0
ip nat inside source list 10 pool pool-to-internet
ip classless
!
access-list 10 permit 192.168.1.0 0.0.0.255
!
R1#
```

（4）验证主机 PC2 的连通性。主机 PC2 访问主机 PC4 的结果如图 6.21 所示。

图 6.21　主机 PC2 访问主机 PC4 的结果

（5）在路由器 R1 上查看 NAT 映射相关信息，相关实例代码如下。

```
R1#show   ip   nat   translations
Pro  Inside global        Inside local        Outside local       Outside global
icmp 200.100.10.102:10   192.168.1.1:10      200.100.1.1:10      200.100.1.1:10
```

```
icmp 200.100.10.102:11 192.168.1.1:11     200.100.1.1:11     200.100.1.1:11
icmp 200.100.10.102:12 192.168.1.1:12     200.100.1.1:12     200.100.1.1:12
icmp 200.100.10.102:9   192.168.1.1:9     200.100.1.1:9      200.100.1.1:9
icmp 200.100.10.103:13 192.168.1.2:13     200.100.1.2:13     200.100.1.2:13
icmp 200.100.10.103:14 192.168.1.2:14     200.100.1.2:14     200.100.1.2:14
icmp 200.100.10.103:15 192.168.1.2:15     200.100.1.2:15     200.100.1.2:15
icmp 200.100.10.103:16 192.168.1.2:16     200.100.1.2:16     200.100.1.2:16
R1#
R1#show   ip   nat   statistics
Total translations: 8 (0 static, 8 dynamic, 8 extended)
Outside Interfaces: GigabitEthernet0/0/0
Inside Interfaces: GigabitEthernet0/0/1
Hits: 23   Misses: 28
Expired translations: 20
Dynamic mappings:
-- Inside Source
access-list 10 pool pool-to-internet refCount 8
 pool pool-to-internet: netmask 255.255.255.0
        start 200.100.10.101 end 200.100.10.110
        type generic, total addresses 10 , allocated 2 (20%), misses 0
R1#
```

6.2.8 配置 PAT

V6-6 配置 PAT

配置 PAT，相关端口与 IP 地址配置如图 6.22 所示，进行网络拓扑连接。

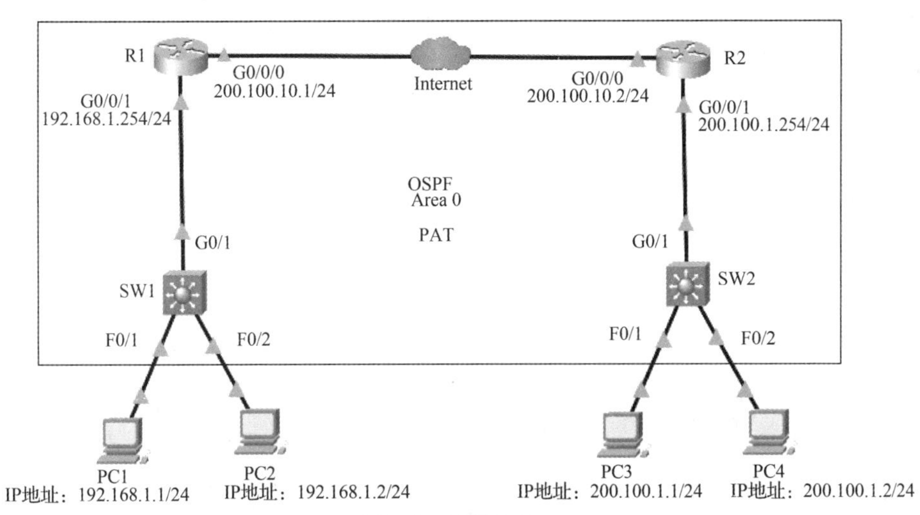

图 6.22 配置 PAT

（1）配置路由器 R1，相关实例代码如下。

```
Router>enable
Router#terminal   no   monitor
Router#conf   t
Router(config)#hostname   R1
R1(config)#int   g 0/0/1
R1(config-if)#ip   address   192.168.1.254   255.255.255.0
```

```
R1(config-if)#no  shutdown
R1(config-if)#ip  nat  inside                                    //连接内部网络
R1(config-if)#int  g 0/0/0
R1(config-if)#ip  address  200.100.10.1  255.255.255.0
R1(config-if)#no  shutdown
R1(config-if)#ip  nat  outside                                   //连接外部网络
R1(config-if)#exit
R1(config)#router  ospf  1
R1(config-router)#network  200.100.10.0  0.0.0.255  area  0  //只发布外部网络地址
R1(config-router)#exit
R1(config)#access-list  10  permit  192.168.1.0  0.0.0.255    //允许转换的内部地址列表
R1(config)#ip  nat  pool  pool-to-internet  200.100.10.101  200.100.10.110  netmask
255.255.255.0                                  //定义转换的地址池列表 pool-to-internet
R1(config)#ip  nat  inside  source  list  10  pool  pool-to-internet  overload //关联内部地址列表
R1(config)# end
R1#
```

以上配置是通过地址池实现 PAT 功能；PAT 功能也可以通过接入外部网络端口（路由器 R1 的 G0/0/0 端口）来实现，相关实例代码如下。

```
R1(config)#ip  nat  inside  source  list  10  ?
  interface  Specify interface for global address
  pool       Name pool of global addresses
R1(config)#ip  nat  inside  source  list  10  interface  GigabitEthernet  0/0/0  overload
```

（2）配置路由器 R2，相关实例代码如下。

```
Router>enable
Router#terminal  no  monitor
Router#conf  t
Router(config)#hostname  R2
R2(config)#int  g 0/0/1
R2(config-if)#ip  address  200.100.1.254  255.255.255.0
R2(config-if)#no  shutdown
R2(config-if)#int  g 0/0/0
R2(config-if)#ip  address  200.100.10.2  255.255.255.0
R2(config-if)#no  shutdown
R2(config-if)#exit
R2(config)#router  ospf  1
R2(config-router)#network  200.100.10.0  0.0.0.255  area  0
R2(config-router)#network  200.100.1.0   0.0.0.255  area  0
R2(config-router)#end
R2#
```

（3）显示路由器 R1、R2 的配置信息。以路由器 R1 为例，主要相关实例代码如下。

```
R1#show  running-config
!
hostname R1
!
interface GigabitEthernet0/0/0
 ip address 200.100.10.1 255.255.255.0
 ip nat outside
 duplex auto
```

```
 speed auto
!
interface GigabitEthernet0/0/1
 ip address 192.168.1.254 255.255.255.0
 ip nat inside
 duplex auto
 speed auto
!
router ospf 1
 log-adjacency-changes
 network 200.100.10.0 0.0.0.255 area 0
!
ip nat pool pool-to-internet 200.100.10.101 200.100.10.110 netmask 255.255.255.0
ip nat inside source list 10 pool pool-to-internet overload
ip classless
!
access-list 10 permit 192.168.1.0 0.0.0.255
!
R1#
```

（4）验证主机 PC1 的连通性。主机 PC1 访问主机 PC3 的结果如图 6.23 所示。

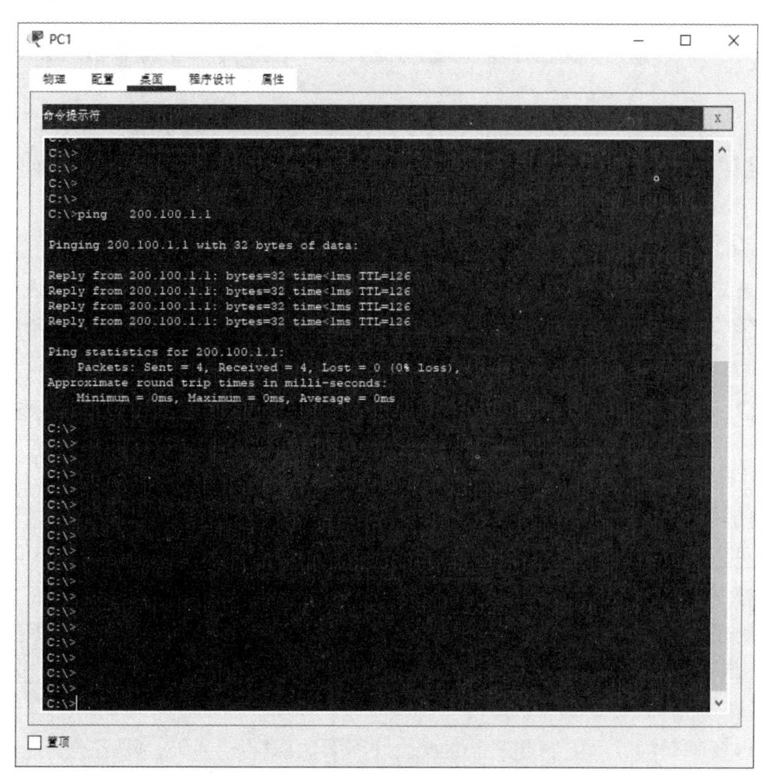

图 6.23　主机 PC1 访问主机 PC3 的结果

（5）在路由器 R1 上查看 NAT 映射相关信息，相关实例代码如下。

```
R1#show  ip  nat  translations
Pro  Inside global        Inside local      Outside local     Outside global
icmp 200.100.10.101:10  192.168.1.1:10    200.100.1.1:10    200.100.1.1:10
```

```
icmp 200.100.10.101:11 192.168.1.1:11       200.100.1.1:11       200.100.1.1:11
icmp 200.100.10.101:12 192.168.1.1:12       200.100.1.1:12       200.100.1.1:12
icmp 200.100.10.101:9   192.168.1.1:9       200.100.1.1:9        200.100.1.1:9
R1#
R1#show   ip   nat   statistics
Total translations: 4 (0 static, 4 dynamic, 4 extended)
Outside Interfaces: GigabitEthernet0/0/0
Inside Interfaces: GigabitEthernet0/0/1
Hits: 10   Misses: 12
Expired translations: 8
Dynamic mappings:
-- Inside Source
access-list 10 pool pool-to-internet refCount 4
 pool pool-to-internet: netmask 255.255.255.0
        start 200.100.10.101 end 200.100.10.110
        type generic, total addresses 10 , allocated 1 (10%), misses 0
R1#
```

任务6.3 配置 IPv6

任务描述

小李是某公司的网络工程师。该公司的业务不断发展，越来越离不开网络。Internet 中的任何两台主机通信都需要全球唯一的 IP 地址，而越来越多的用户加入 Internet，使得 IP 地址资源越来越紧张，IPv4 地址空间已经消耗殆尽。由于公司业务的发展需要，公司决定启用 IPv6 服务。小李根据公司的要求制订了一份合理的网络实施方案，那么他该如何完成网络设备的相应配置呢？

知识准备

6.3.1 IPv6 概述

在 Internet 发展初期，第 4 版互联网协议（Internet Protocol version 4，IPv4）凭借简单、易于实现、互操作性好的优势得到快速发展。然而，随着 Internet 的迅猛发展，IPv4 地址不足等设计缺陷也日益明显。IPv4 理论上能够提供的地址数量约为 43 亿，但是由于地址分配机制等，IPv4 中实际可使用的地址数量远远达不到 43 亿。Internet 的迅猛发展令人始料未及，同时使地址短缺的问题愈加明显。针对这一问题，先后出现过几种解决方案，如 CIDR 和 NAT，但是它们都有各自的弊端和不能解决的问题，在这样的情况下，第 6 版互联网协议（Internet Protocol version 6，IPv6）的应用和推广便显得越来越迫切。

IPv4 网络地址资源有限，严重制约了 Internet 的应用和发展。另外，网络的安全性、QoS、简便配置等要求也表明需要一种新的协议来彻底地解决目前 IPv4 面临的问题。IPv6 不仅能解决网络地址资源短缺的问题，还能解决让多种接入设备接入互联网的问题，使得配置更加简单、方便。IPv6 采用了全新的报文格式，提高了报文的处理效率，同时提高了网络的安全性，还能更好地支持 QoS。

IPv6 的地址数量庞大，号称“可以为全世界的每一粒沙子编上一个地址”。IPv6 是网络层协议的第二代标准协议，也是 IPv4 的升级版本。IPv6 与 IPv4 最显著的区别是，IPv4 地址采用 32 位标识，而

IPv6 地址采用 128 位标识。128 位的 IPv6 地址可以划分更多地址层级、拥有更广阔的地址分配空间，并支持地址自动配置。IPv4 与 IPv6 的地址空间如表 6.1 所示。

表 6.1 IPv4 与 IPv6 的地址空间

协议	长度	地址空间
IPv4	32 位	4294967296
IPv6	128 位	340282366920938463463374607431768211456

6.3.2 IPv6 报头结构与地址格式

1. IPv6 报头结构

IPv6 报文的整体结构分为 IPv6 报头、扩展报头和上层协议数据 3 个部分。IPv6 报头是必选报头，长度固定为 40 字节，包含该报文的基本信息；扩展报头是可选报头，可能存在 0 个、1 个或多个，IPv6 通过扩展报头实现丰富的功能；上层协议数据是 IPv6 报文携带的上层数据，可能是 ICMPv6 报文、TCP 报文、UDP 报文或其他可能的报文。IPv6 报头结构如图 6.24 所示。

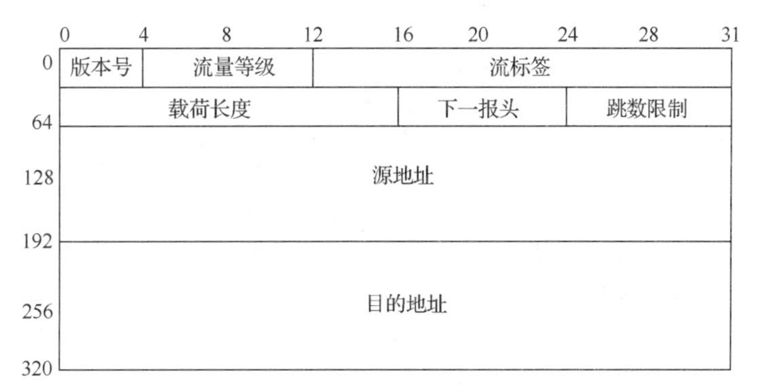

图 6.24 IPv6 报头结构

IPv6 报头中各字段的功能如表 6.2 所示。与 IPv4 报头相比，IPv6 报头去除了 IHL、Identifier、Flags、Fragment Offset、HeaderChecksum、Options、Padding 域，增加了流标签，因此 IPv6 报头的处理较 IPv4 报头的处理得到了极大的简化，报文处理效率得到了提高。另外，IPv6 为了更好地支持各种选项处理，提出了扩展报头的概念。

表 6.2 IPv6 报头中各字段的功能

字段	功能
版本号	长度为 4 位，表示协议版本，值为 6
流量等级	长度为 8 位，表示 IPv6 报文的类或优先级，主要用于 QoS
流标签	长度为 20 位，用于区分实时流量，标识同一个流中的报文
载荷长度	长度为 16 位，表示该 IPv6 报头后包含的字节数，包含扩展头部
下一报头	长度为 8 位，用来指明报头后接的报文头部的类型，若存在扩展报头，则表示第一个扩展报头的类型，否则表示其上层协议的类型。它是 IPv6 各种功能的核心实现方法
跳数限制	长度为 8 位，类似于 IPv4 中的 TTL，每转发一次跳数就会减一，该字段值达到 0 时，包将会被丢弃
源地址	长度为 128 位，标识该报文的源地址
目的地址	长度为 128 位，标识该报文的目的地址

IPv6 报文中没有 Options 域，而是通过“下一报头”字段配合 IPv6 扩展报头来支持各种选项的处理。使用扩展报头时，将在 IPv6 报文“下一报头”字段处表明第一个扩展报头的类型，再根据该类型对扩展报头进行读取与处理。每个扩展报头包含“下一报头”字段，若接下来有其他扩展报头，则在该字段中继续指明接下来的扩展报头的类型，从而达到添加连续多个扩展报头的目的。在最后一个扩展报头的“下一报头”字段中，指明该报文上层协议的类型，用以读取上层协议数据及扩展头部报文。扩展报头示例如图 6.25 所示。

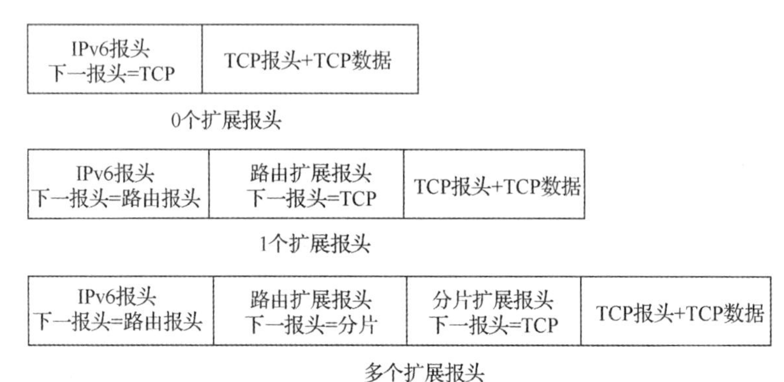

图 6.25　扩展报头示例

2. IPv6 地址格式

IPv6 地址长度为 128 位，用于标识一个或一组端口。IPv6 地址通常写作××××:××××:××××:××××:××××:××××:××××:××××。其中，××××是 4 个十六进制数，等同于 16 个二进制数；8 组××××共同组成了一个 128 位的 IPv6 地址。一个 IPv6 地址由 IPv6 地址前缀和端口 ID 组成，IPv6 地址前缀用来标识 IPv6 网络，端口 ID 用来标识端口。

IPv6 的地址长度为 128 位，是 IPv4 地址长度的 4 倍。IPv4 地址的十进制格式不再适用于 IPv6 地址，IPv6 地址采用十六进制表示。IPv6 地址有以下 3 种表示法。

（1）冒分十六进制表示法

冒分十六进制表示法的格式为×:×:×:×:×:×:×:×，其中的每个×表示地址中的 16 位，以十六进制表示。例如，ABCD:EF01:2345:6789:ABCD:EF01:2345:6789。在这种表示法中，每个×的前导 0 是可以省略的。例如，2001:0DB8:0000:0023:0008:0800:200C:417A 可以写为 2001:DB8:0:23:8:800: 200C:417A。

（2）0 位压缩表示法

在某些情况下，一个 IPv6 地址中间可能包含连续的一段 0，可以把连续的一段 0 压缩为“::”，这种表示法被称为 0 位压缩表示法。但为了保证地址解析的唯一性，地址中的“::”只能出现一次。例如，FF01:0:0:0:0:0:0:1101 可以写为 FF01::1101，0:0:0:0:0:0:0:1 可以写为::1，0:0:0:0:0:0:0:0 可以写为::。

（3）内嵌 IPv4 地址表示法

为了实现 IPv4 和 IPv6 互通，可以将 IPv4 地址嵌入 IPv6 地址中，此时地址常表示为×:×:×:×:×:×:d.d.d.d，前 96 位地址采用冒分十六进制表示法表示，而后 32 位地址使用 IPv4 的点分十进制表示法表示。::192.168.11.1 与::FFFF:192.168.11.1 就是两个典型的例子。注意，在前 96 位地址中，0 位压缩表示法依旧适用。

6.3.3 IPv6 地址类型

IPv6 主要定义了 3 种地址类型：单播地址（Unicast Address）、组播地址（Multicast Address）和

任播地址（Anycast Address）。与 IPv4 地址相比，IPv6 中新增了“任播地址”类型，取消了广播地址，因为 IPv6 中的广播功能是通过组播来实现的。

目前，IPv6 地址空间中还有很多地址尚未分配，一方面是因为 IPv6 有着巨大的地址空间；另一方面是因为寻址方案还有待发展，同时关于地址类型的适用范围有很多值得商榷的地方，有一小部分全局单播地址已经由因特网编号分配机构[Internet Assigned Numbers Authority，IANA，互联网名称与数字地址分配机构（Internet Corporation for Assigned Names and Numbers，ICANN）的一个分支]分配给了用户。单播地址的格式是 2000::/3，代表公有网络上任意可用的地址。IANA 负责将该段地址范围内的地址分配给多个区域互联网注册（Regional Internet Registry，RIR）机构。RIR 机构负责全球 5 个区域的地址分配，以下几个地址范围已经分配完成：2400::/12 亚太互联网信息中心（Asia-Pacific Network Information Center，APNIC）、2600::/12 美洲互联网号码注册管理机构（American Registry for Internet Numbers，ARIN）、2800::/12 拉丁美洲及加勒比地区互联网地址注册管理机构（Latin American and Caribbean Internet Address Registry，LACNIC）、2A00::/12 欧洲网络协调中心（Reseaux IP Europeans Network Coordination Center，RIPE NCC）和 2C00::/12 非洲网络信息中心（African Network Information Center，AfriNIC）。它们使用单一地址前缀标识特定区域中的所有地址。2000::/3 地址范围中还为文档示例预留了地址空间，如 2001:0DB8::/32。

链路本地地址只能在连接到同一本地链路的节点之间使用。可以在地址自动分配、邻居发现和链路上没有路由器的情况下使用链路本地地址。以链路本地地址为源地址或目的地址的 IPv6 报文不会被路由器转发到其他链路中。链路本地地址的前缀是 FE80::/10。

组播地址的前缀是 FF00::/8。组播地址范围内的大部分地址是为特定组播组保留的。和 IPv4 组播地址一样，IPv6 组播地址支持路由协议。在 IPv6 中，用组播地址替代广播地址可以确保报文只发送给特定的组播组而不是 IPv6 网络中的任意终端。

IPv6 还包括一些特殊地址，如未指定地址::/128。如果没有给一个端口分配 IP 地址，则该端口的地址为::/128。需要注意的是，不能将未指定地址与默认 IP 地址::/0 混淆。默认 IP 地址::/0 与 IPv4 中的默认地址 0.0.0.0/0 类似。环回地址 127.0.0.1 在 IPv6 中被定义为保留地址::1/128。

IPv6 地址类型是由地址前缀部分来确定的，IPv6 主要地址类型与地址前缀的对应关系如表 6.3 所示。

表 6.3　IPv6 主要地址类型与地址前缀的对应关系

地址类型	IPv6 前缀标识
未指定地址	::/128
环回地址	::1/128
链路本地地址	FE80::/10
唯一本地地址	FC00::/7（包括 FD00::/8 和不常用的 FC00::/8）
站点本地地址（已弃用，被唯一本地地址代替）	FEC0::/10
全局单播地址	2000::/3
组播地址	FF00::/8
任播地址	从单播地址空间中分配，使用单播地址的格式

1. 单播地址

IPv6 单播地址与 IPv4 单播地址一样，只标识了一个端口，发送到单播地址的报文将被传送给此地址标识的端口。为了适应负载均衡系统，RFC 3513 允许多个端口使用同一个地址，但这些端口要作为主机上实现 IPv6 的单个端口出现。单播地址包括 4 种类型：全局单播地址、本地单播地址、兼容性地址、特殊地址。

（1）全局单播地址。全局单播地址等同于 IPv4 中的公有网络地址，可以在 IPv6 网络上进行全局路由和访问。这种类型的地址允许路由前缀的聚合，从而限制了全球路由表项的数量。全局单播地址（如 2000::/3）带有固定的地址前缀，即前 3 位为固定值 001。其地址结构是 3 层结构，依次为全球路由前缀、子网标识和端口标识。其中，全球路由前缀由 RIR 和 ISP 定义，RIR 会为 ISP 分配 IP 地址前缀；子网标识定义了网络的管理子网。

（2）本地单播地址。链路本地地址和唯一本地地址都属于本地单播地址。在 IPv6 中，本地单播地址就是指本地网络使用的单播地址，也就是 IPv4 地址中的局域网专用地址。每个端口上至少要有一个链路本地地址，还可为端口分配任何类型（单播、组播和任播）或范围的 IPv6 地址。

① 链路本地地址（前缀是 FE80::/10）。链路本地地址仅用于单条链路（数据链路层不能跨 VLAN），不能在不同子网中路由。节点使用链路本地地址与同一条链路上的相邻节点进行通信。例如，在没有路由器的单链路 IPv6 网络上，主机使用链路本地地址与该链路上的其他主机进行通信。链路本地地址的前缀为 FE80::/10，表示地址最高 10 位为 1111111010，前缀后面紧跟的 64 位是端口标识，这 64 位已足够主机端口使用，因而链路本地地址的剩余 54 位为 0。

② 唯一本地地址（前缀是 FC00::/7）。唯一本地地址是本地全局地址，它应用于本地通信，但不通过 Internet 路由，其范围被限制为组织的边界。

③ 站点本地地址（前缀是 FEC0::/10）。站点本地地址在新标准中已被唯一本地地址代替。

（3）兼容性地址。在 IPv6 的转换机制中包括一种通过 IPv4 路由端口以隧道方式动态传递 IPv6 包的技术，采用这种技术的 IPv6 节点会被分配一个在低 32 位中带有 IPv4 全局单播地址的 IPv6 全局单播地址；以及一种嵌入了 IPv4 地址的 IPv6 地址，这种地址用于局域网内部，可以把 IPv4 节点当作 IPv6 节点。此外，还有一种称为“6to4”的 IPv6 地址，这种地址用于在两个在 Internet 上同时运行 IPv4 和 IPv6 的节点之间进行通信。

（4）特殊地址。特殊地址包括未指定地址和环回地址。未指定地址（0:0:0:0:0:0:0:0 或::）仅用于表示某个地址不存在，它等价于 IPv4 未指定地址 0.0.0.0。未指定地址通常被用作尝试验证暂定地址唯一性数据包的源地址，并且永远不会指派给某个端口或被用作目的地址。环回地址（0:0:0:0:0:0:0:1 或::1）用于标识环回端口，它允许节点将数据包发送给自己，等价于 IPv4 环回地址 127.0.0.1。发送到环回地址的数据包永远不会发送给某个连接，也永远不会通过 IPv6 路由器转发。

2. 组播地址

IPv6 组播地址可识别多个端口，对应一组端口的地址（通常分属于不同节点），类似于 IPv4 中的组播地址，发送到组播地址的报文会被传送给此地址标识的所有端口。使用适当的组播路由拓扑，将向组播地址发送的数据包发送给该地址标识的所有端口。IPv6 组播地址范围如表 6.4 所示。任意位置的 IPv6 节点都可以侦听任意 IPv6 组播地址上的组播通信。IPv6 节点可以同时侦听多个组播地址，也可以随时加入或离开组播组。

表 6.4 IPv6 组播地址范围

地址范围	描述
FF02::1	链路本地范围内的所有节点
FF02::2	链路本地范围内的所有路由器

IPv6 组播地址最明显的特征就是最高的 8 位固定为 1111 1111。IPv6 组播地址很容易区分，因为它总是以 FF 开头。IPv6 组播地址结构如图 6.26 所示。

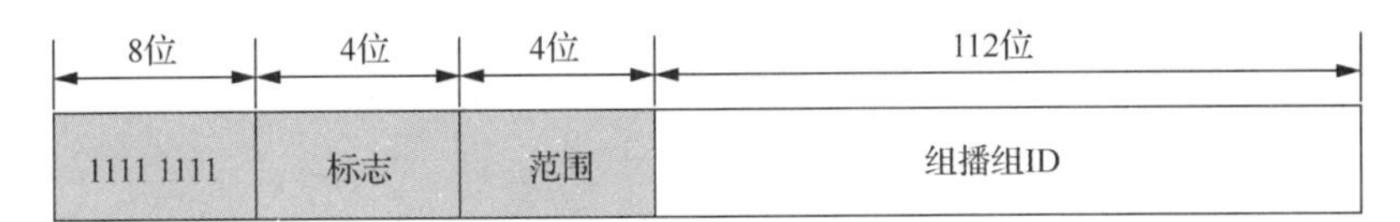

图 6.26 IPv6 组播地址结构

IPv6 组播地址与 IPv4 组播地址类似，用来标识一组端口，一般这些端口属于不同的节点。一个节点可能属于 0 到多个组播组。目的地址为组播地址的报文会被该组播地址标识的所有端口接收。一个 IPv6 组播地址由前缀、标志（Flag）、范围（Scope）及组播组 ID（Group ID）4 个部分组成。

（1）前缀：IPv6 组播地址的前缀是 FF00::/8（1111 1111）。

（2）标志：长度为 4 位，目前只使用了最后一位（前 3 位必须为 0），当该值为 0 时，表示当前的组播地址是由 IANA 分配的一个永久地址；当该值为 1 时，表示当前的组播地址是一个临时组播地址（非永久地址）。

（3）范围：长度为 4 位，用来限制组播数据流在网络中发送的范围。

（4）组播组 ID：长度为 112 位，用来标识组播组。目前，RFC 2373 并没有将所有的 112 位都定义为组播组 ID，而是建议仅使用该 112 位的最低 32 位作为组播组 ID，将剩余的 80 位都置为 0，这样，每个组播组 ID 都可以映射到唯一的以太网组播 MAC 地址。

3. 任播地址

IPv6 任播地址与组播地址类似，也可以识别多个端口，对应一组端口的地址。大多数情况下，这些端口属于不同的节点。但是，与组播地址不同的是，发送到任播地址的数据包会被送到由该地址标识的某一个端口；通过合适的路由拓扑，目的地址为任播地址的数据包将被发送到单个端口（该地址识别的最近端口，最近端口是路由距离最近的端口）。一个任播地址不能用作 IPv6 数据包的源地址，也不能分配给 IPv6 主机，仅可以分配给 IPv6 路由器。

任播过程涉及一个任播报文发起方和一个或多个响应方。任播报文的发起方通常为请求某一服务（DNS 查找）的主机或请求返还特定数据[如超文本传送协议（Hypertext Transfer Protocol，HTTP）网页信息]的主机。任播地址与单播地址在格式上无任何差异，唯一的区别是一台设备可以给多台具有相同地址的设备发送报文。企业网络中运用任播地址有很多优势，其中一个优势是实现业务冗余。例如，用户可以通过多台使用相同地址的服务器获取同一个服务（如 HTTP）。这些服务器都是任播报文的响应方，如果不采用任播地址通信，则当其中一台服务器发生故障时，用户需要获取另一台服务器的地址才能重新建立通信；如果采用任播地址通信，则当其中一台服务器发生故障时，任播报文的发起方能够自动与使用相同地址的另一台服务器通信，从而实现业务冗余。

使用多服务器接入还能够提高工作效率。例如，用户（即任播地址的发起方）浏览某网页时，与相同的单播地址建立一条链路，连接的对端是具有相同任播地址的多台服务器，用户就可以从不同的镜像服务器上分别下载超文本标记语言（Hypertext Markup Language，HTML）文件和图片。用户利用多台服务器的带宽同时下载网页文件，其效率远远高于使用单播地址进行下载的效率。

6.3.4 IPv6 地址自动配置协议

IPv6 使用了两种地址自动配置协议，这两种协议分别为无状态地址自动配置（Stateless Address Autoconfiguration，SLAAC）协议和 IPv6 动态主机配置协议（Dynamic Host Configuration Protocol for IPv6，DHCPv6）。SLAAC 协议不需要服务器对地址进行管理，主机直接根据网络中的路由器通告信息与本机 MAC 地址结合计算出本机 IPv6 地址，实现地址自动配置；DHCPv6 由 DHCPv6 服务器管理并维护地址池，用户主机向服务器请求并获取 IPv6 地址及其他信息，达到 IP 地址自动配置的目的。

1. SLAAC 协议

SLAAC 协议的核心是不需要额外的服务器管理地址状态，主机可自行计算地址实现地址自动配置，包括以下 4 个基本步骤。

（1）配置链路本地地址，由主机计算本地地址。

（2）检测重复地址，确定当前地址唯一。

（3）获取全局前缀，由主机计算全局地址。

（4）重新编址前缀，由主机改变全局地址。

2. DHCPv6

DHCPv6 由 IPv4 场景下的 DHCP 发展而来。客户端通过向 DHCP 服务器发出申请来获取本机 IP 地址并进行自动配置，DHCP 服务器负责管理并维护地址池及地址与客户端的映射信息。

DHCPv6 在 DHCP 的基础上进行了一定的改进与扩充，其中包含 3 种角色：DHCPv6 客户端（用于动态获取 IPv6 地址、IPv6 前缀或其他网络配置参数）、DHCPv6 服务器（负责为 DHCPv6 客户端分配 IPv6 地址、IPv6 前缀和其他网络配置参数）、DHCPv6 中继（一种转发设备）。通常情况下，DHCPv6 客户端可以通过本地链路范围内的组播地址与 DHCPv6 服务器进行通信，若服务器和客户端不在同一链路范围内，则需要 DHCPv6 中继进行转发。DHCPv6 中继的存在使得不必在每一个链路范围内都部署 DHCPv6 服务器，节省了成本，并便于集中管理。

6.3.5 IPv6 路由协议

IPv4 初期时对 IP 地址的规划不合理，路由表条目繁多，使得网络非常复杂。尽管划分子网和路由聚合在一定程度上解决了这个问题，但这个问题依旧存在。因此 IPv6 在设计之初就把地址从用户拥有改成了网络服务供应商拥有，并在此基础上改变了路由策略，加之 IPv6 地址长度发生了变化，因此路由协议发生了相应的改变。

与 IPv4 相同，IPv6 路由协议也分为 IGP 与外部网关协议（Exterior Gateway Protocol，EGP）两种。其中，IGP 包括由 RIP 变化而来的 RIPng、由 OSPF 变化而来的 OSPFv3，以及由 IS-IS 协议变化而来的 IS-ISv6；EGP 则主要包括由边界网关协议（Border Gateway Protocol，BGP）变化而来的 BGP4+。

（1）RIPng。RIPng（下一代 RIP）是对 RIPv2 的扩展，大多数 RIP 的概念都可以用于 RIPng。为了能应用于 IPv6 网络中，RIPng 对 RIP 进行了以下修改。

① UDP 端口号：使用 UDP 的 521 号端口发送和接收路由信息。

② 组播地址：使用 FF02::9 作为链路本地范围内的 RIPng 路由器组播地址。

③ 路由前缀：使用 128 位的 IPv6 地址作为路由前缀。

④ 下一跳地址：使用 128 位的 IPv6 地址作为下一跳地址。

（2）OSPFv3。RFC 2740 定义了 OSPFv3，它用于支持 IPv6。OSPFv3 与 OSPFv2 的主要区别如下。

① OSPFv3 修改了 LSA 的种类和格式，使其支持发布 IPv6 路由信息。

② OSPFv3 修改了部分协议流程，主要的修改包括使用路由器 ID 来标识邻居路由器，使用链路本地地址来发现邻居路由器等，这些修改使得网络拓扑本身独立于网络协议，以便将来扩展。

③ OSPFv3 进一步理顺了拓扑与路由的关系。OSPFv3 在 LSA 中将拓扑与路由信息分离，一、二类 LSA 中不再携带路由信息，而只有单纯的拓扑描述信息；另外增加了八、九类 LSA，结合原有的三、五、七类 LSA 来发布路由前缀信息。

④ OSPFv3 增强了协议的适应性。引入 LSA 扩散范围的概念进一步明确了对未知 LSA 的处理流程，使得协议可以在不识别 LSA 的情况下根据需要做出恰当处理，增强了协议的可扩展性。

（3）BGP4+。传统的 BGP4 只能管理 IPv4 的路由信息，使用其他网络层协议（如 IPv6 等）的应用，在跨自治系统传播时会受到一定的限制。为了提供对多种网络层协议的支持，IETF 发布的 RFC

2858 文档对 BGP4 进行了多协议扩展，形成了 BGP4+。

为了实现对 IPv6 的支持，BGP4+必须将 IPv6 网络层协议的信息反映到网络层可达信息（Network Layer Reachability Information，NLRI）及下一跳属性中。因此，在 BGP4+中引入了以下两个 NLRI 属性。

① MP_REACH_NLRI：多协议可达 NLRI，用于发布可达路由及下一跳信息。

② MP_UNREACH_NLRI：多协议不可达 NLRI，用于撤销不可达路由。

BGP4+中的下一跳属性使用 IPv6 地址来表示，可以是 IPv6 全局单播地址或者下一跳的链路本地地址。BGP4 原有的消息机制和路由机制在 BGP4+中没有改变。

（4）ICMPv6。ICMPv6 用于报告 IPv6 节点在数据包处理过程中出现的错误消息，并实现简单的网络诊断功能。由于 ICMPv6 新增加的邻居发现功能代替了 ARP 的功能，因此 IPv6 体系结构中已经没有 ARP 了。除了支持 IPv6 地址格式之外，ICMPv6 还为支持 IPv6 中的路由优化、IP 组播、移动 IP 等增加了一些报文类型。

与 IPv4 相比，IPv6 具有以下几个优势。

（1）IPv6 具有更大的地址空间。IPv4 中规定 IP 地址长度为 32 位，最大地址数量为 2^{32}；而 IPv6 中 IP 地址的长度为 128 位，即最大地址数量为 2^{128}。与 32 位地址空间相比，128 位地址空间增加了 $2^{128}-2^{32}$ 个地址。

（2）IPv6 使用了更小的路由表。IPv6 的地址分配一开始就遵循聚类（Aggregation）原则，这使得路由器能在路由表中使用一条记录（Entry）表示一片子网，大大减小了路由器中路由表的长度，提高了路由器转发数据包的速度。

（3）IPv6 增加了增强的组播（Multicast）支持以及对流的控制（Flow Control）。这使得网络上的多媒体应用有了长足发展的机会，为 QoS 控制提供了良好的网络平台。

（4）IPv6 加入了对自动配置（Auto Configuration）的支持。自动配置是对 DHCP 的改进和扩展，使得对网络（尤其是局域网）的管理更加方便和快捷。

（5）IPv6 具有更高的安全性。在使用 IPv6 的网络中，用户可以对网络层的数据进行加密并对 IP 报文进行校验。IPv6 中的加密与鉴别选项保证了分组的保密性与完整性，极大地提高了网络的安全性。

（6）IPv6 允许协议扩充。在新的技术或应用需要时，IPv6 允许协议进行扩充。

（7）IPv6 具有更好的报头格式。IPv6 使用了新的头部格式，其选项与基本报头分开，如果需要，则可将选项插入基本报头与上层数据之间。这样做简化和加速了路由选择过程，因为大多数的选项不需要由路由选择。

（8）IPv6 具有新的选项。IPv6 增加了一些选项来实现附加的功能。

6.3.6 IPv6 地址生成

为了通过 IPv6 网络进行通信，各端口必须获取有效的 IPv6 地址，以下 3 种方式可以用来配置或生成 IPv6 地址的端口 ID：网络管理员手动配置，通过系统软件生成，采用扩展唯一标识符（IEEE EUI-64 标准）格式生成。就实用性而言，IEEE EUI-64 标准是生成 IPv6 端口 ID 最常用的方式，如图 6.27 所示。IEEE EUI-64 标准采用端口的 MAC 地址生成 IPv6 端口 ID。MAC 地址只有 48 位，而端口 ID 却要求有 64 位。MAC 地址的前 24 位代表制造商 ID，后 24 位代表制造商分配的唯一扩展标识。MAC 地址的第 7 位是一个 U/L 位，值为 1 时表示 MAC 地址全局唯一，值为 0 时表示 MAC 地址本地唯一。在 MAC 地址向 IEEE EUI-64 格式地址的转换过程中，在 MAC 地址的前 24 位和后 24 位之间插入了 16 位的 FFFE，并将 U/L 位的值从 0 改为 1，这样就生成了一个 64 位的端口 ID，且端口 ID 的值全局唯一。端口 ID 和端口前缀一起组成端口地址。

48位以太网MAC地址

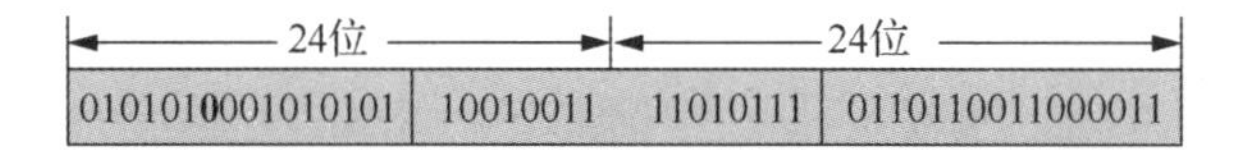

IEEE EUI-64标准生成的端口ID

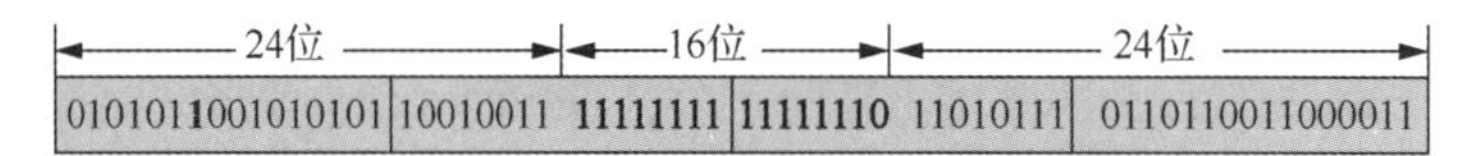

将FFFE插入MAC地址的前24位与后24位之间，并将U/L位的值从0改为1，
即可生成端口ID

图 6.27　IEEE EUI-64 标准

任务实施

6.3.7　配置 RIPng

RIPng 是为 IPv6 网络设计的下一代路由信息协议。与早期的 IPv4 版本的 RIP 类似，RIPng 同样遵循距离矢量原则。RIPng 保留了 RIP 的多个主要特性。例如，RIPng 规定每一跳的开销值为 1，最大跳数为 15，RIPng 通过 UDP 的 521 号端口发送和接收路由信息。

RIPng 与 RIPv2 最主要的区别在于，RIPv2 使用组播地址 224.0.0.9 作为目的地址来传送路由更新报文，而 RIPng 使用的是 IPv6 组播地址 FF02::9。IPv4 一般采用公有网络地址或私有网络地址作为路由条目的下一跳地址，而 IPv6 通常采用链路本地地址作为路由条目的下一跳地址。

V6-7　配置 RIPng

配置 RIPng，相关端口与 IP 地址配置如图 6.28 所示，进行网络拓扑连接。路由器 R1 和路由器 R2 的 loopback 1 端口使用的是全局单播地址。路由器 R1 和路由器 R2 的物理端口在使用 RIPng 传输路由信息时，路由条目的下一跳地址只能是链路本地地址。例如，如果路由器 R1 收到的路由条目的下一跳地址为 2010::2/64，则 R1 会认为目的地址为 2004::1/64 的网络地址可达。

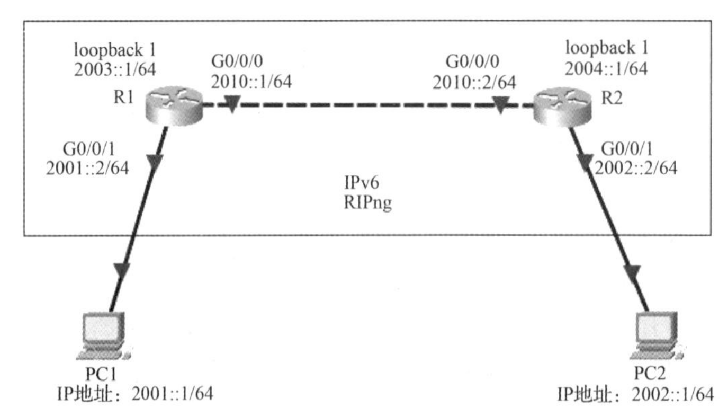

图 6.28　配置 RIPng

（1）配置主机 PC1 和主机 PC2 的 IPv6 相关地址信息。以主机 PC1 为例，相关地址信息如图 6.29 所示。

图 6.29 配置主机 PC1 的 IPv6 相关地址信息

（2）配置路由器 R1，相关实例代码如下。

```
Router>enable
Router#terminal   no   monitor
Router#conf   t
Router(config)#hostname   R1
R1(config)#ipv6   unicast-routing                       //启用 IPv6 单播路由功能
R1(config)#ipv6   router   rip   r01                     //创建 RIPng 路由进程
R1(config-rtr)#int   g 0/0/1
R1(config-if)#ipv6   address   2001::2/64               //配置 IPv6 地址
R1(config-if)#ipv6   rip   r01   enable                  //启用 RIPng 进程端口
R1(config-if)#no   shutdown
R1config-if)#ipv6   enable
R1(config-if)#exit
R1(config)#int   g 0/0/0
R1(config-if)#ipv6   address   2010::1/64
R1(config-if)#ipv6   rip   r01   enable
R1(config-if)#no   shutdown
R1config-if)#ipv6   enable
R1(config-if)#exit
R1(config)#int   loopback 1
R1(config-if)#ipv6   address   2003::1/64
R1(config-if)#ipv6   rip   r01   enable
R1(config-if)#no   shutdown
R1config-if)#ipv6   enable
R1(config-if)#end
R1#
```

（3）配置路由器 R2，相关实例代码如下。

```
Router>enable
Router#terminal   no   monitor
Router#conf   t
Router(config)#hostname   R2
R2(config)#ipv6   unicast-routing                    //启用 IPv6 单播路由功能
R2(config)#ipv6   router   rip   r02                 //创建 RIPng 路由进程
R2(config-rtr)#int   g 0/0/1
R2(config-if)#ipv6   address   2002::2/64            //配置 IPv6 地址
R2(config-if)#ipv6   rip   r02   enable              //启用 RIPng 进程端口
R2(config-if)#no   shutdown
R2(config-if)#ipv6   enable
R2(config-if)#exit
R2(config)#int   g 0/0/0
R2(config-if)#ipv6   address   2010::2/64
R2(config-if)#ipv6   rip   r02   enable
R2(config-if)#no   shutdown
R2(config-if)#ipv6   enable
R2(config-if)#exit
R2(config)#int   loopback 1
R2(config-if)#ipv6   address   2004::1/64
R2(config-if)#ipv6   rip   r02   enable
R2(config-if)#no   shutdown
R2(config-if)#ipv6   enable
R2#
```

（4）显示路由器 R1、R2 的配置信息。以路由器 R1 为例，主要相关实例代码如下。

```
R1#show   running-config
!
hostname R1
!
ip cef
ipv6 unicast-routing
!
interface Loopback1
 no ip address
 ipv6 address 2003::1/64
 ipv6 rip r01 enable
ipv6 enable
!
interface GigabitEthernet0/0/0
 no ip address
 duplex auto
 speed auto
 ipv6 address 2010::1/64
 ipv6 rip r01 enable
ipv6 enable
 !
interface GigabitEthernet0/0/1
 no ip address
```

```
 duplex auto
 speed auto
 ipv6 address 2001::2/64
 ipv6 rip r01 enable
ipv6 enable
!
interface GigabitEthernet0/0/2
 no ip address
 duplex auto
 speed auto
 shutdown
!
ipv6 router rip r01
!
R1#
```

（5）显示路由器 R1、R2 的 RIPng 路由信息及端口信息。以路由器 R1 为例，相关实例代码如下。

```
R1#show  ipv6  interface  brief
GigabitEthernet0/0/0        [up/up]
    FE80::202:17FF:FE67:9B01
    2010::1
GigabitEthernet0/0/1        [up/up]
    FE80::202:17FF:FE67:9B02
    2001::2
GigabitEthernet0/0/2        [administratively down/down]
    unassigned
Loopback1                   [up/up]
    FE80::2E0:B0FF:FE57:D8C
    2003::1
Vlan1                       [administratively down/down]
    unassigned
R1#
R1#show  ipv6  route
IPv6 Routing Table - 9 entries
Codes: C - Connected, L - Local, S - Static, R - RIP, B - BGP
       U - Per-user Static route, M - MIPv6
       I1 - ISIS L1, I2 - ISIS L2, IA - ISIS interarea, IS - ISIS summary
       ND - ND Default, NDp - ND Prefix, DCE - Destination, NDr - Redirect
       O - OSPF intra, OI - OSPF inter, OE1 - OSPF ext 1, OE2 - OSPF ext 2
       ON1 - OSPF NSSA ext 1, ON2 - OSPF NSSA ext 2
       D - EIGRP, EX - EIGRP external
C   2001::/64 [0/0]
     via GigabitEthernet0/0/1, directly connected
L   2001::1/128 [0/0]
     via GigabitEthernet0/0/1, receive
R   2002::/64 [120/2]
     via FE80::260:70FF:FE70:D901, GigabitEthernet0/0/0
C   2003::/64 [0/0]
     via Loopback1, directly connected
```

```
L    2003::1/128 [0/0]
      via Loopback1, receive
R    2004::/64 [120/2]
      via FE80::260:70FF:FE70:D901, GigabitEthernet0/0/0
C    2010::/64 [0/0]
      via GigabitEthernet0/0/0, directly connected
L    2010::1/128 [0/0]
      via GigabitEthernet0/0/0, receive
L    FF00::/8 [0/0]
      via Null0, receive
R1#
R1#show   ipv6   route   summary
IPv6 routing table name is default(0) global scope - 9 entries
IPv6 routing table default maximum-paths is 16
Route Source    Networks      Overhead      Memory (bytes)
connected       3             264           372
local           4             352           496
rip             2             176           248
Total           9             792           1116
  Number of prefixes:
    /8: 1, /64: 5, /128: 3
R1#
```

（6）验证相关测试结果。主机 PC1 访问主机 PC2 的结果如图 6.30 所示。

图 6.30　主机 PC1 访问主机 PC2 的结果

6.3.8 配置 OSPFv3

OSPFv3 是运行在 IPv6 网络中的 OSPF。运行 OSPFv3 的路由器以物理端口的链路本地地址为源地址发送 OSPF 报文。路由器将学习相同链路上与之相连的其他路由器的链路本地地址，并在报文转发的过程中将这些地址当作下一跳地址使用。IPv6 中使用组播地址 FF02::5 来表示 All Routers，而 OSPFv2 中使用的是组播地址 224.0.0.5。需要注意的是，OSPFv3 和 OSPFv2 互不兼容。

路由器 ID 在 OSPFv3 中是用于标识路由器的。与 OSPFv2 的路由器 ID 不同，OSPFv3 的路由器 ID 必须手动配置；如果不手动配置路由器 ID，则 OSPFv3 将无法正常运行。OSPFv3 在广播网络和 NBMA 网络中选择 DR 和 BDR 的过程与 OSPFv2 的相似。IPv6 中使用组播地址 FF02::6 表示 All Routers，而 OSPFv2 中使用的是组播地址 224.0.0.6。

OSPFv3 是基于链路而不是网段的。在配置 OSPFv3 时，不需要考虑路由器的端口是否配置在同一网段中，只要路由器的端口连接在同一链路上，就可以不配置 IPv6 全局地址而直接建立联系。这影响了 OSPFv3 协议报文的接收、Hello 报文的内容及网络 LSA 的内容。

V6-8 配置 OSPFv3

OSPFv3 直接使用 IPv6 的扩展头部报文验证头协议（Authentication Header，AH）和报文安全封装协议（Encapsulating Security Payload，ESP）来实现认证及安全处理，不再需要自身来完成认证。

配置 OSPFv3，相关端口与 IP 地址配置如图 6.31 所示，进行网络拓扑连接。

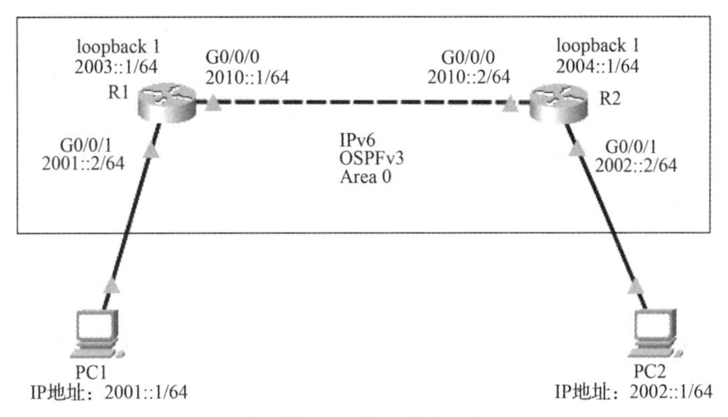

图 6.31 配置 OSPFv3

（1）配置主机 PC1 和 PC2 的 IPv6 相关地址信息。以主机 PC2 为例，相关地址信息如图 6.32 所示。

（2）配置路由器 R1，相关实例代码如下。

```
Router>enable
Router#terminal   no   monitor
Router#conf   t
Router(config)#hostname   R1
R1(config)#ipv6   unicast-routing                    //启用 IPv6 单播路由功能
R1(config)#ipv6   router   ospf   1                  //创建 OSPFv3 路由进程
R1(config-rtr)#router-id   1.1.1.1                   //配置路由器 ID
R1(config-rtr)#exit
R1(config)#int   g 0/0/1
R1(config-if)#ipv6   address   2001::2/64            //配置 IPv6 地址
R1(config-if)#ipv6   ospf   1   area   0             //配置 Area 0
```

```
R1(config-if)#no   shutdown
R1config-if)#ipv6   enable
R1(config-if)#exit
R1(config)#int   g 0/0/0
R1(config-if)#ipv6   address   2010::1/64
R1(config-if)#ipv6   ospf   1   area   0
R1(config-if)#no   shutdown
R1config-if)#ipv6   enable
R1(config-if)#exit
R1(config)#int   loopback 1
R1(config-if)#ipv6   address   2003::1/64
R1(config-if)#ipv6   ospf   1   area   0
R1(config-if)#no   shutdown
R1config-if)#ipv6   enable
R1(config-if)#end
R1#
```

图 6.32　配置主机 PC2 的 IPv6 相关地址信息

（3）配置路由器 R2，相关实例代码如下。

```
Router>enable
Router#terminal   no   monitor
Router#conf   t
Router(config)#hostname   R2
R2(config)#ipv6   unicast-routing                //启用 IPv6 单播路由功能
R2(config)#ipv6   router   ospf 1                //创建 OSPFv3 路由进程
R2(config-rtr)#router-id   2.2.2.2               //配置路由器 ID
```

```
R2(config-rtr)#exit
R2(config)#int   g 0/0/1
R2(config-if)#ipv6   address   2002::2/64
R2(config-if)#ipv6   ospf   1   area   0
R2(config-if)#no   shutdown
R2(config-if)#ipv6   enable
R2(config-if)#exit
R2(config)#int   g 0/0/0
R2(config-if)#ipv6   address   2010::2/64
R2(config-if)#ipv6   ospf   1   area   0
R2(config-if)#no   shutdown
R2(config-if)#ipv6   enable
R2(config-if)#exit
R2(config)#int   loopback 1
R2(config-if)#ipv6   address   2004::1/64
R2(config-if)#ipv6   ospf   1   area   0
R2(config-if)#no   shutdown
R2(config-if)#ipv6   enable
R2(config-if)#end
R2#
```

（4）显示路由器 R1、R2 的配置信息。以路由器 R1 为例，主要相关实例代码如下。

```
R1#show   running-config
!
hostname R1
!
ip cef
ipv6 unicast-routing
!
no ipv6 cef
!
interface Loopback1
 no ip address
 ipv6 address 2003::1/64
 ipv6 enable
 ipv6 ospf 1 area 0
!
interface GigabitEthernet0/0/0
 no ip address
 duplex auto
 speed auto
 ipv6 address 2010::1/64
 ipv6 enable
 ipv6 ospf 1 area 0
!
interface GigabitEthernet0/0/1
 no ip address
 duplex auto
 speed auto
 ipv6 address 2001::2/64
```

```
 ipv6 enable
 ipv6 ospf 1 area 0
!
ipv6 router ospf 1
 router-id 1.1.1.1
 log-adjacency-changes
!
R1#
```

（5）显示路由器 R1、R2 的 OSPF 路由信息及端口信息。以路由器 R2 为例，相关实例代码如下。

```
R2#show  ipv6  interface  brief
GigabitEthernet0/0/0        [up/up]
    FE80::260:70FF:FE70:D901
    2010::2
GigabitEthernet0/0/1        [up/up]
    FE80::260:70FF:FE70:D902
    2002::2
GigabitEthernet0/0/2        [administratively down/down]
    unassigned
Loopback1                   [up/up]
    FE80::2D0:BAFF:FE52:151A
    2004::1
Vlan1                       [administratively down/down]
    unassigned
R2#
R2#show  ipv6  route
IPv6 Routing Table - 9 entries
Codes: C - Connected, L - Local, S - Static, R - RIP, B - BGP
       U - Per-user Static route, M - MIPv6
       I1 - ISIS L1, I2 - ISIS L2, IA - ISIS interarea, IS - ISIS summary
       ND - ND Default, NDp - ND Prefix, DCE - Destination, NDr - Redirect
       O - OSPF intra, OI - OSPF inter, OE1 - OSPF ext 1, OE2 - OSPF ext 2
       ON1 - OSPF NSSA ext 1, ON2 - OSPF NSSA ext 2
       D - EIGRP, EX - EIGRP external
O   2001::/64 [110/2]
     via FE80::202:17FF:FE67:9B01, GigabitEthernet0/0/0
C   2002::/64 [0/0]
     via GigabitEthernet0/0/1, directly connected
L   2002::2/128 [0/0]
     via GigabitEthernet0/0/1, receive
O   2003::1/128 [110/1]
     via FE80::202:17FF:FE67:9B01, GigabitEthernet0/0/0
C   2004::/64 [0/0]
     via Loopback1, directly connected
L   2004::1/128 [0/0]
     via Loopback1, receive
C   2010::/64 [0/0]
     via GigabitEthernet0/0/0, directly connected
L   2010::2/128 [0/0]
```

```
        via GigabitEthernet0/0/0, receive
L    FF00::/8 [0/0]
        via Null0, receive
R2#
R2#show   ipv6   route   summary
IPv6 routing table name is default(0) global scope - 9 entries
IPv6 routing table default maximum-paths is 16
Route Source      Networks      Overhead      Memory (bytes)
connected         3             264           372
local             4             352           496
ospf 1            2             176           248
  Intra-area: 2   Inter-area: 0   External-1: 0   External-2: 0
  NSSA External 1: 0   NSSA External 2: 0
Total             9             792           1116
  Number of prefixes:
    /8: 1, /64: 4, /128: 4
R2#
```

（6）验证相关测试结果。主机 PC2 访问主机 PC1 的结果如图 6.33 所示。

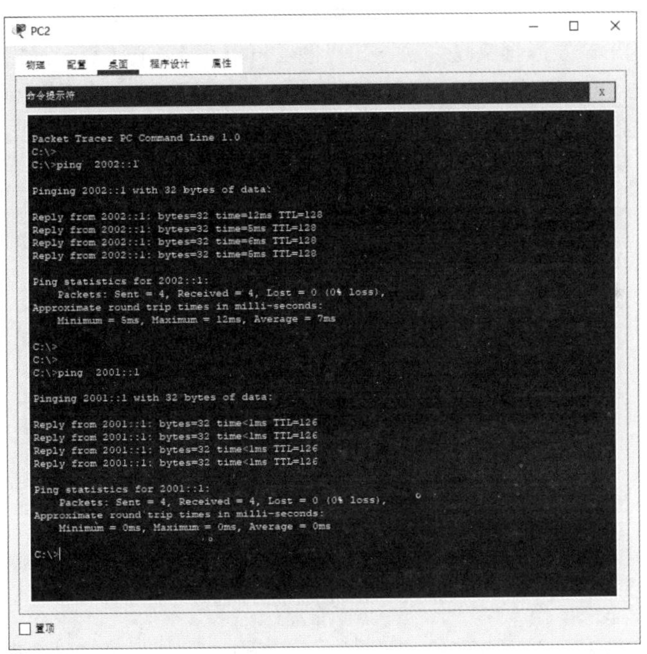

图 6.33　主机 PC2 访问主机 PC1 的结果

任务 6.4　配置 DHCP 服务器

任务描述

小李是某公司的网络工程师。该公司业务不断发展，越来越离不开网络，同时公司新设了不同的部门，公司的员工越来越多。为了方便管理与使用网络，公司决定使用 DHCP 服务器来为员工自动分配 IP

地址。小李根据公司的要求制订了一份合理的网络实施方案，那么他该如何完成网络设备的相应配置呢？

知识准备

6.4.1 DHCP 概述

动态主机配置协议（Dynamic Host Configuration Protocol，DHCP）是一种应用层协议。当我们将用户主机 IP 地址的获取方式设置为动态获取时，DHCP 服务器就会根据 DHCP 为 DHCP 客户端设备分配 IP 地址，使得 DHCP 客户端能够利用这个 IP 地址上网。

1. DHCP 工作原理

DHCP 使用 UDP 的 67、68 号端口进行通信，从 DHCP 客户端到达 DHCP 服务器的报文使用的目的端口号为 67，从 DHCP 服务器到达 DHCP 客户端的报文使用的源端口号为 68。DHCP 的工作过程如图 6.34 所示。首先，DHCP 客户端以广播的形式发送一个 DHCP 的 Discover 报文，该报文用来发现网络中的 DHCP 服务器；其次，DHCP 服务器接收到 DHCP 客户端发送来的 Discover 报文之后，单播一个 Offer 报文来回复 DHCP 客户端，Offer 报文包含 IP 地址、租约期限和其他配置信息；再次，DHCP 客户端收到 DHCP 服务器发送的 Offer 报文之后，以广播的形式向 DHCP 服务器发送 Request 报文，该报文用来请求 DHCP 服务器将 Offer 报文包含的 IP 地址分配给它，DHCP 客户端之所以以广播的形式发送报文是为了通知其他 DHCP 服务器，其已经接收某 DHCP 服务器的信息了，不再接收其他 DHCP 服务器的信息；最后，DHCP 服务器接收到 Request 报文后，以单播的形式发送 ACK 报文给 DHCP 客户端。

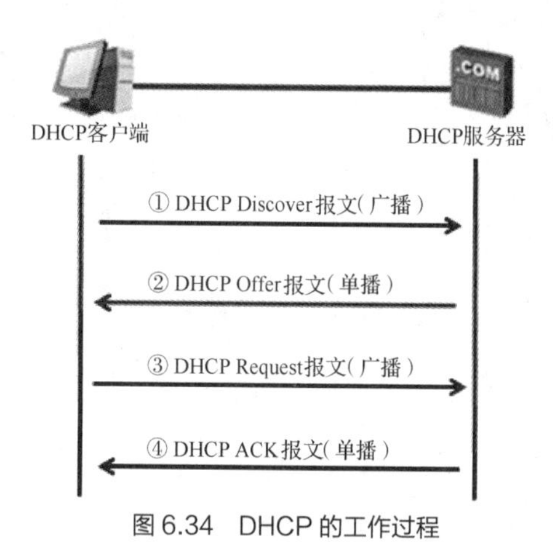

图 6.34　DHCP 的工作过程

DHCP 租期更新：当 DHCP 客户端的租期剩下 50%时，DHCP 客户端会向 DHCP 服务器单播一个 Request 报文，请求续约；DHCP 服务器接收到 Request 报文后，会单播 ACK 报文表示延长租期。

DHCP 重绑定：如果 DHCP 客户端剩下的租期少于 50%且原先的 DHCP 服务器并没有同意 DHCP 客户端续约 IP 地址，那么当 DHCP 客户端的租期只剩下 12.5%时，DHCP 客户端会向网络中其他的 DHCP 服务器发送 Request 报文，请求续约。如果其他 DHCP 服务器有关于该 DHCP 客户端当前的 IP 地址信息，则单播一个 ACK 报文回复 DHCP 客户端以让它续约；如果没有，则回复一个 NAK 报文给 DHCP 客户端，此时，DHCP 客户端会申请重新绑定 IP 地址。

DHCP IP 地址的释放：当 DHCP 客户端直到租期满还没有收到 DHCP 服务器的回复时，DHCP 客户端会停止使用该 IP 地址；当 DHCP 客户端租期未满却不想使用 DHCP 服务器提供的 IP 地址时，会发送一个 Release 报文，告知 DHCP 服务器清除相关的租约信息，释放该 IP 地址。

2. DHCP 报文类型

（1）DHCP Discover 报文。DHCP 客户端请求地址时，并不知道 DHCP 服务器的位置，因此 DHCP 客户端会在本地网络内以广播的形式发送请求报文，该报文称为 Discover 报文，它的作用是发现网络中的 DHCP 服务器，所有收到 Discover 报文的 DHCP 服务器都会发送回应报文，DHCP 客户端根据该报文就可以知道网络中 DHCP 服务器的位置。

（2）DHCP Offer 报文。DHCP 服务器收到 Discover 报文后，就会在所配置的地址池中查找一个合适的 IP 地址，加上相应的租约期限和其他配置信息（如网关、DNS 服务器等），形成一个 Offer 报文，并发送给 DHCP 客户端，告知用户此 DHCP 服务器可以为其提供 IP 地址（只发送给 DHCP 客户端属于预分配，还需要 DHCP 客户端通过 ARP 检测该 IP 地址是否重复）。

（3）DHCP Request 报文。DHCP 客户端会收到很多 Offer 报文，它必须在这些报文中选择一个。DHCP 客户端通常选择第一个回复 Offer 报文的 DHCP 服务器作为自己的目的服务器，并以广播的形式发送 Request 报文给选择的 DHCP 服务器。DHCP 客户端成功获取 IP 地址后，在剩下的租期少于 50%时，会以单播的形式向 DHCP 服务器发送 Request 报文续延租期；如果没有收到 ACK 报文，则会在租期过去 75%时，发送广播形式的 Request 报文续延租期。

（4）DHCP ACK 报文。DHCP 服务器收到 Request 报文后，会根据 Request 报文中携带的用户 MAC 地址来查找有没有相应的续约记录，如果有，则发送 ACK 报文作为回应，通知用户可以使用分配的 IP 地址。

（5）DHCP NAK 报文。如果 DHCP 服务器收到 Request 报文后，没有发现相应的租约记录或者无法正常分配 IP 地址，则发送 NAK 报文作为回应，通知用户无法分配合适的 IP 地址。

（6）DHCP Release 报文。当用户不想使用分配的 IP 地址时，就会向 DHCP 服务器发送 Release 报文，告知 DHCP 服务器用户不再需要分配 IP 地址，DHCP 服务器会释放被绑定的租约。

DHCP 报文的含义如表 6.5 所示。

表 6.5　DHCP 报文的含义

报文类型	含义
DHCP Discover	DHCP 客户端用来寻找 DHCP 服务器的报文
DHCP Offer	DHCP 服务器用来响应 Discover 报文的报文，此报文携带了各种配置信息
DHCP Request	DHCP 客户端请求配置确认，或者续延租期的报文
DHCP ACK	DHCP 服务器对 Request 报文的确认响应报文
DHCP NAK	DHCP 服务器对 Request 报文的拒绝响应报文
DHCP Release	DHCP 客户端要释放地址时用来通知 DHCP 服务器的报文

6.4.2　DHCPv6 概述

主机在运行 IPv6 时，可以使用 SLAAC 协议或 DHCPv6 来获取 IPv6 地址。当主机使用 SLAAC 协议来获取 IPv6 地址时，路由器并不记录主机的 IPv6 地址信息，可管理性较差；另外，IPv6 主机无法获取 DNS 服务器地址等网络配置信息，在可用性上也存在一定的缺陷。DHCPv6 属于一种有状态地址自动配置协议。在有状态地址配置过程中，DHCPv6 服务器将为主机分配一个完整的 IPv6 地址，并提供 DNS 服务器 IP 地址等其他配置信息。此外，DHCPv6 服务器可以对已经分配的 IPv6 地址和 DHCPv6 客户端进行集中管理。

DHCPv6 服务器与 DHCPv6 客户端之间使用 UDP 来交互 DHCPv6 报文。DHCPv6 客户端使用的 UDP 端口号是 546，DHCPv6 服务器使用的 UDP 端口号是 547，如图 6.35 所示。

DHCPv6 基本协议架构中主要包括以下 3 种角色。

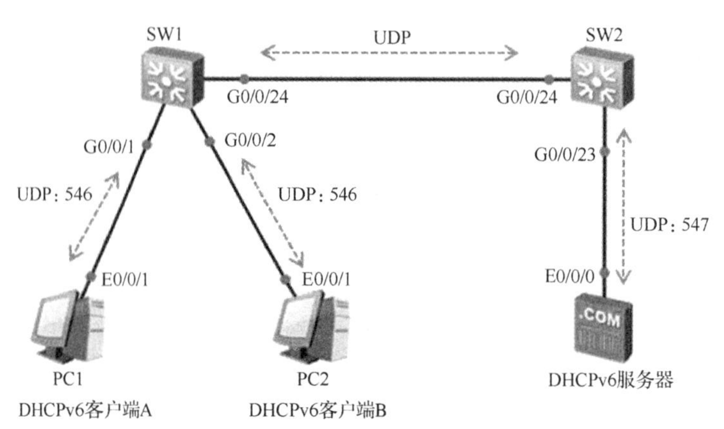

图 6.35　DHCPv6 服务器与 DHCPv6 客户端

（1）DHCPv6 客户端：通过与 DHCPv6 服务器进行交互，获取 IPv6 地址/前缀和其他网络配置参数，完成自身的地址配置。

（2）DHCPv6 中继：负责转发来自 DHCPv6 客户端方向或 DHCPv6 服务器方向的 DHCPv6 报文，协助 DHCPv6 客户端和 DHCPv6 服务器完成地址配置。只有在 DHCPv6 客户端和 DHCPv6 服务器不在同一链路范围内，或者 DHCPv6 客户端和 DHCPv6 服务器无法单播交互的情况下，才需要 DHCPv6 中继的参与。

（3）DHCPv6 服务器：负责处理来自 DHCPv6 客户端或 DHCPv6 中继的地址分配、地址续租、地址释放等请求，为 DHCPv6 客户端分配 IPv6 地址/前缀和其他网络配置参数。

DHCPv6 客户端发送 DHCPv6 Request 报文来获取 IPv6 地址等网络配置参数，使用的源地址为 DHCPv6 客户端端口的链路本地地址，目的地址为 FF02::1:2。FF02::1:2 表示的是所有 DHCPv6 服务器和 DHCPv6 中继，这个地址是链路范围内的。

DHCP 唯一标识符（DHCPv6 Unique Identifier，DUID）用于标识 DHCPv6 服务器或 DHCPv6 客户端。每个 DHCPv6 服务器或 DHCPv6 客户端有且只有一个 DUID。

DUID 采用以下两种方式生成。

（1）基于数据链路层地址：采用数据链路层地址的方式来生成 DUID。

（2）基于数据链路层地址与时间的组合：采用数据链路层地址和时间组合的方式来生成 DUID。

DHCPv6 地址的分配分为以下两种情况。

（1）DHCPv6 有状态地址自动分配：DHCPv6 服务器为 DHCPv6 客户端分配 IPv6 地址及其他网络配置参数（如 DNS、NIS、SNTP 服务器 IP 地址等），如图 6.36 所示。

DHCPv6 有状态地址自动分配过程如下。

① DHCPv6 客户端发送 Solicit 报文，请求 DHCPv6 服务器为其分配 IPv6 地址和网络配置参数。

② DHCPv6 服务器回复 Advertise 报文，该报文中携带了为 DHCPv6 客户端分配的 IPv6 地址及其他网络配置参数。

③ 如果 DHCPv6 客户端接收到了多台 DHCPv6 服务器回复的 Advertise 报文，则会根据 Advertise 报文中的 DHCPv6 服务器优先级等参数来选择优先级最高的 DHCPv6 服务器，并向所有的 DHCPv6 服务器发送 Request 组播报文。

④ 被选定的 DHCPv6 服务器回复 Reply 报文，确认将 IPv6 地址和网络配置参数分配给 DHCPv6 客户端使用。

（2）DHCPv6 无状态地址自动分配：主机的 IPv6 地址仍然通过路由通告方式自动生成，DHCPv6 服务器只分配除 IPv6 地址以外的配置参数（如 DNS、NIS、SNTP 服务器 IP 地址等），如图 6.37 所示。

图 6.36　DHCPv6 有状态地址自动分配

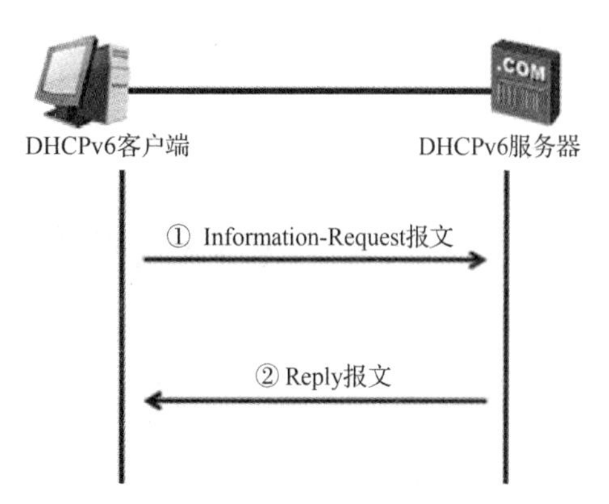

图 6.37　DHCPv6 无状态地址自动分配

DHCPv6 无状态地址自动分配过程如下。

① DHCPv6 客户端以组播方式向 DHCPv6 服务器发送 Information-Request 报文，该报文携带 Option Request 选项，该选项用来指定 DHCPv6 客户端需要从 DHCPv6 服务器获取的配置参数。

② DHCPv6 服务器收到 Information-Request 报文后，为 DHCPv6 客户端分配网络配置参数，并以单播形式发送 Reply 报文将网络配置参数返回给 DHCPv6 客户端。

③ DHCPv6 客户端根据收到的 Reply 报文中提供的参数完成 DHCPv6 客户端无状态配置。

DHCPv6 客户端在向 DHCPv6 服务器发送请求报文之前，会发送 RS 报文，在同一链路范围内的路由器接收到此报文后会回复 RA 报文。RA 报文中包含管理地址配置标记（M）和有状态配置标记（O）。当 M 的值为 1 时，启用 DHCPv6 有状态地址自动分配方案，即 DHCPv6 客户端需要从 DHCPv6 服务器获取 IPv6 地址；当 M 的值为 0 时，启用 IPv6 无状态地址自动分配方案。当 O 的值为 1 时，定义 DHCPv6 客户端需要通过有状态的 DHCPv6 来获取其他网络配置参数，如 DNS、NIS、SNTP 服务器 IP 地址等；当 O 的值为 0 时，启用 IPv6 无状态地址自动分配方案。

任务实施

6.4.3　配置 DHCP

V6-9　配置 DHCP

在路由器 R1 上配置 DHCP 服务器 A，使之为主机 PC1、PC2 分配 IP 地址；在交换机 SW1 上配置 DHCP 服务器 B，使之为 VLAN 10 中的主机 PC3 和 VLAN 20 中的主机 PC4 分配相应的 IP 地址，相关端口与 IP 地址对应关系如图 6.38 所示。

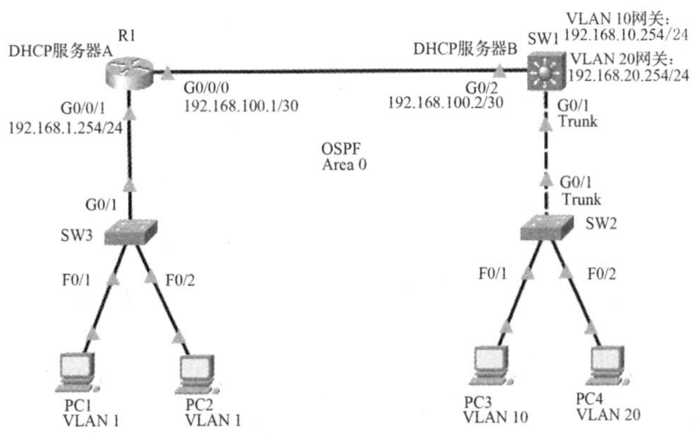

图 6.38　配置 DHCP

（1）配置主机 PC1、PC2、PC3 和 PC4 的 IP 地址。以主机 PC1 为例，选择 DHCP 方式，如图 6.39 所示。

图 6.39 配置主机 PC1 的 IP 地址

（2）配置路由器 R1，相关实例代码如下。

```
Router>enable
Router#terminal  no  monitor
Router#conf  t
Router(config)#hostname  R1
R1(config)#int  g 0/0/0
R1(config-if)#ip  address  192.168.100.1  255.255.255.252
R1(config-if)#no  shutdown
R1(config-if)#exit
R1(config)#int  g 0/0/1
R1(config-if)#ip  address  192.168.1.254  255.255.255.0
R1(config-if)#no  shutdown
R1(config-if)#exit
R1(config)#router  ospf  1
R1(config-router)#network  192.168.100.0  0.0.0.3  area  0
R1(config-router)#network  192.168.1.0  0.0.0.255  area  0
R1(config-router)#exit
R1(config)#service  dhcp                                    //启用 DHCP 服务
R1(config)#ip  dhcp  pool  pool-01                          //定义地址池
R1(dhcp-config)#network  192.168.1.0  255.255.255.0         //定义网段地址
R1(dhcp-config)#default-router  192.168.1.254               //定义默认网关
R1(dhcp-config)#dns-server  8.8.8.8                         //定义 DNS 服务器的 IP 地址
R1(dhcp-config)#exit
R1(config)#ip  dhcp  excluded-address  192.168.1.201  192.168.1.254  //配置保留 IP 地址段
R1(config)#exit
R1#
```

（3）显示路由器 R1 的配置信息，主要相关实例代码如下。

```
R1#show  running-config
```

```
!
hostname R1
!
ip dhcp excluded-address 192.168.1.201 192.168.1.254
!
ip dhcp pool pool-01
 network 192.168.1.0 255.255.255.0
 default-router 192.168.1.254
 dns-server 8.8.8.8
!
interface GigabitEthernet0/0/0
 ip address 192.168.100.1 255.255.255.252
 duplex auto
 speed auto
!
interface GigabitEthernet0/0/1
 ip address 192.168.1.254 255.255.255.0
 duplex auto
 speed auto
!
router ospf 1
 log-adjacency-changes
 network 192.168.100.0 0.0.0.3 area 0
 network 192.168.1.0 0.0.0.255 area 0
!
R1#
```

（4）查看主机 PC1、PC2 获取的 IP 地址相关信息。以主机 PC1 为例，如图 6.40 所示。

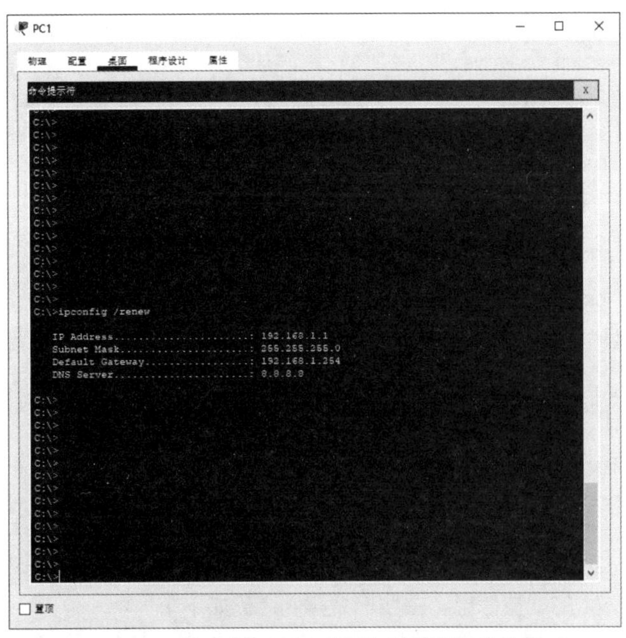

图 6.40　查看主机 PC1 获取的 IP 地址相关信息

（5）配置交换机 SW1，相关实例代码如下。

```
Switch>enable
Switch#terminal  no  monitor
Switch#conf  t
Switch(config)#hostname  SW1
SW1(config)#ip  routing                                         //启用三层路由功能
SW1(config)#int  g 0/2
SW1(config-if)#no  switchport
SW1(config-if)#ip  address  192.168.100.2  255.255.255.252
SW1(config-if)#no  shutdown
SW1(config-if)#exit
SW1(config)#int  g 0/1
SW1(config-if)# switchport  mode  trunk
SW1(config-if)#switchport  trunk  allowed  vlan  all
SW1(config-if)#exit
SW1(config)#vlan  10
SW1(config-vlan)#vlan  20
SW1(config-vlan)#exit
SW1(config)#int  vlan  10
SW1(config-if)#ip  address  192.168.10.254  255.255.255.0
SW1(config-if)#no  shutdown
SW1(config-if)#exit
SW1(config)#int  vlan  20
SW1(config-if)#ip  address  192.168.20.254  255.255.255.0
SW1(config-if)#no  shutdown
SW1(config-if)#exit
SW1(config)#router  ospf  1
SW1(config-router)#network  192.168.100.0  0.0.0.3    area 0
SW1(config-router)#network  192.168.10.0   0.0.0.255  area 0
SW1(config-router)#network  192.168.20.0   0.0.0.255  area 0
SW1(config-router)#exit
SW1(config)#service  dhcp                                       //启用 DHCP 服务
SW1(config)#ip  dhcp  pool  pool-vlan10
SW1(dhcp-config)#network  192.168.10.0  255.255.255.0
SW1(dhcp-config)#default-router  192.168.10.254
SW1(dhcp-config)#dns-server  8.8.8.8
SW1(dhcp-config)#exit
SW1(config)#ip  dhcp  pool  pool-vlan20
SW1(dhcp-config)#network  192.168.20.0  255.255.255.0
SW1(dhcp-config)#default-router  192.168.20.254
SW1(dhcp-config)#dns-server  8.8.8.8
SW1(dhcp-config)#exit
SW1(config)#ip  dhcp  excluded-address  192.168.10.201  192.168.10.254
SW1(config)#ip  dhcp  excluded-address  192.168.20.201  192.168.20.254
SW1(config)#end
SW1#
```

（6）显示交换机 SW1 的配置信息，主要相关实例代码如下。

```
SW1#show  running-config
!
hostname SW1
```

```
!
ip dhcp excluded-address 192.168.10.201 192.168.10.254
ip dhcp excluded-address 192.168.20.201 192.168.20.254
!
ip dhcp pool pool-vlan10
 network 192.168.10.0 255.255.255.0
 default-router 192.168.10.254
 dns-server 8.8.8.8
ip dhcp pool pool-vlan20
 network 192.168.20.0 255.255.255.0
 default-router 192.168.20.254
 dns-server 8.8.8.8
!
ip routing
!
interface GigabitEthernet0/1
 switchport mode trunk
!
interface GigabitEthernet0/2
 no switchport
 ip address 192.168.100.2 255.255.255.252
 duplex auto
 speed auto
!
interface Vlan10
 mac-address 0001.4397.5d01
 ip address 192.168.10.254 255.255.255.0
!
interface Vlan20
 mac-address 0001.4397.5d02
 ip address 192.168.20.254 255.255.255.0
!
router ospf 1
 log-adjacency-changes
network 192.168.100.0 0.0.0.3      area 0
network 192.168.10.0 0.0.0.255     area 0
network 192.168.20.0 0.0.0.255     area 0
!
SW1#
```

（7）显示交换机 SW1 地址池的配置信息，相关实例代码如下。

```
SW1#show   ip   dhcp   pool
Pool pool-vlan10 :
 Utilization mark (high/low)     : 100 / 0
 Subnet size (first/next)        : 0 / 0
 Total addresses                 : 254
 Leased addresses                : 1
 Excluded addresses              : 2
 Pending event                   : none
 1 subnet is currently in the pool
```

```
 Current index        IP address range                  Leased/Excluded/Total
 192.168.10.1          192.168.10.1      - 192.168.10.254    1    / 2        / 254
Pool pool-vlan20 :
 Utilization mark (high/low)     : 100 / 0
 Subnet size (first/next)        : 0 / 0
 Total addresses                 : 254
 Leased addresses                : 1
 Excluded addresses              : 2
 Pending event                   : none
 1 subnet is currently in the pool
 Current index        IP address range                  Leased/Excluded/Total
 192.168.20.1          192.168.20.1      - 192.168.20.254    1    / 2        / 254
SW1#
```

（8）配置交换机 SW2，相关实例代码如下。

```
Switch>enable
Switch#terminal   no   monitor
Switch#conf   t
Switch(config)#hostname   SW2
SW2(config)#vlan   10
SW2(config-vlan)#vlan   20
SW2(config-vlan)#exit
SW2(config)#int   f 0/1
SW2(config-if)#switchport   mode   access
SW2(config-if)#switchport   access   vlan   10
SW2(config-if)#int   f 0/2
SW2(config-if)#switchport   mode   access
SW2(config-if)#switchport   access   vlan   20
SW2(config-if)#exit
SW2(config)#int   g 0/1
SW2(config-if)# switchport   mode   trunk
SW2(config-if)#switchport    trunk   allowed    vlan   all
SW2(config-if)#end
SW2#
```

（9）显示交换机 SW2 的配置信息，主要相关实例代码如下。

```
SW2#show   running-config
!
hostname SW2
!
interface FastEthernet 0/1
 switchport access vlan 10
 switchport mode access
!
interface FastEthernet 0/2
 switchport access vlan 20
 switchport mode access
!
interface GigabitEthernet0/1
 switchport mode trunk
!
```

```
SW2#
```

（10）查看主机 PC3 获取的 IP 地址相关信息，如图 6.41 所示。

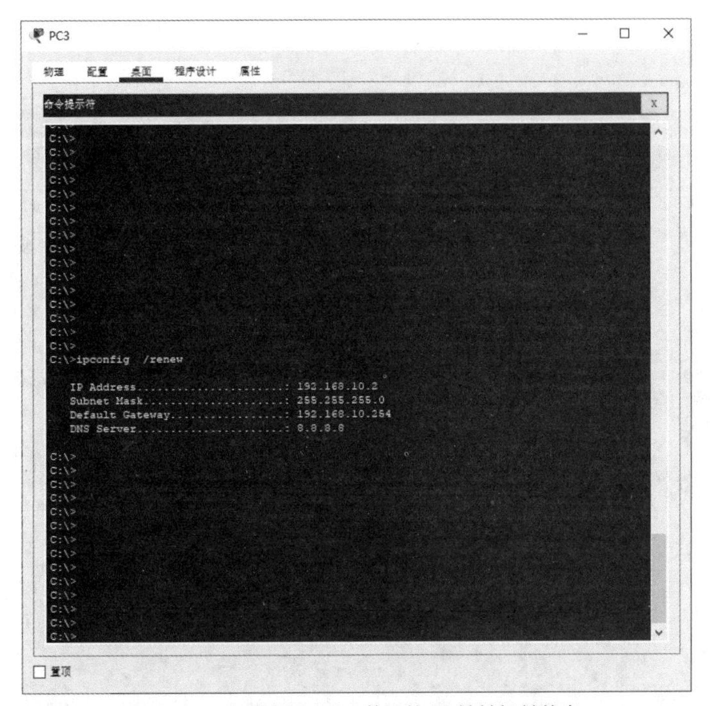

图 6.41　查看主机 PC3 获取的 IP 地址相关信息

（11）查看主机 PC4 获取的 IP 地址相关信息，如图 6.42 所示。

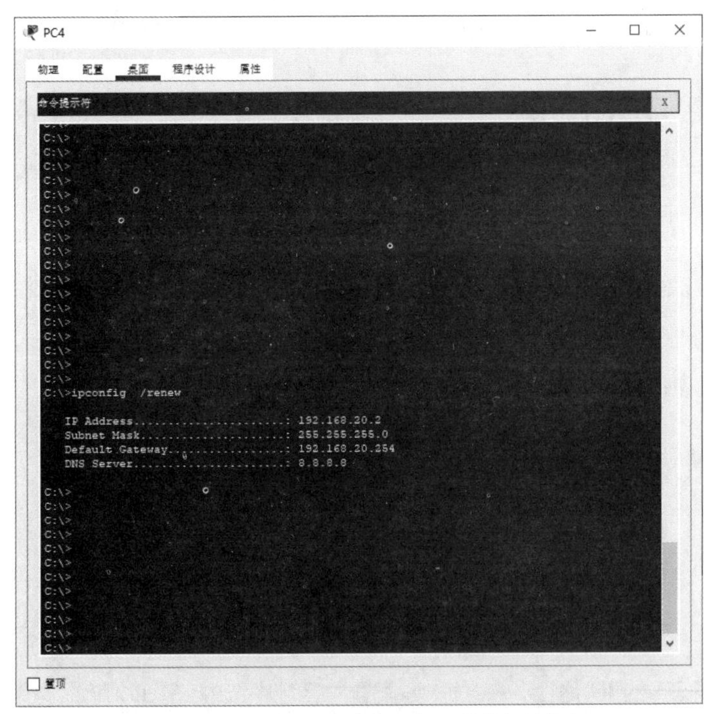

图 6.42　查看主机 PC4 获取的 IP 地址相关信息

（12）测试主机 PC1、PC2 访问主机 PC3、主机 PC4 的结果。以主机 PC1 为例，结果如图 6.43 所示。

图 6.43　测试主机 PC1 访问主机 PC3、主机 PC4 的结果

6.4.4　配置 DHCPv6

V6-10　配置 DHCPv6

配置 DHCPv6，在路由器 R1 上配置 DHCP 服务器 A，使之为主机 PC1 分配 IP 地址，相关端口与 IP 地址对应关系如图 6.44 所示。

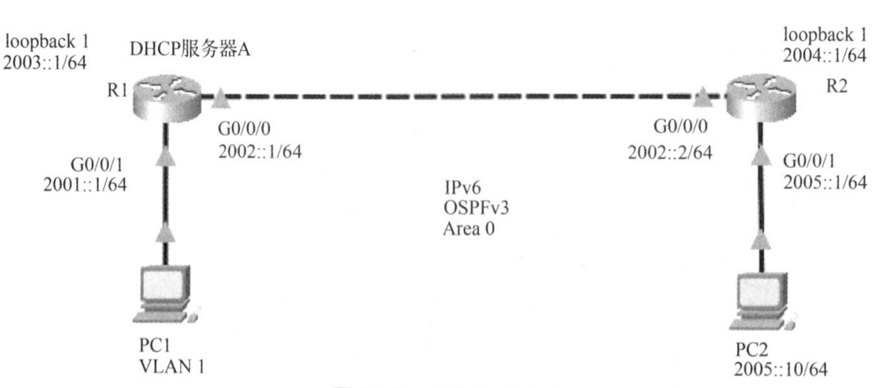

图 6.44　配置 DHCPv6

（1）配置主机 PC1 的 IP 地址，在“IPv6 配置”区域中选中“Automatic”单选按钮，如图 6.45 所示。

图 6.45　配置主机 PC1 的 IP 地址

（2）配置路由器 R1，相关实例代码如下。

```
Router>enable
Router#terminal  no  monitor
Router#conf  t
Router(config)#hostname  R1
R1(config)#service  dhcp                                    //启用 DHCP 服务
R1(config)#ipv6  dhcp  pool  pool-ipv6                      //定义 DHCP 的 IPv6 地址池
R1(config-dhcpv6)#address  prefix  2001::/64                //定义网络地址前缀
R1(config-dhcpv6)#dns-server  2001:4860:4860::8888          //配置 DNS 服务器的 IP 地址
R1(config-dhcpv6)#exit
R1(config)#ipv6  unicast-routing
R1(config)#ipv6  router  ospf  1
R1(config-rtr)#router-id  1.1.1.1
R1(config-rtr)#exit
R1(config)#int  g 0/0/1
R1(config-if)#ipv6  dhcp  server  pool-ipv6
R1(config-if)#ipv6  nd  managed-config-flag
R1(config-if)#ipv6  nd  other-config-flag
R1(config-if)#ipv6  address  2001::1/64
R1(config-if)#ipv6  address  fe80::1  link-local
R1(config-if)#ipv6  ospf  1  area  0
R1(config-if)#no  shutdown
R1(config-if)#ipv6  enable
R1(config-if)#exit
R1(config)#int  g 0/0/0
R1(config-if)#ipv6  address  2002::1/64
R1(config-if)#ipv6  ospf  1  area 0
R1(config-if)#no  shutdown
```

```
R1(config-if)#ipv6   enable
R1(config-if)#exit
R1(config)#int   loopback   1
R1(config-if)#ipv6    address   2003::1/64
R1(config-if)#ipv6   ospf   1   area 0
R1(config-if)#no   shutdown
R1(config-if)#ipv6   enable
R1(config-if)#exit
R1#
```

（3）显示路由器 R1 的配置信息，主要相关实例代码如下。

```
R1#show   running-config
!
hostname R1
!
no ip cef
ipv6 unicast-routing
!
no ipv6 cef
!
ipv6 dhcp pool pool-ipv6
 address prefix 2001::/64 lifetime 172800 86400
 dns-server 2001:4860:4860::8888
!
interface Loopback1
 no ip address
 ipv6 address 2003::1/64
 ipv6 enable
 ipv6 ospf 1 area 0
!
interface GigabitEthernet0/0/0
 no ip address
 duplex auto
 speed auto
 ipv6 address 2002::1/64
 ipv6 enable
 ipv6 ospf 1 area 0
!
interface GigabitEthernet0/0/1
 no ip address
 duplex auto
 speed auto
 ipv6 address FE80::1 link-local
 ipv6 address 2001::1/64
 ipv6 nd managed-config-flag
 ipv6 enable
 ipv6 ospf 1 area 0
 ipv6 dhcp server pool-ipv6
!
interface GigabitEthernet0/0/2
```

```
  no ip address
  duplex auto
  speed auto
  shutdown
!
ipv6 router ospf 1
  router-id 1.1.1.1
  log-adjacency-changes
!
R1#
```

（4）查看主机 PC1 获取的 IP 地址相关信息，如图 6.46 所示。

图 6.46　查看主机 PC1 获取的 IP 地址相关信息

（5）配置路由器 R2，相关实例代码如下。

```
Router>enable
Router#terminal   no   monitor
Router#conf   t
Router(config)#hostname   R2
R2(config)#ipv6   unicast-routing
R2(config)#ipv6   router   ospf   1
R2(config-rtr)#router-id   2.2.2.2
R2(config-rtr)#exit
R2(config)#int   g 0/0/1
R2(config-if)#ipv6   address   2005::1/64
R2(config-if)#ipv6   ospf   1   area   0
R2(config-if)#ipv6   enable
R2(config-if)#no   shutdown
R2(config-if)#exit
R2(config)#int   g 0/0/0
R2(config-if)#ipv6   address   2002::2/64
```

```
R2(config-if)#ipv6   ospf   1   area   0
R2(config-if)#ipv6   enable
R2(config-if)#no   shutdown
R2(config-if)#exit
R2(config)#int   loopback 1
R2(config-if)#ipv6   address   2004::1/64
R2(config-if)#ipv6   ospf   1   area   0
R2(config-if)#ipv6   enable
R2(config-if)#no   shutdown
R2(config-if)#end
R2#
```

（6）显示路由器 R2 的配置信息，主要相关实例代码如下。

```
R2#show   running-config
!
hostname R2
!
ip cef
ipv6 unicast-routing
!
interface Loopback1
 no ip address
 ipv6 address 2004::1/64
 ipv6 enable
 ipv6 ospf 1 area 0
!
interface GigabitEthernet0/0/0
 no ip address
 duplex auto
 speed auto
 ipv6 address 2002::2/64
 ipv6 enable
 ipv6 ospf 1 area 0
!
interface GigabitEthernet0/0/1
 no ip address
 duplex auto
 speed auto
 ipv6 address 2005::1/64
 ipv6 enable
 ipv6 ospf 1 area 0
!
ipv6 router ospf 1
 router-id 2.2.2.2
 log-adjacency-changes
!
R2#
```

（7）测试主机 PC1 访问主机 PC2 的结果，如图 6.47 所示。

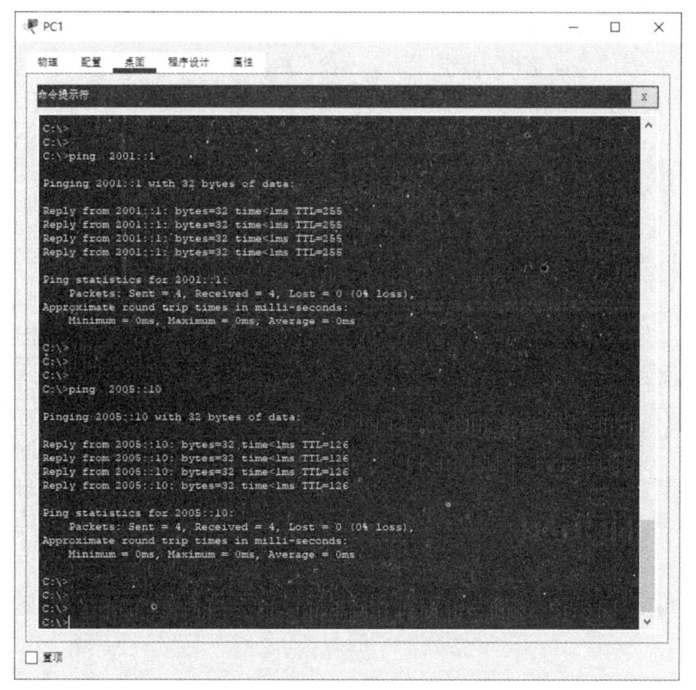

图 6.47　测试主机 PC1 访问主机 PC2 的结果

练习题

1. 选择题

（1）若某公司要维护自己公共的 Web 服务器，需要隐藏 Web 服务器的地址信息，则应该为该 Web 服务器配置（　　）。

A. 静态类型的 NAT　　B. 动态类型的 NAT
C. PAT　　D. 无须配置 NAT

（2）将内部地址的多台主机映射为一个 IP 地址的是（　　）。

A. 静态类型的 NAT　　B. 动态类型的 NAT
C. PAT　　D. 无须配置 NAT

（3）PAP 模式需要交互（　　）次报文。

A. 1　　B. 2　　C. 3　　D. 4

（4）CHAP 模式需要交互（　　）次报文。

A. 1　　B. 2　　C. 3　　D. 4

（5）（　　）不是 HDLC 类型的帧。

A. 信息帧（I 帧）　　B. 监控帧（S 帧）
C. 无编号帧（U 帧）　　D. 管理帧（M 帧）

（6）IPv6 地址空间大小为（　　）位。

A. 32　　B. 64　　C. 128　　D. 256

（7）对于 IPv6 地址 2001:0000:0000:0001:0000:0000:0010:0010，将其用 0 位压缩表示法表示，正确的是（　　）。

A. 2001::1::1:1　　B. 2001::1:0:0:1:1
C. 2001::1: 0: 0:10:10　　D. 2001::1:0:0:1:1

（8）下列不是 IPv6 地址类型的是（　　）。

A. 单播地址　　B. 组播地址　　C. 任播地址　　D. 广播地址

（9）下列是 IPv6 组播地址的是（　　）。

A. ::/128　　B. FF02::1　　C. 2001::/64　　D. 3000::/64

（10）RIPng 使用（　　）端口发送和接收路由信息。

A. UDP:521　　B. TCP:521　　C. UDP:512　　D. TCP:512

（11）DHCPv6 服务器与 DHCPv6 客户端之间使用 UDP 来交互 DHCPv6 报文，DHCPv6 客户端使用的 UDP 端口号是（　　）。

A. 545　　B. 546　　C. 547　　D. 548

（12）DHCPv6 服务器与 DHCPv6 客户端之间使用 UDP 来交互 DHCPv6 报文，DHCPv6 服务器使用的 UDP 端口号是（　　）。

A. 545　　B. 546　　C. 547　　D. 548

（13）DHCP 使用 UDP 端口进行通信，从 DHCP 客户端到达 DHCP 服务器的报文使用的目的端口号为（　　）。

A. 66　　B. 67　　C. 68　　D. 69

（14）DHCP 使用 UDP 端口进行通信，从 DHCP 服务器到达 DHCP 客户端的报文使用的源端口号为（　　）。

A. 66　　B. 67　　C. 68　　D. 69

（15）DHCP 客户端请求地址时，并不知道 DHCP 服务器的位置，因此 DHCP 客户端会在本地网络内以（　　）方式发送请求报文。

A. 单播　　B. 组播　　C. 任播　　D. 广播

（16）DHCP 服务器收到 Discover 报文后，就会在所配置的地址池中查找一个合适的 IP 地址，加上相应的租约期限和其他配置信息（如网关、DNS 服务器的 IP 地址等），形成一个 Offer 报文，以（　　）方式发送报文给 DHCP 客户端，告知用户此 DHCP 服务器可以为其提供 IP 地址。

A. 单播　　B. 组播　　C. 任播　　D. 广播

2. 简答题

（1）简述常见的广域网接入技术。

（2）简述 PAP 与 CHAP 模式的工作过程。

（3）简述静态 NAT 和动态 NAT 的工作原理及应用环境。

（4）简述 PAT 的工作过程及配置过程。

（5）简述 IPv6 地址类型。

（6）简述 DHCP 的工作原理。

（7）DHCP 服务器的地址池有哪几种配置方法？如何对其进行配置？

（8）DHCPv6 基本协议架构中主要包括哪几种角色？